高等职业教育系列教材

ELECTRONIC AND INFORMATION

物联网应用开发项目教程(C51和STM32版)

主　编　沈　敏　曹　阳
副主编　李　川　唐志凌
参　编　刘文晶　徐栋梁

机械工业出版社
CHINA MACHINE PRESS

本书分为 7 个项目，按照从基础到技能提升的方式来组织内容，单个任务按照"任务描述—相关知识—任务实施"这一思路进行编排。主要内容包括智慧家居——家电控制系统单片机模块设计、智能门禁——控制及显示系统单片机模块设计、智能安防——室内环境监测系统单片机模块设计、智慧交通——汽车行驶数据采集系统单片机模块设计、智慧农业——土壤及空气参数采集系统单片机模块设计、智慧医疗——人体生理信息采集系统单片机模块设计、物联网通信——短距离通信单片机模块设计。

本书涵盖 C51 和 STM32 单片机的理论知识与实践，满足不同层次读者需求。读者可以按照本书的内容进行学习和实践，从而掌握物联网基础设计中的单片机技术。本书可作为高等职业院校通信类及物联网相关专业的教材，也可作为相关专业技术人员的参考书。

本书配有微课视频，扫描二维码即可观看。另外，本书配有电子课件，需要的教师可登录机械工业出版社教育服务网（www.cmpedu.com）免费注册，审核通过后下载，或联系编辑索取（微信：13261377872，电话：010-88379739）。

图书在版编目（CIP）数据

物联网应用开发项目教程：C51 和 STM32 版/沈敏，曹阳主编 . —北京：机械工业出版社，2023.2（2024.2 重印）
高等职业教育系列教材
ISBN 978-7-111-71835-2

Ⅰ. ①物… Ⅱ. ①沈… ②曹… Ⅲ. ①物联网-程序设计-高等职业教育-教材 Ⅳ. ①TP393.4 ②TP18

中国版本图书馆 CIP 数据核字（2022）第 193936 号

机械工业出版社（北京市百万庄大街 22 号 邮政编码 100037）
策划编辑：和庆娣 　　　　　　责任编辑：和庆娣
责任校对：贾海霞 梁 静 　　责任印制：郜 敏
中煤（北京）印务有限公司印刷
2024 年 2 月第 1 版·第 2 次印刷
184mm×260mm·16 印张·417 千字
标准书号：ISBN 978-7-111-71835-2
定价：69.00 元

电话服务 　　　　　　　　　　网络服务
客服电话：010-88361066 　　机 工 官 网：www.cmpbook.com
　　　　　010-88379833 　　机 工 官 博：weibo.com/cmp1952
　　　　　010-68326294 　　金 书 网：www.golden-book.com
封底无防伪标均为盗版 　机工教育服务网：www.cmpedu.com

Preface
前　言

党的二十大报告指出："推动战略性新兴产业融合集群发展，构建新一代信息技术、人工智能、生物技术、新能源、新材料、高端装备、绿色环保等一批新的增长引擎。"现代社会已经快速步入信息时代，信息时代包含诸多关键技术，电子信息技术就是其中重要的一项。随着社会的发展，电子信息技术逐步走入了人们的日常生活中。电子信息技术已经渗透到各行各业。电子信息技术也成为高职高专学生就业必需的重要能力之一。具备单片机项目开发和设计能力的学生在就业中具有明显优势。

"单片机技术应用"是高职物联网技术、应用电子技术、电气自动化等专业的核心课，为了更加适应当今职业教育项目化教学和任务驱动的改革需要，编者根据高职人才培养目标、专业知识体系和能力结构等多方面的要求，采用项目制方式来组织本书内容。本书以提升学生学习和单片机应用开发能力为导向，以教学项目为切入点，将理论知识和实践知识融入教学项目。

本书设计思想：通过 7 个项目按照从基础到技能提升的方式来组织内容，单个任务按照"任务描述—相关知识—任务实施"这一思路进行编排。内容编写方面：全书分为 C51 单片机和 STM32 单片机两篇，其主要内容偏重于单片机技术在物联网应用场景中的单片机模块设计。其主旨是让学生在学习过程中，从简单单片机逐步过渡到复杂单片机的学习和实践，通过这种方式培养学生的电路设计及软件编程能力。同时，按照这种方式进行教学，有利于拓展、提升学生独立分析和完成任务的能力，提高学生在物联网基础设计中的单片机技术应用方面的综合能力。

为方便读者对照阅读和理解，本书仿真图中的图形符号均保留用仿真软件 Proteus 生成的图形。

本书的参考学时为 80~100 学时，其中理论教学参考学时为 40~50 学时，实践参考学时为 40~50 学时，项目 1~项目 7 的参考学时见下表。

学时分配表

篇　名	项目名称	项目内容	理论学时（参考）	实践学时（参考）
上篇 基于 C51 单片机的物联网系统设计	项目 1	智慧家居——家电控制系统单片机模块设计	8	6~8
	项目 2	智能门禁——控制及显示系统单片机模块设计	6	4~6
下篇 基于 STM32 单片机的物联网系统设计	项目 3	智能安防——室内环境监测系统单片机模块设计	6~8	6~8
	项目 4	智慧交通——汽车行驶数据采集系统单片机模块设计	6~8	6~8
	项目 5	智慧农业——土壤及空气参数采集系统单片机模块设计	6~8	6~8
	项目 6	智慧医疗——人体生理信息采集系统单片机模块设计	4~6	6
	项目 7	物联网通信——短距离通信单片机模块设计	4~6	6
学时总计			40~50	40~50

本书由重庆工商职业学院沈敏、曹阳任主编，李川、唐志凌任副主编，刘文晶、徐栋梁参编。 其中项目1由李川编写，项目2和项目3由沈敏编写，项目4由唐志凌编写，项目5由曹阳编写，项目6由刘文晶编写，项目7由徐栋梁编写。

本书编写工作得到了重庆八城科技有限公司的大力支持。编写过程中也借鉴和参考了风媒电子STM32相关资料，在此表示最诚挚的谢意！

由于电子信息技术发展迅猛，编者水平有限，加之时间仓促，书中难免有疏漏和不足之处，敬请广大读者批评指正。

编　者

二维码资源清单

序号	名　称	图　形	页码	序号	名　称	图　形	页码
1	1.1.3_1　了解和认识单片机		13	13	2.3.2_1　独立按键实验		69
2	1.1.3_2　单片机的引脚		15	14	2.3.2_2　矩阵键盘		70
3	1.1.4　Keil C51 软件的使用		17	15	2.3.2_3　矩阵键盘的识别方法		70
4	1.1.5 Proteus ISIS 软件的使用		20	16	任务 3.1　任务实施——火焰传感器模块		100
5	任务 1.1　任务实施——步进电动机		25	17	3.3.4　STM32 单片机外部中断		118
6	1.2.1　定时计数器的结构		30	18	任务 3.3　任务实施——烟雾传感器模块		120
7	1.3.1　单片机中断系统		40	19	4.1.3　STM32 单片机模/数转换		130
8	1.3.3　中断寄存器		42	20	任务 4.2　任务实施——GPS 模块		144
9	1.3.4　中断处理过程		43	21	任务 5.1　任务实施——温湿度模块		163
10	1.4.1　LED 调光原理		48	22	任务 5.3　任务实施——PM2.5 模块		177
11	2.2.2_1　LCD1602 图形的显示原理		60	23	任务 6.2　任务实施——人体红外传感器模块		195
12	2.2.2_2　LCD1602 的应用		64	24	附录　OneNET 云平台应用		247

目 录 Contents

下篇 基于 STM32 单片机的物联网系统设计

上篇

基于 C51 单片机的物联网系统设计

物联网（Internet of Things，IoT）技术起源于传媒领域，是信息科技产业的第三次革命。物联网是指通过信息传感设备，按约定的协议，将任何物体与网络相连接，物体通过信息传播媒介进行信息交换和通信，以实现智能化识别、定位、跟踪、监管等功能。

无所不在的"物联网"通信时代已经来临，世界上所有的物体，从轮胎到牙刷、从房屋到纸巾，都可以通过互联网主动进行信息交换。射频识别（RFID）技术、传感器技术、纳米技术、智能嵌入技术得到了更加广泛的应用。

在物联网技术中，单片机嵌入式系统技术是其关键技术之一。单片机嵌入式系统技术是集计算机软硬件、传感器技术、集成电路技术、电子应用技术为一体的复杂技术。经过几十年的演变，以单片机嵌入式系统为特征的智能终端产品随处可见；小到人们身边的智能音箱，大到航天航空的卫星系统。单片机嵌入式系统正在改变着人们的生活，推动着工业生产以及国防工业的发展。如果把物联网用人体做一个简单比喻，传感器相当于人的眼睛、鼻子、皮肤等感官，网络就是神经系统用来传递信息，单片机嵌入式系统则是人的大脑，在接收到信息后要进行分类处理。

单片机嵌入式系统主要分为入门级 51 单片机和开发级 STM32 单片机。51 单片机是对兼容英特尔 8051 指令系统的单片机的统称。51 单片机广泛应用于家用电器、汽车、工业测控、通信设备中。因为 51 单片机的指令系统、内部结构相对简单，所以国内许多高校用其进行单片机入门教学。掌握入门级单片机在物联网系统中应用有利于后续使用开发级单片机进行物联网系统设计。本篇主要介绍 51 单片机在智慧家居和智能门禁中的一些应用实例。

项目 1 智慧家居——家电控制系统单片机模块设计

项目目标

- 了解物联网技术及其在各个方面的应用。
- 了解物联网技术中包含的单片机技术。
- 了解智慧家居应用场景以及该场景中包含的智能控制模块部分。
- 了解和掌握 Keil C51 软件和 Proteus ISIS 软件的使用。
- 了解步进电动机、风扇、继电器和 PWM 调光控制原理，掌握 51 单片机的基础操作。

本项目从物联网技术典型的应用场景——智慧家居的设计入手，采用 Keil C51 软件和 Proteus ISIS 仿真软件，让读者对物联网单片机应用技术的开发软件有一个初步的认识。然后通过几个智慧家居常见项目的设计，了解物联网单片机应用技术中的单片机知识，掌握项目设计的主要步骤和相关拓展知识。

本项目主要以 51 单片机来实现对步进电动机的控制，从而由步进电动机对其他家居产品进行进一步的控制，达到初步实现智慧家居的目的。

任务 1.1 模拟智慧家居步进电动机模块设计

✐ 任务描述

1. 任务目的及要求

- 了解 Keil C51 软件的主要功能。
- 了解单片机项目的建立流程。
- 了解项目程序的加载和编译流程。
- 掌握单片机简单的编程。
- 了解 Proteus ISIS 软件的主要功能。
- 熟悉 Proteus ISIS 软件的使用方法。
- 熟悉电路原理图的建立流程。
- 掌握简单的电路图绘制并实现仿真。
- 利用 Keil C51 软件生成 HEX 文件，用于后续软件仿真。
- 利用 51 单片机实现步进电动机控制，Proteus ISIS 仿真软件练习。
- 熟悉步进电动机电路原理图的建立流程。

- 掌握简单的电路图绘制并实现仿真。

2. 任务设备

- 硬件：PC。
- 软件：Keil C51 软件、Proteus ISIS 软件。

相关知识

1.1.1 初识物联网技术

物联网（Internet of Things，IoT）是指通过各种信息传感器、射频识别技术、全球定位系统、红外感应器、激光扫描器等各种装置与技术，实时采集任何需要监控、连接、互动的物体或过程，采集其声、光、热、电、力学、化学、生物、位置等各种需要的信息，通过各类可能的网络接入，实现物与物、物与人的泛在连接，实现对物品和过程的智能化感知、识别和管理。物联网是一个基于互联网、传统电信网等的信息承载体，它是让所有能够被独立寻址的普通物理对象形成互联互通的网络。

物联网指的是将无处不在的末端设备和设施，包括具备"内在智能"的传感器、移动终端、工业系统、数控系统、家庭智能设施、视频监控系统等和"外在使能"的"智能化物件或动物"（如贴上 RFID 的各种资产、携带无线终端的个人与车辆等）或"智能尘埃"，通过各种无线和/或有线的长距离和/或短距离通信网络实现互联互通（M2M）、应用大集成（Grand Integration）以及基于云计算的 SaaS 营运等模式，在内网（Intranet）、外网（Extranet）和互联网（Internet）环境下，采用适当的信息安全保障机制，提供安全可控乃至个性化的实时在线监测、定位追溯、报警联动、调度指挥、预案管理、远程控制、安全防范、远程维保、在线升级、统计报表、决策支持、领导桌面（集中展示的 Cockpit Dashboard）等管理和服务功能，实现对"万物"的"高效、节能、安全、环保"的"管、控、营"一体化。

"物联网"的概念是在 1999 年提出的，它的定义很简单：把所有物品通过射频识别等信息传感设备与互联网连接起来，实现智能化识别和管理。也就是说，物联网是指各类传感器和现有的互联网相互连接的一个新技术。

1. 物联网的关键技术

把网络技术运用于万物组成"物联网"，如把感应器嵌入装备到油网、电网、路网、水网、建筑、大坝等物体中，然后将"物联网"与"互联网"整合起来，实现人类社会与物理系统的整合。超级计算机群对"整合网"的人员、机器设备、基础设施实施实时管理控制。以精细动态方式管理生产生活，提高资源利用率和生产力水平，改善人与自然关系。

简单地讲，物联网是物与物、人与物之间的信息传递与控制。在物联网应用中有以下关键技术。

（1）传感器技术　它是计算机应用中的关键技术。绝大部分计算机处理的都是数字信号。自从有计算机以来就需要传感器把模拟信号转换成数字信号才能处理。

（2）RFID 技术　它是一种传感器技术，是融合了无线射频技术和嵌入式技术为一体的综合技术。RFID 在自动识别、物品物流管理等领域有着广阔的应用前景。

（3）单片机嵌入式系统技术　它是集计算机软硬件、传感器技术、集成电路技术、电子应用技术为一体的复杂技术。经过几十年的演变，以单片机嵌入式系统为特征的智能终端产品随处可见，小到人们身边的智能音箱，大到航天航空的卫星系统。

（4）智能技术　它是为了有效地达到某种预期的目的，利用知识所采用的各种方法和手段。通过在物体中植入智能系统，可以使物体具备一定的智能性，能够主动或被动地实现与用户的沟通，也是物联网的关键技术之一。

（5）纳米技术　它是研究结构尺寸在 0.1~100 nm 范围内材料的性质和应用，主要包括：纳米体系物理学、纳米化学、纳米材料学、纳米生物学、纳米电子学、纳米加工学、纳米力学等。

2. 物联网体系架构

物联网典型体系架构分为 3 层，自下而上分别是感知层、网络层和应用层。物联网体系架构如图 1-1 所示。

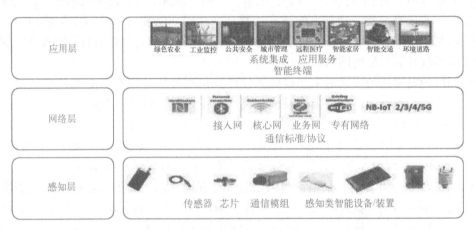

图 1-1　物联网体系架构

（1）感知层　感知层是实现物联网全面感知的核心能力，是物联网中关键技术，感知层是在标准化、产业化方面亟须突破的部分，关键在于具备更精确、更全面的感知能力，并解决低功耗、小型化和低成本问题。

（2）网络层　网络层主要以广泛覆盖的移动通信网络作为基础设施，是物联网中标准化程度最高、产业化能力最强、最成熟的部分，关键在于为物联网应用特征进行优化改造，形成系统感知的网络。

（3）应用层　应用层提供丰富的应用，将物联网技术与行业信息化需求相结合，实现广泛智能化的应用解决方案，关键在于行业融合、信息资源的开发利用、低成本高质量的解决方案、信息安全的保障及有效商业模式的开发。

物联网体系主要由运营支撑系统、传感网络系统、业务应用系统、无线通信网系统等组成。

1）运营支撑系统主要是指 M2M 平台，该平台具有一定的鉴权功能，因此可以为顾客提供必要的终端管理服务，同时，对于不同的接入方式，其都可顺利接入 M2M 平台，因此可以更顺利、更方便地进行数据传输。此外，M2M 平台还具备一定的管理功能，其介意对用户鉴权、数据路由等进行有效的管理。而对于 BOSS 系统，其由于具备较强的计费管理功能，因此在物联网业务中得到广泛的应用。

2）通过传感网络，可以采集所需的信息，顾客在实践中可运用 RFID 读写器与相关的传感器等采集其所需的数据信息，当网关终端进行汇聚后，可通过无线网络远程将其顺利地传输至指定的应用系统中。此外，传感器还可以运用 ZigBee 与蓝牙等技术实现与传感器网关有效通信的目的。市场上常见的传感器大部分都可以检测到相关的参数，包括压力、湿度或温度等。一些专业化、质量较高的传感器通常还可检测到重要的水质参数，包括浊度、水位、溶解氧量、电导率、藻蓝素含量、pH 值、叶绿素含量等。运用传感器网关可以实现信息的汇聚，同时可运用通信网络技术使信息可以远距离传输，并顺利到达指定的应用系统中。

3）业务应用系统主要提供必要的应用服务，包括智慧家居服务、一卡通服务、水质监控服务等。所服务的对象，不仅仅为个人用户，也可以为行业用户或家庭用户。

3. 物联网应用场景

（1）智慧家居 智慧家居指的是使用各种技术和设备，来提高人们的生活质量，使家庭变得更舒适、安全和高效。物联网应用于智慧家居领域，能够对家居类产品的位置、状态、变化进行监测，分析其变化特征，同时根据人的需要，在一定的程度上进行反馈。典型智慧家居如图 1-2 所示。

图 1-2 典型智慧家居

智慧家居的发展分为三个阶段，分别是单品连接、物物联动以及平台集成。当前处于单品连接向物物联动过渡阶段。

1）单品连接：这个阶段是将各个产品通过传输网络，如 WiFi、蓝牙、ZigBee 等进行连接，对每个单品单独控制。

2）物物联动：目前，各个智慧家居企业将自家的所有产品进行联网、系统集成，使得各产品间能联动控制，但不同的企业单品还不能联动。

3）平台集成：这是智慧家居发展的最终阶段，根据统一的标准，使各企业单品能相互兼容，目前还没有发展到这个阶段。

（2）智慧安防 智慧安防系统是物联网的一大应用市场，传统安防对人员的依赖性比较大，非常耗费人力，而智慧安防能够通过设备实现智能判断。目前，智慧安防最核心的部分在于智慧安防系统，该系统是对拍摄的图像进行传输与存储，并对其分析与处理。一个完整的智慧安防系统主要包括三大部分，门禁、报警和监控，行业中主要以视频监控为主。视频安防系统如图 1-3 所示。

由于采集的数据量足够大，且时延较低，因此目前城市中大部分的视频监控采用的是有线的连接方式，而对于偏远地区以及移动性的物体监控采用的则是 4G/5G 等无线技术。

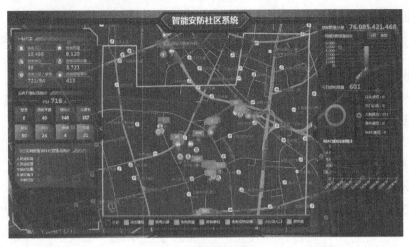

图 1-3　视频安防系统

1）门禁系统：主要以感应卡式、指纹、虹膜以及面部识别等为主，有安全、便捷和高效的特点，能联动视频抓拍、远程开门、手机位置探测及轨迹分析等。

2）监控系统：主要以视频为主，分为警用和民用市场。它通过视频实时监控，使用摄像头进行抓拍记录，将视频和图片进行数据存储和分析，实时监测、确保安全。

3）报警系统：主要通过报警主机进行报警，同时，部分研发厂商会将语音模块以及网络控制模块置于报警主机中，缩短报警反应时间。

（3）智慧交通　智慧交通被认为是物联网所有应用场景中最有前景的应用之一。而智慧交通是物联网的体现形式，利用先进的信息技术、数据传输技术以及计算机处理技术等，集成到交通运输管理体系中，使人、车和路能够紧密地配合，改善交通运输环境、保障交通安全以及提高资源利用率。行业内应用较多的有五大场景，包括智慧公交车、共享单车、汽车联网、智慧停车以及智能红绿灯等。智慧交通包含多种控制内容，如图 1-4 所示。

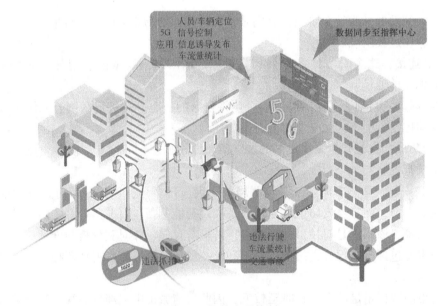

图 1-4　智慧交通控制

1) 智慧公交车：结合公交车辆的运行特点，建设公交智能调度系统，对线路、车辆进行规划调度，实现智能排班。

2) 共享单车：运用带有 GPS 或 NB-IoT 模块的智能锁，通过 App 相连，实现精准定位、实时掌控车辆状态等。

3) 汽车联网：利用先进的传感器及控制技术等实现自动驾驶或智能驾驶，实时监控车辆运行状态，降低交通事故发生率。

4) 智慧停车：通过安装地磁传感器，连接进入停车场的智能手机，实现停车自动导航、在线查询车位等功能。

5) 智能红绿灯：依据车流量、行人及天气等情况，动态调控灯信号，来控制车流，提高道路承载力。

6) 汽车电子标识：采用 RFID 技术，实现对车辆身份的精准识别、车辆信息的动态采集等功能。

7) 充电桩：通过物联网设备，实现充电桩定位、充放电控制、状态监测及统一管理等功能。

8) 高速无感收费：通过摄像头识别车牌信息，根据路径信息进行收费，提高通行效率、缩短车辆等候时间等。

(4) 智慧农业　智慧农业指的是利用物联网、人工智能、大数据等现代信息技术与农业进行深度融合，实现农业生产全过程的信息感知、精准管理和智能控制的一种全新的农业生产方式，可实现农业可视化诊断、远程控制以及灾害预警等功能。

农业分为农业种植和畜牧养殖两个方面。农业种植分为设施种植（温室大棚）和大田种植，主要包括播种、施肥、灌溉、除草以及病虫害防治等五个部分，通过传感器、摄像头和卫星等收集数据，实现数字化和智能机械化发展。当前，数字化的实现多以数据平台服务来呈现，而智能机械化以农机自动驾驶为代表。畜牧养殖主要是将新技术、新理念应用在生产中，包括繁育、饲养以及疾病防疫等，可以用"精细化养殖"定义整体畜牧养殖环节。智慧农业物联网平台已经广泛应用于现代农业生产中，如图 1-5 所示。

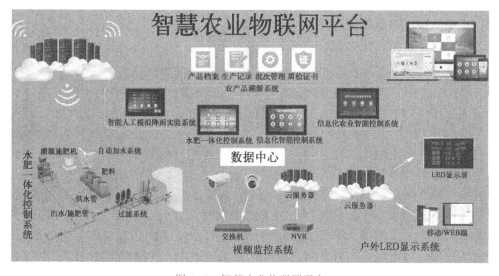

图 1-5　智慧农业物联网平台

（5）智慧医疗　智慧医疗的两大主要应用场景：医疗可穿戴设备和数字化医院。全方位智慧医疗如图 1-6 所示。

图 1-6　全方位智慧医疗

在智慧医疗领域，新技术的应用必须以人为中心。而物联网技术是数据获取的主要途径，能有效帮助医院实现对人和物的智能化管理。对人的智能化管理指的是通过传感器对人的生理状态（如心跳频率、体力消耗、血压高低等）进行捕捉，将它们记录到电子健康文件中，方便个人或医生查阅。对物的智能化管理，指的是通过 RFID 技术对医疗物品进行监控与管理，实现医疗设备、用品可视化。当前智慧医疗主要有如下两个应用场景。

1）医疗可穿戴设备：通过传感器采集人体及周边环境的参数，经传输网络，传到云端，数据处理后，反馈给用户。

2）数字化医院：将传统的医疗设备进行数字化改造，实现了数字化设备远程管理、远程监控以及电子病历查阅等功能。

（6）智慧物流　智慧物流及供应链如图 1-7 所示。智慧物流是新技术应用于物流行业的统称，指的是以物联网、大数据、人工智能等信息技术为支撑，在物流的运输、仓储、包装、装卸、配送等环节实现系统感知、全面分析及处理等功能。智慧物流的实现能大大地降低各行业运输的成本，提高运输效率，提升整个物流行业的智能化和自动化水平。物联网应用于物流行业中，主要体现在三方面，即仓储管理、运输监测和智能快递柜。

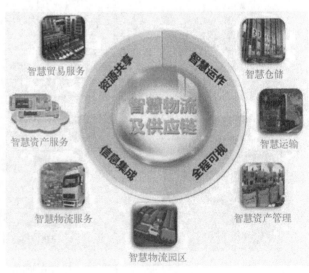

图 1-7　智慧物流及供应链

1）仓储管理：通常采用基于 LoRa、NB-IoT 等传输网络的物联网仓库管理信息系统，完成收货入库、盘点调拨、拣货出库以及整个系统的数据查询、备份、统计、报表生产及报表管理等任务。

2）运输监测：实时监测货物运输中的车辆行驶情况以及货物运输情况，包括货物位置、状态环境以及车辆的油耗、油量、车速及刹车次数等驾驶行为。

3）智能快递柜：将云计算和物联网等技术结合，实现快件存取和后台中心数据处理，通过 RFID 或摄像头实时采集、监测货物收发等数据。

（7）智慧能源　当前，将物联网技术应用在能源领域，主要用于水、电、燃气等计量以及根据外界天气对路灯的远程控制等，基于环境和设备进行物体感知，通过监测，提升利用效率，减少能源损耗。根据实际情况，智慧能源分为四大应用场景。

1）智能水表：可利用先进的 NB-loT 技术，远程采集用水量，以及提供用水提醒等服务。

2）智能电表：自动化信息化的新型电表，具有远程监测用电情况，并及时反馈等功能。

3）智能燃气表：通过网络技术，将用气量传输到燃气集团，无须入户抄表，且能显示燃气用量及用气时间等数据。

4）智慧路灯：通过搭载传感器等设备，实现远程照明控制以及故障自动报警等功能。家用远程抄表系统如图 1-8 所示。

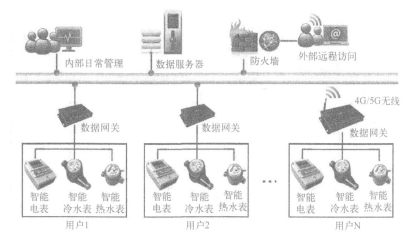

图 1-8　家用远程抄表系统

（8）智慧建筑　物联网应用于建筑领域，主要体现在用电照明、消防监测以及楼宇控制等。建筑是城市的基石，技术的进步促进了建筑的智能化发展，物联网技术的应用，让建筑向智慧建筑方向演进。物联网应用于现代建筑如图 1-9 所示。

智慧建筑越来越受到人们的关注，是集感知、传输、记忆、判断和决策于一体的综合智能化解决方案。当前的智慧建筑主要体现在用电照明、消防监测以及楼宇控制等，将设备进行感知、传输并远程监控，不仅能够节约能源，同时也能减少运维的楼宇工作人员。而对于古建筑，也可以进行白蚁（以木材为食的一种昆虫）监测，进而达到保护古建筑的目的。

（9）智慧制造　物联网技术赋能制造业，实现工厂的数字化和智能化改造。制造领域的市场体量巨大，是物联网的一个重要应用领域，主要体现在数字化以及智能化的工厂改造上，包括工厂机械设备监控和工厂的环境监控。通过在设备上加装物联网装备，设备厂商可以远程随时随地对设备进行监控、升级和维护等操作，更好地了解产品的使用状况，完成产品全生命

图 1-9　物联网应用于现代建筑

周期的信息收集，指导产品设计和售后服务；而厂房的环境监控主要包括空气温湿度、烟感等情况，如图 1-10 所示。

图 1-10　智慧制造

数字化工厂的核心特点是：产品的智能化、生产的自动化、信息流和物资流合一。企业的数字化和智能化改造大体分成四个阶段：自动化生产线与生产装备、设备联网与数据采集、数据的打通与直接应用、数据智能分析与应用。这四个阶段并不按照严格的顺序进行，各阶段也不是孤立的，边界较模糊。

（10）智慧零售　智慧零售依托于物联网技术，主要体现了两大应用场景，即自动售货机和无人便利店。行业内将零售按照距离，分为三种不同的形式：远场零售、中场零售、近场零售。三者分别以电商、商场/超市和便利店/自动售货机为代表。物联网技术可以用于近场和中场零售，且主要应用于近场零售，即无人便利店和自动（无人）售货机。智慧零售如图 1-11 所示。

图 1-11　智慧零售

智慧零售通过对传统的售货机和便利店进行数字化升级、改造，打造无人零售模式。通过数据分析，并充分运用门店内的客流和活动，为用户提供更好的服务，为商家提供更高的经营效率。

1）自动售货机：也叫无人售货机，分为单品售货机和多品售货机，通过物联网平台可以进行数据传输，客户验证，购物车提交，到扣款回执等。

2）无人便利店：采用 RFID 技术，用户仅须扫码即可开门，便可进行商品选购，关门之后系统会自动识别所选商品，并自动完成扣款结算。

1.1.2　智慧家居应用场景

智慧家居通过物联网技术将家中的各种设备（如音视频设备、照明系统、窗帘控制、空调控制、安防系统、数字影院系统、影音服务器、网络家电等）连接到一起，提供家电控制、照明控制、电话远程控制、室内外遥控、防盗报警、环境监测、暖通控制、红外转发以及可编程定时控制等多种功能和手段。与普通家居相比，智慧家居不仅具有传统的居住功能，兼备建筑、网络通信、信息家电、设备自动化，提供全方位的信息交互功能，甚至可减少各种能源消耗，节约资金。智慧家居网络结构如图 1-12 所示。

在智慧家居应用中，当然少不了单片机及其相关技术的应用。在智慧家居中所用到的关键技术如下。

（1）家庭自动化　家庭自动化指利用单片机微处理电子技术，集成或控制家中的电子产品或系统，例如：照明灯、咖啡炉、计算机设备、保安系统、暖气及冷气系统、视讯及音响系统等。家庭自动化系统主要是以一个中央单片机微处理机接收来自相关电子产品（外界环境因素的变化，如太阳东升或西落等所造成的光线变化等）的信息后，再以既定的程序发送适当的信息给其他电子产品。

单片机微处理器必须透过许多界面来控制家中的电器产品，这些界面可以是键盘，也可以是触摸式荧幕、按钮、计算机、电话机、遥控器等；消费者可发送信号至中央微处理机，或接收来自中央微处理机的信号。

（2）家庭网络　首先要把这个家庭网络和纯粹的"家庭局域网"分开来。家庭局域网是指连接家庭里的 PC、各种外设及与因特网互联的网络系统，只是家庭网络的一个组成部分。家庭网络是在家庭范围内（可扩展至邻居，小区）将 PC、家电、安全系统、照

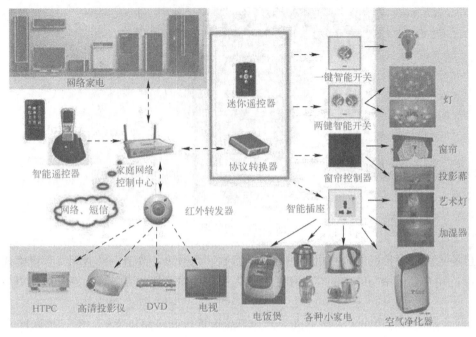

图 1-12　智慧家居网络结构

明系统和广域网相连接的一种新技术。当前在家庭网络所采用的连接技术可以分为"有线"和"无线"两大类。有线方案主要包括：双绞线或同轴电缆连接、电话线连接、电力线连接等；无线方案主要包括：红外线连接、无线电连接、基于 RF 技术的连接和基于 PC 的无线连接等。

　　家庭网络相比起传统的办公网络来说，加入了很多家庭应用产品和系统，如家电设备、照明系统，因此相应技术标准也错综复杂。家庭网络如图 1-13 所示。

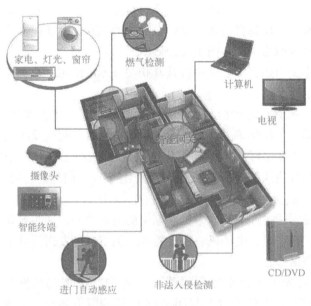

图 1-13　家庭网络

（3）网络家电　网络家电是将普通家用电器利用数字技术、网络技术及智能控制技术设计改进的新型家电产品。网络家电可以实现互连组成一个家庭内部网络，同时这个家庭网络又可以与外部互联网相连接。可见，网络家电技术包括两个层面：第一个层面是家电之间的互连问题，也就是使不同家电之间能够互相识别，协同工作；第二个层面是解决家电网络与外部网络的通信，使家庭中的家电网络真正成为外部网络的延伸。

（4）信息家电　信息家电是一种价格低廉、操作简便、实用性强、带有 PC 主要功能的家电产品。利用计算机、电信和电子技术与传统家电（白色家电：电冰箱、洗衣机、微波炉等；黑色家电：电视机、录像机、音响等）相结合的创新产品，是为数字化与网络技术更广泛地进入家庭生活而设计的新型家用电器。

智慧家居中所有的设备都不再像以前的家电，仅仅完成各自的单一功能，它更多的是需要将自己的信息通过网络上传到物联网，并且能接受远程控制，这就需要在传统家电中加入小型化计算机系统，让所有的家电能智能起来。小型化计算机系统还必须能嵌入家电中，不能增加家电的体积和过多的成本，这样的小型化计算机系统就是单片机系统。

1.1.3　单片机概念、发展及主要内部结构介绍

1. 单片机的定义

单片机是将 CPU、存储器、输入/输出接口、定时/计数器等集成在一块芯片上，是目前销量最大、应用面最广、价格最便宜的微型计算机，如图 1-14 所示。

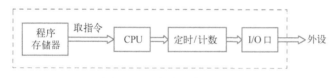

1.1.3_1　了解和认识单片机

图 1-14　单片机结构框图

典型单片机产品有如下系列。

1）MCS-51 系列。美国 Intel 公司生产的 8 位字长单片机。基本型产品有 8051、8031、8751 等。

2）AT89C51 系列。美国 ATMEL 公司生产的 8 位字长单片机。与 MCS-51 系列单片机兼容，内含 4 KB 的 flash 存储器。

3）STC 系列。STC 单片机是由美国设计，国内宏晶公司生产的，这个芯片改进了加密机制。STC 单片机出厂的时候就已经完全加密，用户程序是 ISP/IAP 机制写入，编程的时候是一边校验一边写，无法读出命令，这增加了解密难度。

2. 单片机的应用

目前单片机渗透到人们生活的各个领域，几乎很难找到哪个领域没有单片机的踪迹。导弹的导航装置，飞机上各种仪表的控制，计算机的网络通信与数据传输，工业自动化过程的实时控制和数据处理，广泛使用的各种智能 IC 卡，轿车的安全保障系统，录像机、摄像机、全自动洗衣机的控制，以及程控智能玩具、电子宠物等，这些都离不开单片机。更不用说自动控制领域的机器人、智能仪表、医疗器械了。因此，单片机的学习、开发与应用将造就一批计算机应用与智能化控制的工程师。

3. MCS-51 单片机的内部的硬件结构

MCS-51 系列单片机是目前工程上应用较为广泛的单片机，8051 单片机的内部基本结构，如图 1-15 所示。

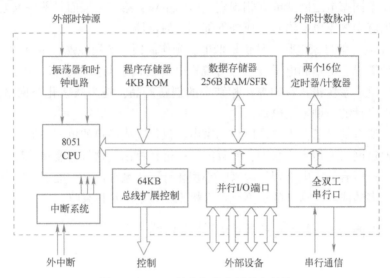

图 1-15　8051 单片机的内部基本结构

MCS-51 单片机的内部硬件各部分的主要功能如下。

（1）中央处理单元 CPU　中央处理单元 CPU 是单片机的主要核心部件，由运算器、控制器及若干寄存器组成。

1）运算器。运算器是进行各种算术运算和逻辑运算的部件。与运算器有关的寄存器包括 ACC、B、PSW。

2）控制器。控制器是由程序计数器 PC、指令寄存器、译码器、定时与控制电路等组成的。PC 是一个 16 位的寄存器，PC 中的内容是下一条将要执行的指令代码的起始存放地址。当单片机复位之后，（PC）= 0000H，引导 CPU 到 0000H 地址读取指令代码，CPU 每读取一个字节的指令，PC 的内容会自动加 1，指向下一个地址，使 CPU 按顺序读取后面的指令，从而引导 CPU 按顺序执行程序。

3）寄存器。51 单片机中，有 21 个特殊功能寄存器（52 系列是 26 个）不连续地分布在 128 字节的 SF 存储空间中，地址空间为 80H~FFH，在这片 SF 空间中，包含有 128 个位地址空间，地址也是 80H~FFH，但只有 83 个有效位地址，可对 11 个特殊功能寄存器的某些位作位寻址操作。

（2）存储器　51 单片机的存储器分为两大存储空间：程序存储器（ROM）空间和数据存储器（RAM）空间。

片内程序存储器为 4KB 容量，其地址为 0000H~0FFFH。片外程序存储器为 64KB 容量，其地址为 0000H~FFFFH。

片内数据存储器为 256B 容量，00H~7FH 为通用的数据存储区，80H~FFH 为专用的特殊功能寄存器区。片外数据存储器为 64KB 容量，其地址为 0000H~FFFFH。

与 8051 不同的是，8751 片内包含 4KB 的 EPROM 程序存储器，而 8031 内部不包含程序存储器。不同型号的 51 系列单片机在容量上面会有所区别。

（3）振荡电路和时钟电路 要给单片机的 CPU 工作提供时序，需要有相关硬件电路，即振荡器和时钟电路。51 单片机内部有一个高增益反相放大器，用于构成振荡器，但要形成时钟，外部还需附加电路。51 单片机时钟产生有两种方式，即内部时钟和外部时钟方式。

（4）中断系统 单片机的中断系统是为了响应和处理突发事件，同时提高工作效率的结构。

当单片机 CPU 处理事件的过程时，有了突发事件需要其去处理。这时 CPU 会自动保存当前程序进程，然后去处理突发事件，突发事件处理完后再回到刚才程序停止的位置继续执行主程序。如果没有中断系统，就只能由 CPU 按照程序编写的先后次序，对各个外设，进行巡回检查与处理。这就是查询式工作方式。貌似公平，实际效率却不高。如果有了中断系统，整个计算机系统，就具有了应付突发事件的处理能力，这就是中断式工作方式。

（5）两个 16 位定时/计数器 51 单片机内部有两个 16 位的定时/计数器，主要用作定时和计数使用。单片机根据所要实现的功能从而选择定时/计数器的功能。

（6）并行 I/O 端口 51 单片机有 4 个并行 I/O 口，用作数据的输入和输出。具备第二功能的端口还可实现其他功用。访问单片机的外接扩展也需要使用这些端口作为地址线和数据线使用。

（7）全双工串行口 51 单片机有一个全双工的串行口，这个串行口既可以用于网络通信，也可以实现串行异步通信，还可作为同步移位寄存器使用。

（8）64 KB 总线扩展控制 当单片机需要外接设备进行扩展时，P0 口和 P2 口可以作为并行扩展总线，可以扩展 64 KB 程序存储器和 64 KB RAM I/O 口。

4. MCS-51 单片机的引脚

8051 单片机是 HMOS 工艺制造，外形为 40 个引脚，如图 1-16 所示。因为受芯片引脚数量的限制，有很多引脚具有双功能。

（1）主电源引脚

1）VCC：芯片工作电源端，接+5 V。

2）VSS：电源接地端。

（2）时钟振荡电路引脚

1）XTAL1：内部晶体振荡电路的反相器输入端。

2）XTAL2：内部晶体振荡电路的反相器输出端。

（3）控制信号引脚

1）RST：复位信号输入端。外部接复位电路接法如图 1-17。

2）ALE：地址锁存允许信号。在不访问外部存储器时，ALE 以时钟振荡频率的 1/6 的固定频率输出，用示波器观察 ALE 引脚上的脉冲信号是判断单片机芯片是否正常工作的一种简便方法。

3）$\overline{PSEN}$：外部程序存储器 ROM 的读选通信号。当外部 ROM 取指令时，$\overline{PSEN}$ 自动向外发送负脉冲信号。

4）$\overline{EA}$：为访问程序存储器的控制信号。

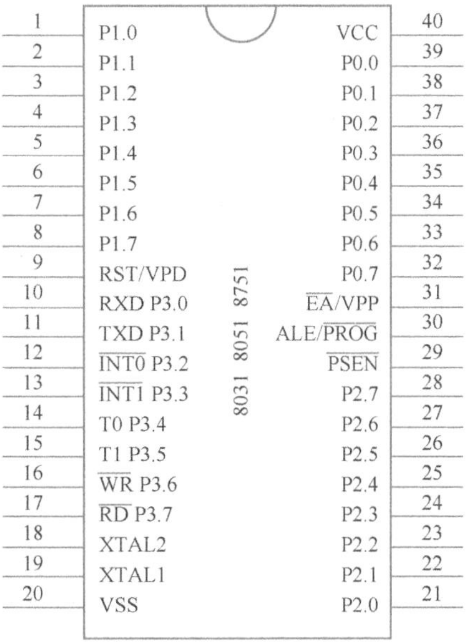

图 1-16 MCS-51 引脚图

（4）并行 I/O 端口引脚　它主要有 P0 口（P0.0~P0.7）、P1 口（P1.0~P1.7）、P2 口（P2.0~P2.7）、P3 口（P3.0~P3.7）。

5. 单片机外围电路

（1）复位电路　单片机的 RST 引脚是复位信号输入端，RST 引脚上保持两个机器周期（24 个时钟周期）以上的高电平时，可使单片机内部可靠复位。如采用 12 MHz 的晶振，则须加在 RST 引脚上的复位脉冲的持续时间应大于 2 μs。单片机常用的外围复位电路如图 1-17 所示。

复位后，单片机内部的各寄存器的内容将被初始化，包括程序计数器 PC 和特殊功能寄存器，其中(PC) = 0000H，特殊功能寄存器的初始状态见表 1-1。复位不影响片内 RAM 和片外 RAM 中的内容。

表 1-1　特殊功能寄存器的初始状态

SFR 名称	初 始 状 态	SFR 名称	初 始 状 态
ACC	00H	TMOD	00H
B	00H	TCON	00H
PSW	00H	TH0	00H
SP	07H	TL0	00H
DPL	00H	TH1	00H
DPH	00H	TL1	00H
P0 ~ P3	FFH	SBUF	不确定
IP	XXX00000B	SCON	00H
IE	0XX00000B	PCON	0XXXXXXXB

（2）时钟电路　时钟电路用于产生时钟信号，时钟信号是单片机内部各种微操作的时间基准。在此基础上，控制器按照指令的功能产生一系列在时间上有一定次序的信号，控制相关的逻辑电路工作，实现指令的功能，如图 1-18 所示。

电容容量范围为（30±10）pF，石英晶体频率的范围为 1.2 ~ 12 MHz，常用 6 MHz 或 12 MHz。

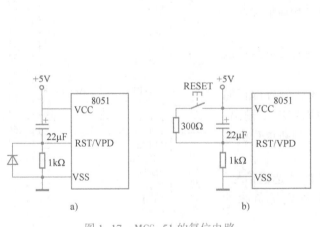

图 1-17　MCS-51 的复位电路

a）上电复位电路　b）上电复位兼手动复位电路

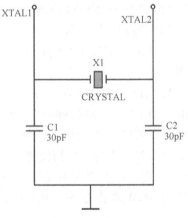

图 1-18　8051 的外接石英晶体的时钟电路

1.1.4　Keil C51 软件的使用

1.1.4　Keil
C51 软件的
使用

Keil C51 软件是目前流行的开发单片机的工具软件，掌握该软件的使用方法，对于后续项目的学习和单片机研发是非常必要的。应用软件的基本操作流程如下。

1）启动 Keil C51 软件。从桌面上或者是开始菜单中单击"μVision"按钮，启动该软件。

2）选择弹出的下拉式菜单中的"Project"→"New Project"命令，如图 1-19 所示。接着弹出"Create New Project（创建项目）"对话框，如图 1-20 所示。在"文件名"中输入第一个 C 程序项目名称，这里用"test"作为文件名。"保存"后的文件扩展名为"Uv2"，这是 KEIL μVision2 项目文件的扩展名，以后可以直接单击此文件以打开先前创建的项目。

图 1-19　New Project 命令　　　　图 1-20　"Cerate New Project"对话框

3）选择单片机型号。保存完项目之后，弹出"Select Device for Target'Target1'（目标芯片选择）"对话框，这里选择常用的 Atmel 公司的 AT89C51，如图 1-21 所示。图中右侧的"Description"框中显示了有关于此单片机简单的介绍。完成上面步骤后，就可以进行程序的编写了。

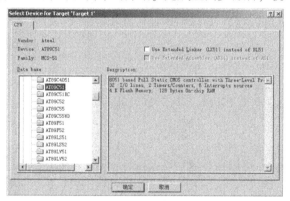

图 1-21　选取单片机型号

4）在该项目中创建新的程序文件或加入旧程序文件。在这里以一个 C 程序为例，介绍如何新建一个 C 程序和如何加到第一个项目中。

单击新建文件的快捷按钮（见图 1-22 中①所示），出现一个新的文字编辑窗口（见图 1-22 中②所示）。这个操作也可以通过菜单"File"→"New"或快捷键〈Ctrl+N〉来实现。现在就可以开始编写程序了。

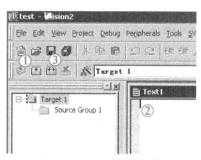

图 1-22　新建程序文件

下面是经典的一段程序，这段程序的功能是不断从串口输出"Hello World！"字符。

```
#include <AT89X51. H>
#include <stdio. h>
void main( void)
{
SCON = 0x50;                    //串口方式1,允许接收
TMOD = 0x20;                    //定时器 1 定时方式 2
TCON = 0x40;                    //设定时器 1 开始计数
TH1 = 0xE8;                     //11. 0592 MHz 1200 波特率
TL1 = 0xE8;
TI = 1;
TR1 = 1;                        //启动定时器
while( 1)
{
printf ("Hello World! \n");     //显示 Hello World!
}
}
```

5）单击"保存"按钮（见图 1-22 中③所示），也可以通过菜单"File"→"Save"或快捷键〈Ctrl+S〉进行保存。因是新文件，所以保存时会弹出类似图 1-20 的文件操作窗口，把第一个程序命名为 test1. c，保存在项目所在的目录中，这时会发现程序单词有了不同的颜色，说明 Keil 的 C 语言语法检查生效了。右击"Source Group1"文件夹弹出快捷菜单，如图 1-23 所示，在这里可以做在项目中增加、减少文件等操作。

选择"Add Files to Group 'Source Group 1'"命令，弹出文件对话框，选择刚刚保存的文件，单击

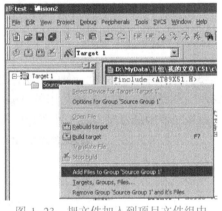

图 1-23　把文件加入到项目文件组中

"ADD"按钮，关闭文件对话框，程序文件已添加到项目中了。这时在"Source Group 1"文件夹图标左边出现了一个"+"号说明文件组中有了文件，单击它可以展开查看。

6）C 语言程序文件已被添加到项目中，下面就可以编译运行。这个项目只是用于学习新建程序项目和编译运行仿真的基本方法，所以使用软件默认的编译设置，它不会生成用于芯片烧写的 HEX 文件。

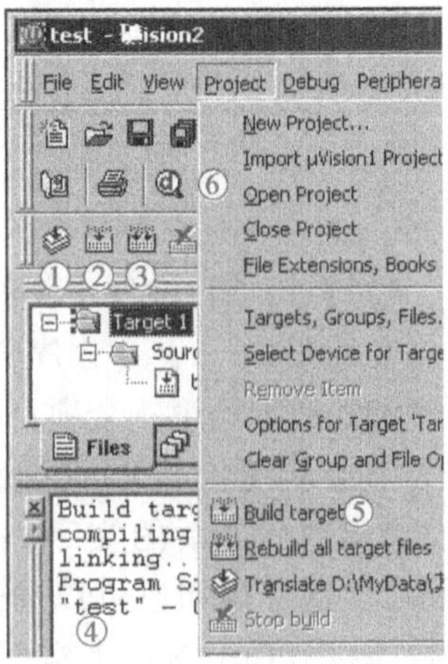

在 Keil 软件主界面，"Project"栏目下拉菜单中，有几个需要解释的部分，如图 1-24 所示。图中①、②、③都是编译按钮，不同的是：①是用于编译单个文件。②是编译链接当前项目，如果先前编译过一次之后文件没有进行过编辑或改动，这时再单击是不会重新编译的。③是重新编译，每单击一次均会再次编译链接一次，不管程序是否有改动。在③右边的是停止编译按钮，只有单击了前三个中的任一个，停止按钮才会生效。⑤是菜单中的它们。在④中可以看到编译的错误信息和使用的系统资源情况等。⑥是开启/关闭调试模式的按钮，可以用

图 1-24　编译程序

"Debug" – "Start\Stop Debug Session" 或快捷键〈Ctrl+F5〉操作。

7）进入调试模式，如图 1-25 所示。图中①为运行，当程序处于停止状态时才有效，②为停止，程序处于运行状态时才有效。③是复位，模拟芯片的复位，程序回到最起始处执行。④可以打开⑤中的串行调试窗口，如图 1-26 所示，这个窗口可以查看 51 芯片的串行口输入输出的字符，运行结果等。单击图中④的图标按钮，打开串行调试窗口，再单击运行按钮，这时串行调试窗口中不断的打印 "Hello World!"。若要停止程序运行回到文件编辑模式中，首先单击 "停止" 按钮，再单击 "开启\关闭调试模式" 按钮，然后就可以关闭 Keil 等相关操作了。

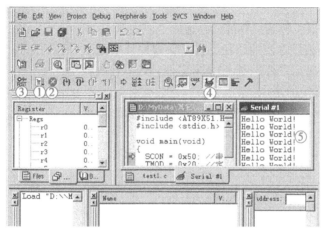

图 1-25 调试运行程序

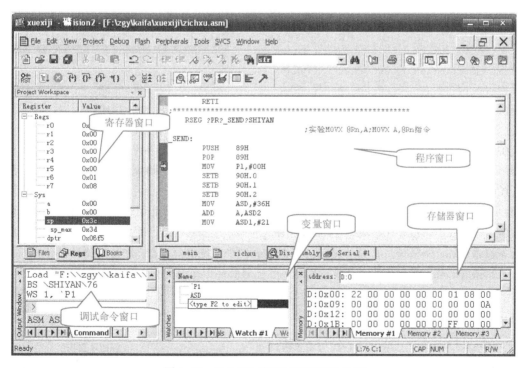

图 1-26 Keil C51 在调试状态下的界面

8）生成 HEX 文件。上面建立了第一个单片机 C 语言项目，但为了让完成编译的程序能通过编程器写入 C51 芯片中，要先用编译器生成 HEX 文件，下面介绍如何用 Keil μVision 来编译生成用于烧写芯片的 HEX 文件。

首先打开第一个项目，打开它的所在目录，找到"test. Uv2"的文件，单击就可以打开项目。然后右击图 1-27 中的①项目文件夹，弹出项目功能菜单栏，选择"Options for Target 'Target1'"命令，弹出项目选项设置窗口，同样先选中项目文件夹图标，这时在 Project 菜单中也有一样的菜单可选。

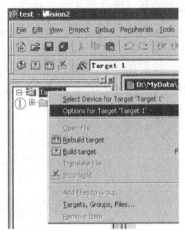

打开项目选项窗口，转到"Output"选项卡，如图 1-28 所示，图中①是选择编译输出的路径，②是设置编译输出生成的文件名，③则是决定是否要创建 HEX 文件，选中它就可以输出 HEX 文件到指定的路径中。

再将它重新编译一次，很快在编译信息窗口中就显示 HEX 文件创建到指定的路径中了，如图 1-29 所示。

图 1-27　项目功能菜单

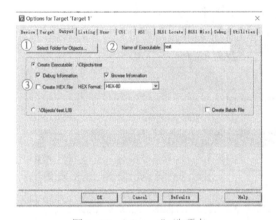

图 1-28　"Output"选项卡

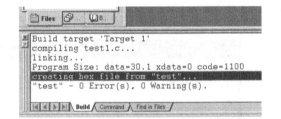

图 1-29　编译信息窗口

小知识：Keil C51 是美国 Keil Software 公司出品的 51 系列兼容单片机 C 语言软件开发系统，与汇编相比，C 语言在功能、结构性、可读性、可维护性上有明显的优势，因而易学易用。

Keil 提供了包括 C 编译器、宏汇编、链接器、库管理及仿真调试器等在内的完整开发方案，通过一个集成开发环境（μVision）将这些部分组合在一起。运行 Keil 软件需要 Windows 等操作系统。如果使用 C 语言编程，那么 Keil 几乎就是不二之选，即使不使用 C 语言而仅用汇编语言编程，其方便易用的集成环境、强大的软件仿真调试工具也会事半功倍。

1.1.5　Proteus ISIS 软件的使用

Proteus ISIS 是英国 Labcenter 公司开发的电路分析与实物仿真软件。它运行于 Windows 操作系统上，可以仿真、分析（SPICE）各种模拟器件和集成电路。

1.1.5　Proteus ISIS 软件的使用

1. 进入 Proteus ISIS

双击"ISIS7 Professional"图标或者从"开始"菜单进入。Proteus ISIS 的工作界面是一种标准的 Windows 界面，如图 1-30 所示。它包括：主菜单、标准工具栏、模型选择工具栏、挑选元件按钮、方向工具栏、仿真按钮、预览窗口、库管理按钮、图形编辑窗口。

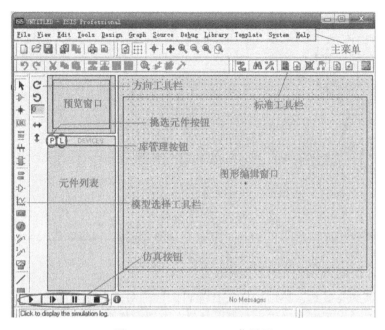

图 1-30　Proteus ISIS 工作界面

（1）图形编辑窗口　在图形编辑窗口内完成电路原理图的编辑和绘制。为了方便作图，ISIS 中坐标系统的基本单位是 10 nm，主要是为了和 Proteus ARES 保持一致。但坐标系统的识别（Read-Out）单位被限制在 1 th（1 th = 25.4×10^{-3} mm）。坐标原点默认在图形编辑窗口的中间，图形的坐标值能够显示在屏幕右下角的状态栏中。

（2）预览窗口　该窗口通常显示整个电路图的缩略图。在预览窗口上单击鼠标左键，将会有一个矩形蓝绿框标示出在编辑窗口的中显示的区域。其他情况下，预览窗口显示将要放置的对象的预览。

（3）对象选择器窗口　通过对象选择按钮，从元件库中选择对象，并置入对象选择器窗口，供今后绘图时使用，如图 1-31 所示。显示对象的类型包括：设备、终端、引脚、图形符号、标注和图形。

2. 图形编辑的基本操作

（1）对象放置（Object Placement）　根据对象的类别在工具箱选择相应模式的图标（Mode Icon）；根据对象的具体类型选择子模式图标（Sub-Mode Icon）；如果对象类型是元件、端点、引脚、图形、符号或标记，则从选择器里（Selector）选择对象名称。对于元件、端点、引脚和符号，可能首先需要从库中调出；如果对象是有方向的，将会在预览窗口显示出来，可以通过预览对象方位按钮对对象进行调整；最后，指向编辑窗口并单击鼠标左键放置对象。

（2）选中对象（Tagging an Object）　用鼠标指向对象并单击右键可以选中该对象。该操

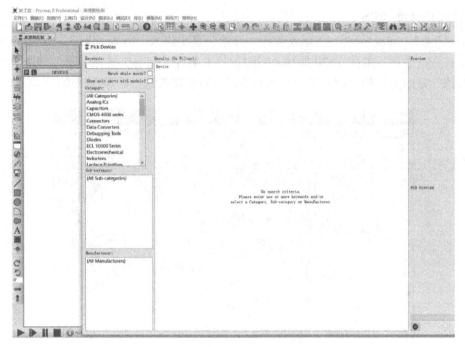

图 1-31　对象选择器窗口

作选中对象并使其高亮显示，然后可以进行编辑。选中对象时该对象上的所有连线同时被选中。要选中一组对象，可以通过依次在每个对象右击选中每个对象的方式，也可以通过右键拖出一个选择框的方式，但只有完全位于选择框内的对象才可以被选中。在空白处单击鼠标右键可以取消所有对象的选择。

（3）删除对象（Deleting an Object）　用鼠标指向选中的对象并单击右键可以删除该对象，同时删除该对象的所有连线。

（4）拖动对象（Dragging an Object）　用鼠标指向选中的对象并用左键拖拽可以拖动该对象。该方式不仅对整个对象有效，而且对对象中单独的 Labels 也有效。如果 "Wire Auto Router" 功能被使能的话，被拖动对象上所有的连线将会重新排布或者 "Fixed Up"。这将花费一定的时间（10 s 左右），尤其在对象有很多连线的情况下，这时鼠标指针将显示为一个沙漏。

（5）拖动对象标签（Dragging an Object Label）　许多类型的对象有一个或多个属性标签附着。例如，每个元件有一个 "Reference" 标签和一个 "Value" 标签。可以很容易地移动这些标签使电路图更美观。

（6）移动标签（To Move a Label）　选中对象，用鼠标指向标签，按下鼠标左键，拖动标签到需要的位置。如果想要定位的更精确，可以在拖动时改变捕捉的精度（使用〈F4〉、〈F3〉、〈F2〉、〈Ctrl+F1〉键）。

3. 电路图中线的画法

（1）导线画法　Proteus 的智能化可以在想要画线的时候进行自动检测。当鼠标的指针靠近对象的连接点时，鼠标的指针就会出现 "×" 号，鼠标左键单击对象的连接点，移动鼠标（不用一直按着左键），粉红色的连接线变成深绿色，如果想让软件自动定出线路径，只须左击另一个连接点即可，这就是 Proteus 的线路自动路径功能（简称 WAR）。如果只是单击两个连接点，WAR 将选择一个合适的线路路径。WAR 可通过使用工具栏里的"WAR"命令按钮来关闭或打开，也可以在菜单栏的"Tools"选项下找到这个命令。如果自定义走线路径，只须在拐点处单击鼠标左键即可。在此过程的任何时刻，都可以按 ESC 或者单击鼠标的右键放弃画线。

（2）总线画法　为了简化原理图，可以用一条导线代表数条并行的导线，这就是所谓的总线。单击工具箱的"总线"按钮，即可在编辑窗口画总线。

（3）总线分支线画法

1）将元器件连接到总线上（任意位置，一般按住〈Ctrl〉键将分支线画成斜线）。

2）做标号连接，选择"Wire Label Mode"命令，单击总线的末端与器件相连端之间的连接线（变成×号），弹出"Edit Wire Label"对话框，输入标号，然后在总线的另一端与器件之间的连接线上再次单击选择"Wire Label Mode"命令，弹出同样的对话框，输入同样的标号。这样它们就通过总线关联起来了。

（4）放置总线　放置总线并将各总线分支连接起来。方法是单击放置工具条中图标或执行"Place/Bus"菜单命令，这时工作平面上将出现十字形光标，将十字光标移至要连接的总线分支处单击鼠标左键，系统弹出十字形光标并拖着一条较粗的线，然后将十字光标移至另一个总线分支处，单击鼠标左键，一条总线就画好了。

　小知识：除了 Proteus 软件，平时常用的电路绘制与仿真的软件还有 Protel—DXP 绘图软件、EWB 绘图仿真软件以及 Multisim 仿真软件等，这些都可以绘制电路图。这些电路绘图软件各有各的特点，只要学会了一两款软件之后，再学其他的软件就会有触类旁通的感觉。

Proteus 软件不仅具有其他 EDA 工具软件的仿真功能，还能仿真单片机及外围器件。该软件已受到单片机爱好者、从事单片机教学的教师、致力于单片机开发应用的科技工作者的青睐。

1.1.6　步进电动机

1. 步进电动机功能

步进电动机是一种能够将电脉冲信号转换成角位移或线位移的机电元件，它实际上是一种单相或者多相同步电动机。单相步进电动机由单路电脉冲驱动，输出功率一般很小，其用途为微小功率驱动，多相步进电动机由多相方波脉冲驱动，用途非常广泛。

使用多相步进电动机时，单路电脉冲信号可先通过脉冲分配器转换为多相脉冲信号，在经功率放大后分别送入步进电动机各个绕组。每输入一个脉冲到脉冲分配器，电动机各相的通电状态就发生变化，转子会转过一定的角度（称为步距角）。

正常情况下，步进电动机转过的总角度和输入的脉冲数成正比；连续输入一定频率的脉冲时，电动机的转速与输入脉冲频率保持严格的对应关系，不受电压波动和负载变化的影响。由于步进电动机能直接接收数字量输入，所以特别适合于微机控制。

在物联网系统中，步进电动机是一种使用非常广泛的设备。利用步进电动机可以控制多种设备实现联动，如门禁系统控制门的开启和关闭，ETC 自动抬杆，控制窗帘自动开关等。

2. 步进电动机的特性

步进电动机转动使用的是脉冲信号，而脉冲是数字信号，这恰好是计算机所擅长处理的数据类型。从 20 世纪 80 年代开始开发出了专用的 IC 驱动电路，目前，在打印机、磁盘器等的 OA 装置的位置控制中，步进电动机是不可缺少的组成部分。

（1）步进电动机的优点

- 不需要反馈，控制简单。
- 与微机的连接、速度控制（启动、停止和反转）及驱动电路的设计比较简单。
- 没有角累积误差。
- 停止时也可保持转矩。
- 没有转向器等机械部分，不需要保养，故造价较低。
- 即使没有传感器，也能精准定位。
- 根据给定的脉冲周期，能够以任意速度转动。

（2）步进电动机的缺点

- 难以获得较大的转矩。
- 不宜用作高速转动。
- 在体积重量方面没有优势，能源利用率低。

3. 两相四线步进电动机工作原理

两相四线步进电动机最简单的构成为 Nr=1。一般两相电动机定子磁极数为 4 的倍数（至少是 4）。转子为 N 极与 S 极各有一个的两极转子。工作原理如图 1-32 所示。

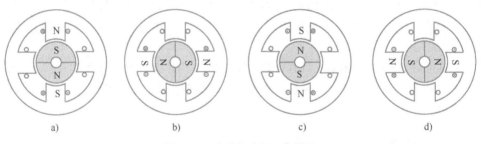

图 1-32　步进电动机工作原理

定子一般用硅钢片叠压制作，定子磁极数为 4 极，相当于一相绕组占两个极，A 相两个极在空间相差 180°，B 相两个极在空间也相差 180°。电流在一相绕组内正负流动（此种驱动方式称为双极性驱动），A 相与 B 相电流的相位相差 90°，两相绕组中矩形波电流交替流过。

即两相电动机的定子，在 Nr=1 时，空间相差 90°，时间上电流相差 90°相位差，电流与普通的同步电动机相似，在定子上产生旋转磁场，转子被旋转磁场吸引，随旋转磁场同步旋转。图 1-32 表示两相步进电动机的结构（PM 型）及其运行原理，从图 1-32a 到图 1-32b 顺时针旋转 90°，图 1-32c、d 均旋转 90°，依次不断旋转成为连续旋转。以上图为例，假如 A 相有两个线圈，单向电流交替流过两个线圈，也可产生相反的磁通方向，此方式称为单极（Uni-Polar）型线圈。图 1-33 所示线圈内部只流过单方向电流，此线圈称为单极型线圈；另一种，线圈内流过正、反方向电流的线圈称为双极型线圈。

图 1-32 中的两相单极型线圈在有些文献中也被称为四相步进电动机，此时其转子极对数、齿数 Nr，以及步距角 θ_s 均与双极型线圈相同。两相电动机的定义符合式 $\theta_s=180°/PNr$，即将转子齿数和步距角 θ_s 代入式 $\theta_s=180°/PNr$，如 P=2，则为两相电动机，如 Nr 相同，P=4，步距角 θ_s 只有 1/2，则电动机为四相电动机。

两相步进电动机现在应用广泛，实际电动机的构造比图 1-33（PM 双极型两相步进电动机结构与运行原理）复杂，定子除采用叠片外，还有爪极结构，但基本原理可参考图 1-32。图 1-34 中所示的转子被称为 PM 型（永久磁铁或永磁式）转子，磁性圆柱的外表面形成转子磁极。两相四线步进电动机脉冲的分配如图 1-34 所示。

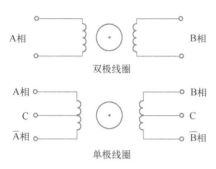

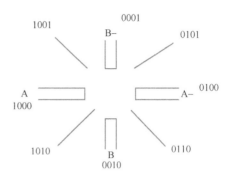

图 1-33　两相步进电动机的线圈结构　　　图 1-34　两相四线步进电动机控制脉冲

⚙ 任务实施

任务 1.1　任务实施——步进电动机

本项目从物联网技术典型的应用场景——智慧家居的设计入手，采用 Keil C51 软件和 Proteus 仿真软件方式，让读者对物联网单片机应用技术的开发软件有一个初步的认识。然后通过几个智慧家居常见项目的设计，了解物联网单片机应用技术中的单片机知识，掌握项目设计的主要步骤和相关拓展知识。

本项目主要以 51 单片机控制步进电动机，再由步进电动机对其他家居进行控制，从而达到初步实现智慧家居的目的。

1. 软件编程

以下为使用单片机控制一个步进电动机运行的程序，利用 Keil C51 软件生成 HEX 文件用以后续软件仿真。主程序设计如下。

```
#include <reg51.h>
bit Flag;                                    //定义正反转标志位
unsigned char code F_Rotation[4] = {0xf1,0xf2,0xf4,0xf8};    //正转表格
unsigned char code B_Rotation[4] = {0xf8,0xf4,0xf2,0xf1};    //反转表格
/*********************************************************/
/*                    延时函数                        */
/*********************************************************/
void Delay(unsigned int i)                   //延时
{
 while(--i);
}
/*********************************************************/
/*                    主函数                          */
/*********************************************************/
main()
{
 unsigned char i;
  EX1 = 1;                    //外部中断 0 开
  IT1 = 1;                    //边沿触发
```

```
    EA = 1;                          //全局中断开
  while( ! Flag)
  {
    P0 = 0x71;                       //显示 F 标示正转
    for( i = 0;i<4;i++)              //四相
    {
      P1 = F_Rotation[ i ];          //输出对应的相 可以自行换成反转表格
      Delay( 500);                   //改变这个参数可以调整电机转速 ,数字越小,转速越大
    }
  }
  while( Flag)
  {
    P0 = 0x7C;                       //显示 B 标示反转
    for( i = 0;i<4;i++)              //四相
    {
      P1 = B_Rotation[ i ];          //输出对应的相
      Delay( 500);                   //改变这个参数可以调整电机转速 ,数字越小,转速越大
    }
  }
}
/ ********************************************************/
/ *                  中断入口函数                      */
/ ********************************************************/
void ISR_Key( void) interrupt 2 using 1
{
  Delay( 300);
  Flag = !Flag;                      //s 按下触发一次,标志位取反
}
```

2. Proteus 软件仿真步进电动机控制电路图绘制

（1）选取元器件　图 1-35 所示，进入 Proteus 界面后，选择绘图工具栏中"Component Mode"命令（元器件模式），然后在对象选择窗口中单击"P"按钮，弹出"Pick Devices"对话框。在对话框的"Keywords"文本框中输入要使用的元器件，在右边框选中要使用的元器件，则其元器件会出现在对象选择窗口中。步进电动机模块需选用的元器件如图 1-36 所示。

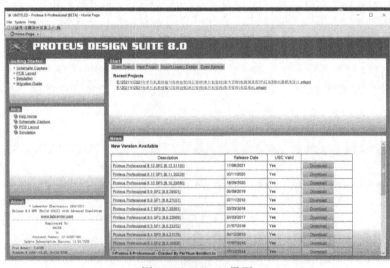

图 1-35　Proteus 界面

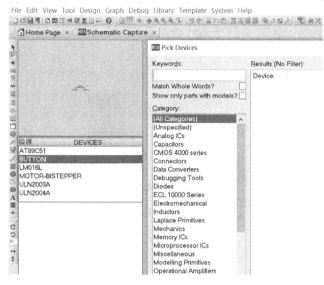

图1-36　步进电动机模块需选用的元器件

（2）放置元器件　图1-37所示，在对象窗口中单击要使用的元器件，然后将鼠标移动到右边的图形编辑窗口的适当位置并单击，就把该元件放到了图形编辑窗口。将所有要使用的元器件逐一放到图形编辑窗口中。

（3）放置电源及接地符号　图1-38所示，在绘图工具栏中选择"Terminals Mode"（终端模式）选项，单击对象选择窗口中的"POWER"和"GROUND"选项，把鼠标指针移到图形编辑窗口并双击，即可完成电源和接地符号的放置。

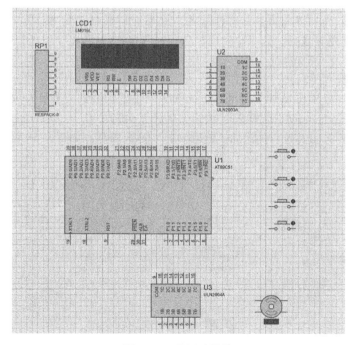

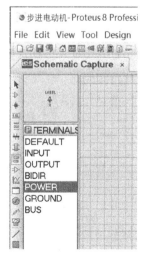

图1-37　放置元器件　　　　　　　　　　图1-38　放置电源及接地符号

（4）对象的编辑　图 1-39 所示，在图形编辑窗口中，对元器件的位置进行适当的调制，保证图形美观，间距适中。对元器件的名称和参数的调整可采用右键单击该器件，在弹出的元器件编辑窗口中进行修改。

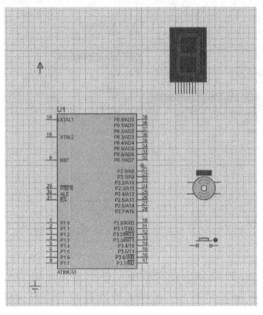

图 1-39　对象编辑

（5）原理图连线　在原理图中完成各类元器件的电气连接。

（6）电气规则检测　在完成设计后，单击"Tools"菜单→"Electrical Rule Check"命令，弹出电气规则检测结果窗口。在结果窗口中，查看最后两行的文字说明。如果有错，则会说明。

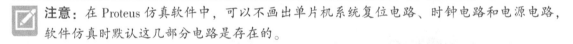
注意：在 Proteus 仿真软件中，可以不画出单片机系统复位电路、时钟电路和电源电路，软件仿真时默认这几部分电路是存在的。

3. 任务结果及数据

1）右键单击"U1"，在弹出的菜单中选择"Edit Component"命令，出现"Edit Component"对话框，单击"Program File"框后的"文件夹"按钮，如图 1-40 所示。

2）选择要装入的 HEX 文件，完成 HEX 文件的添加，然后单击"OK"按钮，如图 1-41 所示。

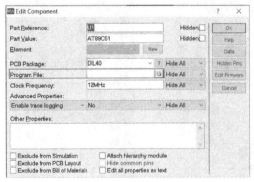

图 1-40　编辑器件

图 1-41　添加 HEX 文件

3）单击"仿真进程控制"中的"开始"按钮，可以看到仿真结果，如图 1-42 所示。仿真结果如图 1-43 和图 1-44 所示，可以看到电动机正转和反转成功。

图 1-42 仿真进程控制

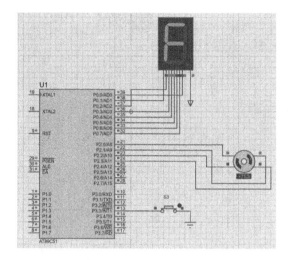

图 1-43 步进电动机正转

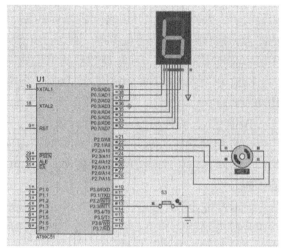

图 1-44 步进电动机反转

 小知识：电动机的分类方式有很多，从用途角度可划分为驱动类电动机和控制类电动机。直流电动机属于驱动类电动机，这种电动机是将电能转换成机械能，主要应用在电钻、小车轮子、电风扇、洗衣机等设备上。

步进电动机属于控制类电动机，它是将脉冲信号转换成一个转动角度的电动机，在非超载的情况下，电动机的转速、停止的位置只取决于脉冲信号的频率和脉冲数，主要应用在自动化仪表、机器人、自动生产流水线、空调扇叶转动等设备。

任务1.2 模拟智慧家居风扇模块设计

任务描述

1. 任务目的及要求

- 了解利用单片机对风扇实现控制原理。
- 利用 Proteus 仿真软件搭建单片机风扇控制电路图。
- 熟悉单片机控制风扇的软件编程。
- 掌握简单的电路图绘制并实现仿真。

2. 任务设备

- 硬件：PC。
- 软件：Keil C51 软件、Proteus ISIS 软件。

 **相关知识**

1.2.1 单片机定时器

1. 定时/计数器的基本知识

1.2.1 定时计数器的结构

定时/计数器是单片机系统一个重要的部件，其工作方式灵活、编程简单、使用方便，可用来实现定时控制、延时、频率测量、脉宽测量、信号发生、信号检测等。此外，定时/计数器还可作为串行通信中波特率发生器。定时/计数器的结构如图 1-45 所示。

8051 单片机内有两个定时/计数器，分别为 T0 和 T1。

T0 和 T1 有两种功能：定时和计数。

（1）定时功能 启动后，开始定时，定时时间到，中断标志位 TF0/TF1 自动置 1，向 CPU 申请中断。

定时功能也是以计数方式来工作的，此时是对单片机内部的脉冲进行加 1 计数，此脉冲的周期正好等于机器周期。

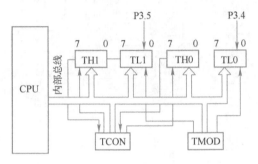

图 1-45　定时/计数器结构

$$定时时间 = (溢出值 - 计数初值) \times 机器周期$$

（2）计数功能 启动后，对外部输入脉冲（负跳变）进行加 1 计数，T0 的脉冲由 P3.4 输入，T1 的脉冲由 P3.5 输入。

计数器加满溢出时，将中断标志位 TF0/TF1 置 1，向 CPU 申请中断。

$$计数脉冲个数 = 溢出值 - 计数初值$$

2. 定时/计数器寄存器

（1）定时器、计数器模式控制寄存器 TMOD（见表 1-2）

表 1-2　控制寄存器 TMOD

D7	D6	D5	D4	D3	D2	D1	D0
GATE	C/T	M1	M0	GATE	C/T	M1	M0
T1				T0			

TMOD 的高 4 位与低 4 位是相似的。只要了解了高 4 位的含义，低 4 位也就相应地知晓了。下面介绍每一位的含义。

GATE 位：门控位，当 GATE = 0，只要软件控制 TR0 或 TR1 即可启动定时计数器工作，称为软件启动。

GATE = 1 时，称为硬件启动，只有 TR0 或 TR1 等于 1 且 INT0 或 INT1 为高电平时才能启动相应的定时器开始工作。

对于定时器 T0，定时器的启动与 P3.2 有关，对于定时器 T1，定时器的启动与 P3.3 有关。

C/T：定时计数功能选择位。

M1M0：定时/计数器工作方式设置位。

M1M0 = 00　工作方式 0　13 位定时/计数器，最大计数值 2^{13} = 8192。

M1M0 = 01 工作方式 1 16 位定时/计数器，最大计数值 $2^{16} = 65536$。

M1M0 = 10 工作方式 2 初值自动重装 8 位定时/计数器，最大计数值 $2^8 = 256$。

M1M0 = 11 工作方式 3 两个独立 8 位定时/计数器，仅适用于 T0。

（2）定时/计数器控制寄存器 TCON

1）TF1：定时器 1 溢出标志位。当定时器 1 计满数产生溢出时，由硬件自动置 TF1 = 1。

2）TR1：定时器 1 运行控制位。由软件置 1 或清 0 来启动或关闭定时器 1。当 GATE = 1，且为高电平时，TR1 置 1 启动定时器 1；当 GATE = 0 时，TR1 置 1 即可启动定时器 1。

3）TF0：定时器 0 溢出标志位。其功能及操作情况同 TF1。

4）TR0：定时器 0 运行控制位。其功能及操作情况同 TR1。

（3）定时/计数器的工作过程

定时/计数器的工作过程主要包含以下四个步骤：

1）确定定时/计数器工作方式。

2）预置定时/计数器的初值。

3）启动定时器/计数器。

4）等待定时/计数溢出。

3. 定时/计数器的工作方式

（1）工作方式 0 T0 有四种工作方式，T1 有三种工作方式。

方式 0——13 位计数器方式，溢出值是：$2^{13} = 8192$。

方式 1——16 位计数器方式，溢出值是：$2^{16} = 65536$。

方式 2——8 位自动重装初值方式，溢出值是：$2^8 = 256$。

方式 3——T0 分成两个独立的 8 位计数器方式。

当方式控制寄存器 TMOD 中定时/计数器的 M1M0 = 00 时，定时/计数器处于工作方式 0。工作方式 0 是 13 位计数器工作方式，其计数器由 TH0 或 TH1 的 8 位和 TL0 或 TL1 的低 5 位构成，TL0 和 TL1 的高 3 位未使用，组成 13 位的定时计数器。TL0 或 TL1 低 5 位计数满（32）时不向 TL0 或 TL1 第 6 位进位，而是向 TH0 或 TH1 进位，高 8 位计数满（256）时发生溢出，TF0 或 TF1 置"1"，并申请中断。

当寄存器 TMOD 中的计数/定时（C/T）控制位 = 0 时，多路开关接通振荡脉冲的 12 分频输出，13 位计数器依次进行计数，这就是定时工作方式。

当 C/T = 1 时，多路开关接通计数引脚 P3.4，外部计数脉冲由单片机引脚 P3.4 输入。当计数脉冲发生负跳变时，计数器加 1，这就是 T0 的计数工作方式，如图 1-46 所示。

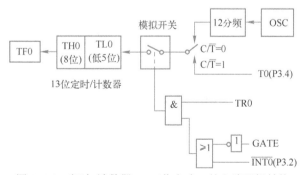

图 1-46 定时/计数器 T0 工作方式 0 的电路逻辑结构

（2）定时/计数器的工作方式 1　当方式控制寄存器 TMOD 中定时/计数器的 M1M0 = 01 时，定时/计数器处于工作方式 1。工作方式 1 为 16 位的定时计数器，计数范围为 2^{16} = 65536。计数值由定时器的低 8 位和高 8 位组成。低 8 位计数满时向高 8 位进位，16 位计满溢出，溢出标志 TF0 或 TF1 置"1"，申请中断，其电路逻辑结构如图 1-47 所示。

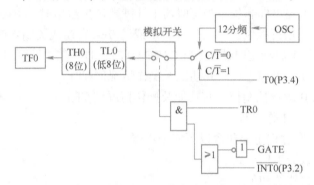

图 1-47　定时/计数器 T0 工作方式 1 的电路逻辑结构

（3）定时/计数器的工作方式 2　当方式控制寄存器 TMOD 中定时/计数器的 M1M0 = 10 时，定时/计数器处于工作方式 2。工作方式 2 为 8 位初值自动重装的定时/计数器，计数范围为 256。计数值由定时器的低 8 位数值确定，高 8 位用以存放计数初值。当低 8 位计数器计数满溢出时，高 8 位初值自动重装到低 8 位中。此步骤由单片机自动完成，不需要硬件操作和软件编程实现。电路逻辑结构如图 1-48 所示。

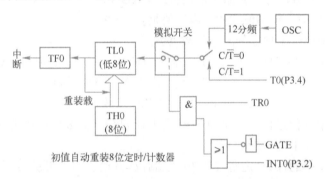

图 1-48　定时/计数器 T0 工作方式 2 的电路逻辑结构

（4）定时/计数器的工作方式 3　在 51 单片机中，定时器 T0 才有工作方式 3，定时器 T1 没有此种工作方式。

当方式控制寄存器 TMOD 中定时/计数器 T0 的 M1M0 = 11 时，定时/计数器处于工作方式 3。在工作方式 3 模式下，定时/计数器 T0 被拆成两个独立的 8 位计数器 TL0 和 TH0。TL0 由 T0 的控制位来控制，而 TH0 则由 T1 的控制位来控制。其中 TL0 既可以作为计数器使用，也可以作为定时器使用，定时/计数器 T0 的各控制位和引脚信号全归它使用。其功能和操作与方式 0 或方式 1 完全类似。而 TH0 只能作为简单的定时器使用。

定时/计数器 T0 工作方式 3 的电路逻辑结构如图 1-49 所示。

由于 TL0 既能作定时器也能作计数器使用，而 TH0 只能作定时器使用而不能作计数器使用，因此在方式 3 模式下，定时/计数器 T0 可以构成两个定时器或者一个定时器和一个计数器。

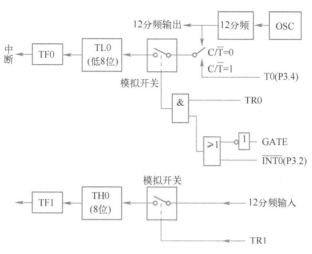

图 1-49　定时/计数器 T0 工作方式 3 的电路逻辑结构

1.2.2　单片机并行口

1. 单片机并行接口概述

典型的 MCS-51 单片机有四个双向 8 位 I/O 口，分别记作 P0、P1、P2、P3。每个口都由口锁存器、输入缓冲器/输出驱动器所组成。

P0~P3 的口锁存器结构都是一样的，P0~P3 口的每一位口锁存器都是一个 D 触发器，复位以后的初态为 1。但输入缓冲器和输出驱动器的结构有差别。CPU 通过内部总线把数据写入口锁存器。CPU 对口的读操作有两种：一种是读→修改→写指令（例如 ANLP1；#0FEH），读口锁存器的状态，此时口锁存器的状态由 Q 端通过上面的三态输入缓冲器送到内部总线。另一种是读指令（例如 MOVA，P1），CPU 读取口引脚上的外部输入信息，这时引脚状态通过下面的三态输入缓冲器传送到内部总线。

（1）P0 口　P0 口结构如图 1-50 所示。P0 口内部没有拉高电路，是三态双向 I/O 口。

P0 口作用：

1）外扩芯片时，P0 口不再作 I/O 口使用，而是先传送地址，后传送数据。

2）没有外扩芯片时，P0 口可以直接作为输入口或输出口使用。

（2）P1 口　P1 口结构如图 1-51 所示。P1、P2 和 P3 口内部有拉高电路，称为准双向口。P1 口只能直接作为输入口或输出口使用。

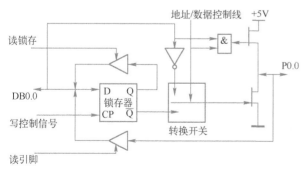

图 1-50　P0 口结构

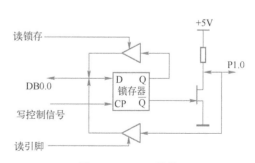

图 1-51　P1 口结构

（3）P2 口　P2 口结构如图 1-52 所示。

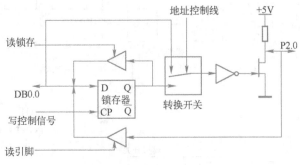

图 1-52　P2 口结构

P2 口作用：

1）外扩芯片时，P2 口不再作 I/O 口使用，而是传送高 8 位地址。

2）没有外扩芯片时，P2 口可以直接作为输入口或输出口使用。

（4）P3 口　P3 口结构如图 1-53 所示。

P3 口作用：

1）P3 口可以直接作为输入口或输出口使用。

2）P3 口的引脚又具有第二功能。

2. 4 个并行口对比

P1、P2、P3 口可以驱动 4 个 LSTTL 电路，P0 口可以驱动 8 个 LSTTL 电路。

P0、P1、P2、P3 都是并行 I/O 口，都可用于数据的输入/输出传送，但 P0、P2 口可作为并行扩展总线。P0 口可作为地址/数据复用线使用，输送系统的低 8 位地址和

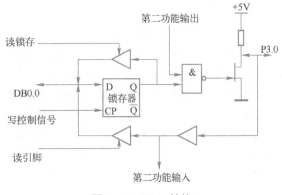

图 1-53　P3 口结构

8 位数据，因此多路开关的一个输入端为"地址/数据"信号。而 P2 口仅作为高位地址线使用，不涉及数据，所以多路开关的一个输入信号为"地址"。

P3 口的口线具有第二功能，为系统提供一些控制信号。因此在 P3 口电路中增加了第二功能控制逻辑。这是 P3 口与其他口不同之处。

⚙ **任务实施**

本任务以 51 单片机来实现对电风扇模块的控制，从而实现由电风扇模块对其他家用电器的进一步控制，如实现环境温控等目的，达到智慧家居的目标。

家用电风扇的调速，一般采用两种方法，即电抗器调速和降低电压。

（1）抽头调速　抽头调速的特点是只改变定子绕组的接线，不用电抗器，所以耗电较少、用料省、重量轻，因而得到广泛应用。但是这种电扇绕组一旦烧毁，往往难以判断其定子绕组内部的接线方式及抽头匝数的数值，从而给修理工作带来困难。

（2）降低电压　电风扇主要靠降低电压来控制快慢。电压低转速慢，电压高转速快，这种调速原理与变压器原理相同，由 220 V 电压输入，在输出端分成 5 个档次抽头，利用抽头来逐渐降低电压从而实现各级档位功能。

1. 硬件设计

本设计是使用 51 单片机为核心制作的一个模拟温控电风扇系统。通过 DS18B20 温度传感器来实现温度的调节，使用 4 位一体数码管来显示电风扇的档位以及当前温度，通过 Proteus 中的直流电动机（Motor）来模拟电风扇的转动。然后通过按键来实现档位温度区间的调节，当 DS18B20 温度传感器显示数值在这一档位温度区间，数码管便显示这一档位。同时直流电动机的转速与档位有关，系统设置了 3 个档位，第 1 个档位是停止运行，第 2 个档位是一档转速，第 3 个档位是二档转速。但如果温度超过某一温度值都将会产生报警，这时 LED 闪烁，当温度降下去后，将自动取消 LED 闪烁。

系统总体框图如图 1-54 所示，主要分为按键电路、数码管显示电路以及 DS18B20 传感器功能电路。

（1）按键电路模块　通过按键实现档位温度区间的设置，单击 key1 按键可以设置最高的温度值（Hight），单击 key2 按键温度值加 5，单击 key3 按键温度值减 5；如果再次单击 key1 按键可以设置最低的温度值（Low），单击 key2 按键温度值加 5，

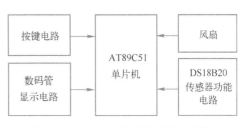

图 1-54　温控电风扇系统总体框图

单击 key3 按键温度值减 5；若温度低于 Low 的值风扇则停止运行，若温度在 Low ~ Hight 值之间则为一档，若温度高于 Hight 的值则为二档，当高于某一温度值后进触发报警系统。

（2）数码管显示电路模块　本任务使用的是四个八段共阴极数码管，该数码管是将八段发光二极管封装在一起且二极管的阴极连接在一起使用。通过 LED 闪烁以模拟报警系统，例如当温度高于 45℃时，LED 便会不停闪烁蜂鸣器报警，但当温度低于 45℃后便会自动取消报警。

2. Proteus 软件电路绘制

1）选取元器件。如何选取元器件在前面的章节中有详细说明，这里不再赘述。步进电动机模块设计须选用的元器件如图 1-55 所示。

2）放置元器件、电源及接地符号。

3）元器件的编辑与连线。依次在原理图编辑窗口中完成导线、总线和总线分支的连接。如果不采用总线方式，则只采用导线方式即可。绘制好的电风扇控制电路原理图如图 1-56 所示。

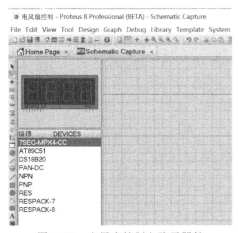

图 1-55　电风扇控制电路元器件

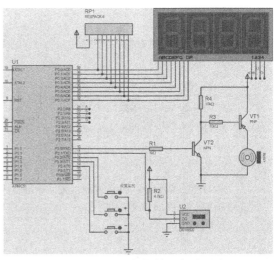

图 1-56　电风扇控制电路原理图

4）在完成设计后，单击"Tools"选项中的"Electrical Rule Check"命令，弹出电气规则检测结果窗口。在结果窗口中，查看最后两行的文字说明。如果有错，则会说明。

3. 51 单片机电风扇模块软件编程

按照硬件电路设计，进行相应的程序编写。在后面项目的学习中，将会专门学习到关于温度和湿度模块设计的相关知识（编写程序中的温度传感器模块程序，学习者可以不必花费太多时间来消化。）。相应的程序如下（这里只给出主要程序部分）。

```
#include<reg51.h>
#include<intrins.h>
#define uchar unsigned char
#define uint unsigned int
sbit led=P1^0;
sbit beep=P1^1;
sbit dj=P3^0;                        //电动机控制接口
sbit DQ=P3^1;                        //温度传感器接口
sbit key1=P3^2;                      //设置温度
sbit key2=P3^3;                      //温度加
sbit key3=P3^4;                      //温度减
sbit w1=P2^0;
sbit w2=P2^1;
sbit w3=P2^2;
sbit w4=P2^3;                        //数码管的4个位
                                     //共阴数码管段选
uchar table[22]={0x3F,0x06,0x5B,0x4F,0x66,0x6D,0x7D,0x07,0x7F,0x6F,0x77,0x7C,0x39,
0x5E,0x79,0x71,
0x40,0x38,0x76,0x00,0xff,0x37};      //0~9,A~F'-',L,H,灭,全亮,n
uint wen_du;                         //温度变量
uint hight,low;                      //对比温度暂存变量
uchar dangwei;                       //档位显示
uchar flag;
uchar d1,d2,d3;                      //显示数据暂存变量
void delay(uint ms)                  //延时函数,大约延时25μs
{
        uchar x;
        for(ms;ms>0;ms--){
        for(x=10;x>0;x--);
        }
}
//ds18b20延迟子函数
void delay_18B20(uint i)
{
        while(i--);
}
//ds18b20初始化(省略,可在机械工业出版社网站下载相关程序代码)
//读取ds18b20当前温度
void ReadTemperature()
{
        uchar a=0;
```

```
        uchar b = 0;
        uchar t = 0;
        Init_DS18B20();
        Write(0xCC);                        // 跳过读序号列号的操作
        Write(0x44);                        // 启动温度转换
        delay_18B20(100);
        Init_DS18B20();
        Write(0xCC);                        //跳过读序号列号的操作
        Write(0xBE);                        //读取温度寄存器等(共可读9个寄存器) 前两个就是温度
        delay_18B20(100);
        a = Read();                         //读取温度值低位
        b = Read();                         //读取温度值高位
        wen_du = ((b * 256+a)>>4);          //当前采集温度值除16得实际温度值

}
void display()                              //显示温度
{
        w1 = 0;P0 = table[d1];delay(10);    //第 1 位
        P0 = 0x00;w1 = 1;delay(1);
        w2 = 0;P0 = table[16];delay(10);    //第 2 位
        P0 = 0x00;w2 = 1;delay(1);
        w3 = 0;P0 = table[d2]; delay(10);   //第 3 位
        P0 = 0x00;w3 = 1;delay(1);
        w4 = 0;P0 = table[d3];delay(10);    //第 4 位
        P0 = 0x00;w4 = 1;delay(1);
}
//按键扫描函数(省略,可在机械工业出版社网站下载相关程序代码)
//自动温控模式
void zi_dong()
{
uchar i;
        d1 = dangwei;d2 = wen_du/10;d3 = wen_du%10;
        zi_keyscan();
        display();
        if(wen_du<low){dj = 0;dangwei = 0;}
        if((wen_du>=low)&&(wen_du<=hight))
        {
                dangwei = 1;
                for(i = 0;i<3;i++){dj = 0;display();zi_keyscan();}
                for(i = 0;i<6;i++){dj = 1;display();zi_keyscan();}
        }
        if(wen_du>hight){ dj = 1;dangwei = 2; }
}
void main()                                 //主函数
{

        uchar j;
        dj = 0;
```

```
hight = 30;
low = 20;
for( j = 0; j < 80; j++)
ReadTemperature( );
while( 1 )
{
        ReadTemperature( );
        zi_dong( );
        if( wen_du >= 45 ) {
                led = ~ led;
        }
        else {
                led = 0;
        }
}
}
```

4. 任务结果及数据

将产生的 HEX 文件加载到 Proteus 电路中，单击"开始"按钮，即可看到仿真结果。配合按键的作用，可以看到电风扇在不同转速下的显示。当温度高于或低于设定阈值，则会出现报警现象。仿真结果如图 1-57 和图 1-58 所示。

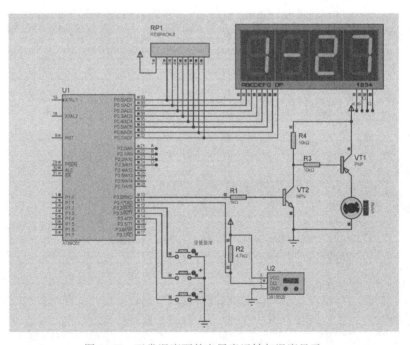

图 1-57　正常温度下的电风扇运转与温度显示

 小知识： 电风扇调速方式：

1）用自耦变压器抽头降电压。

2）电动机绕组抽头改变转速（这种方式吊扇使用得较少，台扇较多）。

3）用电容降电压调速。现在普遍使用调速器，电子调速器是由一个电位器调整晶闸管的触发延迟角来改变电风扇电动机的电压，达到无级调整转速的目的。

一般电风扇电子调速器的功率比较小，在产品的背面有产品使用说明和接线图。它和老式电感调速器一样是串联在电路里的。

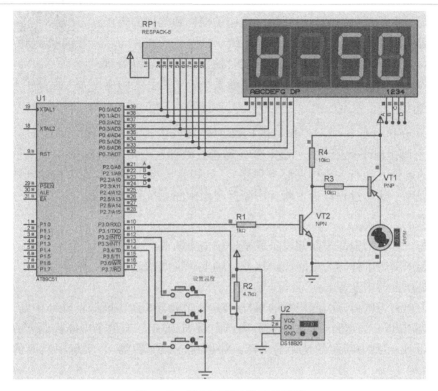

图 1-58　温度过高时的显示情况

任务 1.3　模拟智慧家居继电器模块设计

任务描述

1. 任务目的及要求

- 了解继电器工作及控制原理。
- 了解利用单片机对继电器实现控制原理。
- 利用 Proteus 仿真软件搭建单片机继电器控制电路图。
- 熟悉单片机控制继电器的软件编程。
- 掌握简单的电路图绘制并实现仿真。

2. 任务设备

- 硬件：PC。
- 软件：Keil C51 软件、Proteus ISIS 软件。

相关知识

1.3.1 单片机中断系统

1. 中断系统概念

中断系统是指单片机中实现中断功能的相关硬件和软件的集合。中断装置和中断处理程序统称为中断系统。

1.3.1 单片机中断系统

中断系统是计算机的重要组成部分。实时控制、故障自动处理、计算机与外围设备间的数据传送往往采用中断系统。中断系统的应用大大提高了计算机效率。

2. 中断功能

当 CPU 正在执行程序时，单片机的内部或外部发生了某一事件（如定时/计数器溢出，INT0、INT1 引脚上电平突变等），请求 CPU 迅速去处理，于是 CPU 暂时中断当前的程序，转去处理发生的事件（执行一段中断服务程序），处理完成后，再回到原来被中断的地方，继续执行原来的程序，这一过程称为中断。中断过程由中断系统自动完成。

3. 中断源

在中断系统中，把引起中断的设备或事件称为中断源。

可以引起中断的事件称为中断源。比如教师上课提问的过程中，有多个同学举手。那么这多个同学就是所谓的中断源。

单片机中也有一些可以引起中断的事件。51 单片机有 5 个中断源：外部中断 0 、定时/计数器 T0、外部中断 1 、定时/计数器 T1、串口中断 TI 或 RI。有两个中断控制寄存器，其中中断允许寄存器 IE 控制中断源的使用与屏蔽。中断优先级寄存器 IP 实现中断源的两个优先级控制。

当系统中有多个中断源时，需要给中断设置优先级机制。当多个中断源同时向 CPU 申请中断，CPU 会优先响应优先级较高的中断源。如果优先级相同，则将按照它们的自然优先级顺序响应默认优先级较高的中断源。

1.3.2 51 单片机中断系统参数

1. 中断源

（1）内部中断源（3 个）

1）定时/计数器 T0 中断。由 T0 加 1 计数溢出置 TCON 寄存器的 TF0 位为 1，从而向 CPU 申请中断。

2）定时/计数器 T1 中断。由 T1 加 1 计数溢出置 TCON 寄存器的 TF1 位为 1，从而向 CPU 申请中断。

3）TI/RI：串行口发送（TXD）及接收（RXD）中断。串行口完成一帧字符发送/接收后，置 SCON 的 TI/RI 位为 1，从而向 CPU 申请中断。

（2）外部中断源（2 个）

1）外部中断 0 （$\overline{\text{INT0}}$）：由 P3.2 端口接入，低电平或下降沿触发。

2）外部中断 1 （$\overline{\text{INT1}}$）：由 P3.3 端口接入，低电平或下降沿触发。

2. 中断入口地址

CPU 响应某个中断事件时，将会自动转入固定的地址执行中断服务程序，各个中断源的中断入口地址见表 1-3。

表 1-3 各中断源的中断入口地址

中断源	中断入口地址	C 语言中中断编号
外部中断 0 $\overline{INT0}$	0003H	0
定时/计数器 0 溢出中断 T0	000BH	1
外部中断 1 $\overline{INT1}$	0013H	2
定时/计数器 1 溢出中断 T1	001BH	3
串行口中断 TI/RI	0023H	4

3. 中断嵌套

当 CPU 响应某一中断源请求而进入该中断服务程序中处理时，若更高级别的中断源发出中断申请，则 CPU 暂停执行当前的中断服务程序，转去响应优先级更高的中断，等到更高级别的中断处理完毕后，再返回低级中断服务程序，继续原先的处理，这个过程称为中断嵌套。在 51 单片机的中断系统中，高优先级中断能够打断低优先级中断以形成中断嵌套，反之，低级中断则不能打断高级中断，同级中断也不能相互打断。

51 单片机的中断结构如图 1-59 所示。

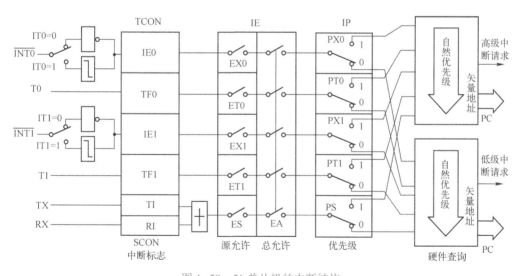

图 1-59 51 单片机的中断结构

51 单片机提供了 5 个中断源，两个中断优先级控制，可实现两个中断服务嵌套。当 CPU 支持中断屏蔽指令后，可将一部分或所有的中断关断，只有打开相应的中断控制位后，方可接收相应的中断请求。程序可设置中断的允许或屏蔽，也可设置中断的优先级。

1.3.3 中断寄存器

中断的控制有 4 个特殊功能寄存器可以用来进行中断的控制，它们分别是 TCON、IE、SCON 和 IP。

1.3.3 中断寄存器

1. 中断控制寄存器 TCON

TCON 字节地址为 88H，可进行位寻址，位格式见表 1-4。

表 1-4 TCON 位格式

TCON	D7	D6	D5	D4	D3	D2	D1	D0
(88H)	TF1	TR1	TF0	TR0	IE1	IT1	IE0	IT0

1）TR1、TR0 是 T1、T0 的启动控制位，置 1 启动，清 0 停止。

2）TF1、TF0 是 T1、T0 的溢出标志位。

3）IT0、IT1 为外部中断 0、1 的触发方式控制位，当设置为 0 时，为电平触发方式（低电平有效）；当设置为 1 时，为下降沿触发方式（后沿负跳变有效）。

4）IE0、IE1 为外部中断 0、1 请求标志位。

2. 中断允许控制寄存器 IE

IE 字节地址为 A8H，可进行位寻址，位格式见表 1-5。

表 1-5 IE 位格式

IE	D7	D6	D5	D4	D3	D2	D1	D0
(A8H)	EA	—	—	ES	ET1	EX1	ET0	EX0

1）EA：中断允许总控位。若 EA = 0，则所有中断源的中断请求均被关闭（禁止）；若 EA = 1，则所有中断源的中断请求均被开放（允许）。

2）ES：串行口中断允许控制位。若 ES = 1，则允许串行口中断；若 ES = 0，则禁止串行口中断。

3）ET1：定时/计数器 T1 溢出中断允许控制位。若 ET1 = 1，则允许 T1 中断；若 ET1 = 0 则禁止 T1 中断。

4）EX1：外部中断 1 允许控制位。若 EX1 = 1，则允许 $\overline{INT1}$ 中断；若 EX1 = 0，则禁止 $\overline{INT1}$ 中断。

5）ET0：定时/计数器 T0 溢出中断允许控制位。若 ET0 = 1，则允许 T0 中断；若 ET0 = 0，则禁止 T0 中断。

6）EX0：外部中断 $\overline{INT0}$ 允许控制位。若 EX0 = 1，则允许 $\overline{INT0}$ 中断；若 EX0 = 0，则禁止 $\overline{INT0}$ 中断。

3. 串行口控制寄存器 SCON

串行口控制寄存器 SCON（Serial Control Register），用于控制串行通信的方式选择、接收和发送，指示串口的状态。SCON 既可以字节寻址，也可以位寻址，其字节地址为 98H，地址位为 98H~9FH。其格式见表 1-6。

表 1-6　SCON 寄存器寻址

D7	D6	D5	D4	D3	D2	D1	D0
SM0	SM1	SM2	REN	TB8	RB8	TI	RI
9FH	9EH	9DH	9CH	9BH	9AH	99H	98H

SCON 寄存器中与中断有关的控制位共两位。

1）RI：串行口接收中断请求标志。当串行口接收完一帧信号后，由片内硬件自动置"1"。但 CPU 响应中断时，并不清除 RI，必须在中断服务程序中由软件对其清"0"。

2）TI：串行口发送中断请求标志。当串行口发送完一帧信号后，由片内硬件自动置"1"。但 CPU 响应中断时，并不清除 TI，必须在中断服务程序中由软件对其清"0"。

4. 中断优先级寄存器 IP

CPU 同一时间只能响应一个中断请求。若同时来了两个或两个以上中断请求，就必须有先有后。为此将 5 个中断源分成高级、低级两个级别，高级优先，由 IP 控制。初始化编程时，由软件确定各中断的优先级。若未指定，则按照默认优先级响应中断。中断优先级寄存器 IP 结构格式见表 1-7。

表 1-7　IP 的结构格式

IP	D7	D6	D5	D4	D3	D2	D1	D0
位名称	—	—	—	PS	PT1	PX1	PT0	PX0
位地址	BFH			BCH	BBH	BAH	B9H	B8H

IP 寄存器中与中断有关的控制位有 6 位。高优先级用"1"表示，低优先级用"0"表示。系统复位后，IP 各位均为 0，所有中断源设置为低优先级中断。

1）PS：串行口中断优先级控制位。PS = 1，高优先级。

2）PT1：定时/计数器 1 中断优先级控制位。PT1 = 1，高优先级。

3）PX1：外部中断 1 中断优先级控制位。PX1 = 1，高优先级。

4）PT0：定时/计数器 0 中断优先级控制位。PT0 = 1，高优先级。

5）PX0：外部中断 0 中断优先级控制位。PX0 = 1，高优先级。

1.3.4　中断处理过程

CPU 响应中断请求后，就立即转入执行中断服务程序。不同的中断源、不同的中断要求可能有不同的中断处理具体方法，但中断处理的流程分为 4 个阶段：中断响应、中断服务、中断返回、中断请求撤除。

1.3.4　中断处理过程

1. 中断响应

满足 CPU 的中断响应条件之后，CPU 对中断源中断请求进行响应。

中断响应过程：保护断点地址，把当前 PC 的断点地址保护到堆栈中；程序自动转到中断服务子程序的矢量地址，执行中断服务子函数。

 注意：这些工作由单片机硬件自动完成。

中断响应过程就是自动调用并执行中断子函数的过程。C51 编译器支持在 C 语言程序中直接以函数形式编写中断服务子函数。常用的中断函数定义语法如下：

```
void 函数名( ) interrupt n
```

其中，n 为中断类型号。C51 编译器允许 0~31 个中断，n 的取值为 0~31。51 单片机所对应的五个中断源的中断号以及中断入口地址见表 1-8。

表 1-8　中断号及入口地址

中断编号	中断源	自然优先顺序	入口地址
0	外中断 INT0	高	0003H
1	定时/计数器 T0		000BH
2	外中断 INT1	↓	0013H
3	定时/计数器 T1		001BH
4	串行口中断 RI 或 TI	低	0023H

2. 中断服务

中断服务程序从中断子函数矢量地址开始执行，直到子函数结束返回为止，这个过程称为中断处理（或中断服务）。

中断服务程序一般包含两部分内容，一是保护和恢复现场；二是执行中断服务程序主体，完成相应操作。

3. 中断返回

中断返回是指中断服务完成后，CPU 返回原来暂停的位置（即断点）继续执行原来的程序。

4. 中断请求撤除

当中断源发出中断请求时，相应中断请求标志置"1"。CPU 响应中断后，必须清除中断请求"1"标志。否则中断响应返回后，将再次进入该中断，引起死循环出错。

1.3.5　继电器工作原理

继电器在智慧家居中经常出现。本任务以 C51 单片机来实现对继电器的控制，再由继电器去对其他设备进行开关控制，从而实现对某些设备的控制，达到智能家居的目标。

1. 继电器的工作原理

在很多的家用电器上（如自动洗衣机、电炉加温等），为了防止电流过大而损伤电器，因此在电器上面安装了一些继电器。继电器是一种电子控制器件，实际上是用较小的电流去控制较大电流的一种"自动开关"。

继电器（Relay）是一种电控制器件，是当输入量（激励量）的变化达到规定要求时，在电气输出电路中使被控量发生预定的阶跃变化的一种电器。它具有控制系统（又称输入回路）和被控制系统（又称输出回路）之间的互动关系。通常应用于自动化的控制电路中，它实际上是用小电流去控制大电流运作的一种"自动开关"。故在电路中起着自动调节、安全保护、转换电路等作用。

2. 电路符号

继电器的文字符号为"K"，图形符号如图 1-60 所示。在电路图中，继电器的接点可以画在该继电器线圈的旁边，或在远离该继电器线圈的地方，而用编号表示它们的彼此关系。

3. 基本结构

继电器由四部分构成，分别是线圈、磁路、反力弹簧和触点，如图 1-61 所示。

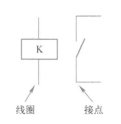

图 1-60　继电器图形符号

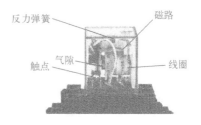

图 1-61　继电器的结构

1）线圈的用途是通电后，能产生电磁吸力，带动磁路的衔铁吸合，并使得触点产生变位动作。

2）磁路由铁心、铁轭和衔铁构成。它的任务是为线圈产生的磁通建立磁路通道。

在磁路中，最重要的就是磁路气隙，它是衔铁和铁心之间的一段空隙。线圈未通电时气隙为最大值，触点为初始态；线圈通电后，气隙为零，触点变位为动作态。

3）反力弹簧的作用就是为衔铁提供与动作方向相反的斥力，当线圈断电后它能帮助衔铁和触点复位。

4）触点用于对外执行控制输出，由常闭触点和常开触点构成。线圈得电，继电器吸合后，常闭触点打开而常开触点闭合；线圈断电释放后，常闭触点和常开触点均复位为初始状态。

4. 工作原理

继电器的转换触点包括一个动触点和两个静触点。其中动触点与静触点 1 处于闭合状态，称为常闭触点，动触点与静触点 2 处于断开状态，称为常开触点，如图 1-62 所示。

当线圈得电时，其动触点与静触点 1 立即断开并与静触点 2 闭合，切断静触点 1 控制电路，接通静触点 2 的控制电路。

当线圈失电时，动触点复位，即动触点与静触点 2 复位断开并与静触点 1 复位闭合，切断静触点 2 的控制电路接通静触点 1 的控制电路。

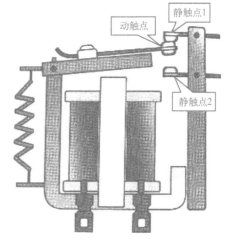

图 1-62　继电器的转换触点

⚙ 任务实施

1. 电路绘制

单片机控制继电器一般是两种方式：一是单片机—三极管（PNP）—继电器，二是单片机—光电耦合器—三极管（NPN）—继电器。后者由于采用了光电隔离，故抗干扰能力相对前者要强。前者选用 PNP 型主要是考虑控制逻辑，采用低电平触发的控制逻辑能够防止单片机复位时候产生的误动作。后者 NPN 型是为了控制的方便，但也是遵循同样的控制逻辑。在此，选择第一种方式来控制继电器。

本设计是使用 51 单片机为核心制作的一个继电器控制模块设计。首先完成一个简单的设计，即使用继电器来控制灯泡亮灭。后续也可以在此基础上外接其他电路，由继电器来实现对其的控制，用以加深对这一知识点的巩固。

Proteus 软件电路绘制步骤如下。

1）选取元器件。

2）放置元器件、电源及接地符号。

3）元器件的编辑与连线。

单片机控制继电器原理图如图 1-63 所示。

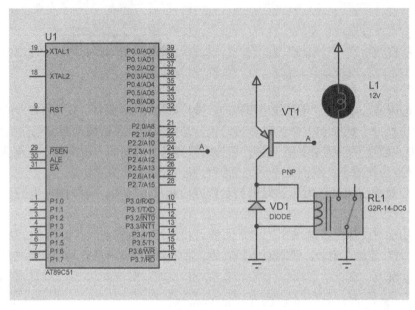

图 1-63　单片机控制继电器原理图

2. 软件编程

按照硬件电路设计，进行软件程序编写。程序如下。

```
#include<reg51. h>
#include<intrins. h>
sbit light=P2^3;                    //将 light 设置为 P2 的第 3 位，该 I/O 口连接继电器
#define uchar unsigned char
#define uint unsigned int
void delay(uint ms);
void main()
{
while(1)
{
    light=0;                        //灯灭
    delay(200);
    light=1;                        //灯亮
    delay(300);
}
}


void delay(uint ms)                 //延时函数
{
 uint i,j;
```

```
  for(i=ms;i>0;i--)
  |for(j=200;j>0;j--);|
  |
```

3. 任务结果及数据

将产生的 HEX 文件加载到 Proteus 电路中，单击"开始"按钮，即可看到仿真结果。通过软件仿真可以看到，在继电器的作用下灯泡按照一定的时间间隔点亮和熄灭。这样验证了继电器具有类似于开关的作用，在智慧家居中经常使用。Proteus 仿真效果图如图 1-64 和图 1-65 所示。

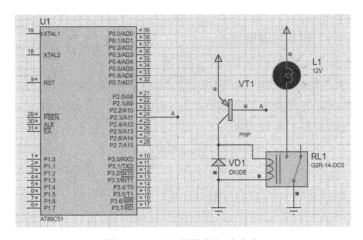

图 1-64　继电器控制灯泡点亮

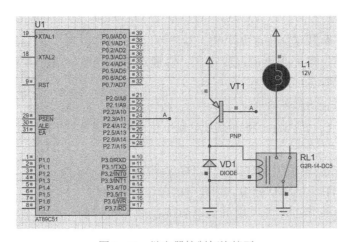

图 1-65　继电器控制灯泡熄灭

小知识：18 世纪，科学家们还认为电和磁是风马牛不相及的两种物理现象。1820 年丹麦物理学家奥斯特发现电流的磁效应，1831 年英国物理学家法拉第又发现了电磁感应现象。这些发现证实了电能和磁能可以相互转化，这也为后来的电动机和发电机的诞生奠定了基础；人类则因这些发明创造迈入电气时代。

19 世纪 30 年代，美国物理学家约瑟夫·亨利在研究电路控制时利用电磁感应现象发明了继电器。最早的继电器是电磁继电器。它利用电磁铁在通电和断电下磁力产生和消失的现象，来控制高电压、高电流的另一电路的开合。它的出现使得电路的远程控制和保护等工作得以顺利进行。继电器是人类科技史上的一项伟大发明创造，它不仅是电气工程的基础，也是电子技术、微电子技术的重要基础。

任务 1.4 模拟智慧家居灯光控制模块设计

任务描述

1. 任务目的及要求

- 了解可调灯光的工作及控制原理。
- 了解利用单片机对灯光的调节实现控制原理。
- 利用 Proteus 仿真软件搭建单片机灯光控制电路。
- 熟悉单片机控制灯光强弱的软件编程。
- 掌握简单的电路绘制并实现仿真。

2. 任务设备

- 硬件：PC。
- 软件：Keil C51 软件、Proteus ISIS 软件。

相关知识

1.4.1 LED 调光原理

可调光的灯具在智慧家居中经常出现。本任务以 51 单片机来实现对灯光的调控。通过灯光强度的连续可调，实现对不同光照的需求。这也是智慧家居常见的应用之一。

1.4.1 LED 调光原理

LED 调光器的调控方法有 3 种：

1）波宽控制调光（PWM）。将电源方波数位化，并控制方波的占空比，从而达到控制电流的目的。

2）恒流电源调控。用模拟线性技术可以轻易调整电流的大小。

3）分组调控。将多个 LED 分组，用简单的分组器调控。

上述 1）、2）两种方法是可以用可调电阻旋钮做无段控制。由于 PWM 模块技术化的成熟，成本降低。很难从价格方面判定使用何种方式控流。然而可调电阻本身并不是一个很可靠的元器件。往往因为灰尘的进入或者制造流程的不严谨，在操作可调电阻时会有瞬间跳空的故障，那么光源就会闪动。这种闪动在用 PWM 方式情况比较不明显，在用线性技术调控电流的情况较明显。

1.4.2 脉冲宽度调制（PWM）

脉冲宽度调制（Pulse Width Modulation，PWM），简称脉宽调制，是利用微处理器的数字输出对模拟电路进行控制的一种非常有效的技术，广泛应用在从测量、通信到功率控制与变换的领域中。

PWM 是一种模拟控制方式，其根据相应载荷的变化来调制晶体管栅极或基极的偏置，来实现开关稳压电源输出晶体管或晶体管导通时间的改变，这种方式能使电源的输出电压在工作条件变化时保持恒定，是利用微处理器的数字输出来对模拟电路进行控制的一种非常有效的技术。

PWM 控制技术以其控制简单、灵活和动态响应好的优点而成为电力电子技术最广泛应用的控制方式，也是人们研究的热点。

1. PWM 的基本原理

随着电子技术的发展，出现了多种 PWM 技术，其中包括：相电压控制 PWM、脉宽 PWM 法、随机 PWM、SPWM 法、线电压控制 PWM 等，而在镍氢电池智能充电器中采用的脉宽 PWM 法，它是把每一脉冲宽度均相等的脉冲列作为 PWM 波形，通过改变脉冲列的周期可以调频，改变脉冲的宽度或占空比可以调电压，采用适当控制方法即可使电压与频率协调变化。可以通过调整 PWM 的周期、PWM 的占空比而达到控制充电电流的目的。

PWM 是一种对模拟信号电平进行数字编码的方法。通过高分辨率计数器的使用，方波的占空比被调制用来对一个具体模拟信号的电平进行编码。PWM 信号仍然是数字的，因为在给定的任何时刻，满幅值的直流供电要么完全有（ON），要么完全无（OFF）。电压或电流源是以一种通（ON）或断（OFF）的重复脉冲序列被加到模拟负载上去的。通即是直流供电被加到负载上的时候，断即是供电被断开的时候。只要带宽足够，任何模拟值都可以使用 PWM 进行编码。PWM 是一种对模拟信号电平进行数字编码的方法。通过高分辨率计数器的使用，方波的占空比被调制用来对一个具体模拟信号的电平进行编码。

为了更好地理解 PWM，需要首先理解两个概念：频率和占空比。

2. 频率

频率以 Hz 为单位，是一个脉冲信号时间周期的倒数。如果 PWM 的输出频率比较低，例如只有 5Hz，那么在控制一个 LED 时，LED 就会一闪一闪的，较高的频率可以让运行更为平滑，但 PWM 的输出频率并不能无限的高。因此，在使用 PWM 时，应该选择一个合适的频率，对于控制一个 LED 亮度来说，一般 100 Hz 就足够了。

3. 占空比

占空比就是输出的 PWM 脉冲信号中，高电平保持的时间与该 PWM 的时钟周期的时间之比，占空比 $=t_1/T=t_1/(t_1+t_2)$。假设 PWM 脉冲的频率为 1000 Hz，那么它的时钟周期 T 就是 1 ms（即 1000 μs），如果高电平持续时间 t_1 为 200 μs，低电平的时间 t_2 为 800 μs，那么占空比就是 200:1000（即 1:5）。

⚙ 任务实施

1. 电路绘制

本设计是使用 51 单片机为核心制作的一个可调光模块设计。首先完成一个简单的设计，即使用单片机输出 PWM 信号来控制 LED 的亮度。后续也可以在此基础上外接其他电路，实现复杂情形下的可调光控制。

使用 Proteus 软件按照前面所述的步骤进行电路绘制，绘制好的电路图如图 1-66 所示。

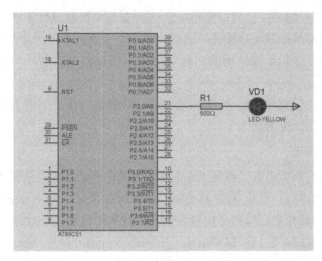

图 1-66　LED 调光电路

2. 软件编程

按照硬件电路设计，进行软件程序编写。程序如下。

```
#include<reg51.h>
sbit LED0=P2^0;                                    // 用 sbit 关键字,定义 LED 到 P2.0 端口
void Delay(unsigned int t);                        //函数声明
void main (void)
{
unsigned int CYCLE=1000,PWM_LOW=0;                 //定义周期并赋值
while (1)                                          //主循环
  {
LED0=1;
Delay(70000);                                      //特意加延时,可以看到熄灭的过程
for(PWM_LOW=1;PWM_LOW<CYCLE;PWM_LOW++){            //PWM_LOW 表示低
//电平时间是这个循环中低电平时长从 1 累加到 CYCLE(周期)的值,即 700 次
LED0=0;                                            //点亮 LED
Delay(PWM_LOW);                                    //延时长度,700 次循环中从 1 加至 699
LED0=1;                                            //熄灭 LED
Delay(CYCLE-PWM_LOW);                              //延时长度,700 次循环中从 699 减至 1
  }
LED0=0;
for(PWM_LOW=CYCLE-1;PWM_LOW>0;PWM_LOW--)           //与逐渐变亮相反的过程
{
LED0=0;
Delay(PWM_LOW);
LED0=1;
Delay(CYCLE-PWM_LOW);
  }
  }
}
/*-------------------------------------------------
延时函数,含有输入参数 unsigned int t,无返回值
------------------------------------------------- */
```

```
void Delay( unsigned int t)
{
    while( --t);
}
```

3. 任务结果及数据

将产生的 HEX 文件加载到 Proteus 电路中，单击"开始"按钮，即可看到仿真结果。通过软件仿真可以看到，在 PWM 的作用下 LED 按照一定的规律进行点亮和熄灭。首先让 LED 熄灭，然后逐渐点亮，直到亮度达到最大。然后亮度再逐渐降低，直至熄灭。仿真效果图如图 1-67 和图 1-68 所示。

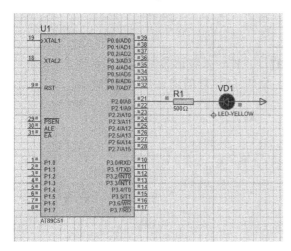

图 1-67　LED 灯熄灭

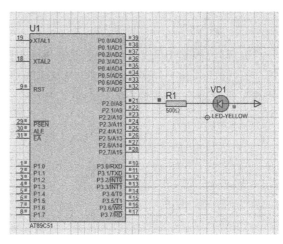

图 1-68　LED 逐渐点亮

后续还可以使用蓝牙模块添加到硬件电路中，使用手机 APP 与蓝牙模块实现控制多路 LED 灯的亮灭以及调光。此部分的内容学习者可查阅相关资料，自行完成。

习题与练习

一、选择题

1. 51 单片机的 CPU 主要的组成部分为（　　）。

A. 运算器，控制器　　　　　　　　　　B. 加法器，寄存器

C. 运算器，寄存器　　　　　　　　　　D. 运算器，指令译码器

2. 数制及编码：（ 10100101 ）B = （　　）H。

A. 204D　　　　　　B. A5H　　　　　　C. 57D　　　　　　D. 01011000B

3. 计算机中最常用的字符信息编码是（　　）。

A. BCD 码　　　　　B. ASCII　　　　　C. 余 3 码　　　　　D. 循环码

4. 十进制数 126 其对应的十六进制可表示为（　　）。

A. 8F　　　　　　　B. 8E　　　　　　　C. FE　　　　　　　D. 7E

5. STC 8051 CPU 是（　　）位的单片机。

A. 16　　　　　　　B. 4　　　　　　　C. 8　　　　　　　D. 准 16 位

6. 单片机一个机器周期由（　　）个振荡周期构成。

A. 1   B. 4   C. 6   D. 12

7. 8051 单片机使用 12 MHz 的晶振，一个机器周期是（　　）μs。

A. 1   B. 2   C. 3   D. 4

8. 单片机是（　　）公司在 20 世纪 80 年代推出的。

A. INTEL   B. MICROCHIP   C. AMD   D. ELL

9. 下列选项不是 C51 编程时使用的关键字（　　）。

A. integer   B. sbit   C. define   D. break

10. C 语言中，最简单的数据类型包括（　　）。

A. 整型、实型、逻辑型   B. 整型、实型、字符型

C. 整型、实型、浮点型   D. 整型、实型、逻辑型、字符型

二、编程题

1. 修改项目 1 任务 1.1 中步进电动机的控制程序，使得其转速为原来的一半。

2. 修改项目 1 任务 1.4 中的 PWM 调光程序，使得 LED 灯的熄灭与点亮的时间一样（以人眼的视觉感官 LED 灯在闪烁即可）。

智能门禁——控制及显示系统单片机模块设计

项目目标

- 智能门禁系统的具体应用。
- 蜂鸣器在智能门禁系统中的应用。
- 液晶显示屏在智能门禁系统中的应用。
- 按键系统在智能门禁中的应用。
- 基于 C51 单片机设计门禁系统。

门禁系统（Access Control System，ACS）在智能建筑领域，指"门"的禁止权限，是对"门"的戒备防范。这里的"门"，广义来说，包括能够通行的各种通道，如人通行的门，车辆通行的门等。因此，门禁也包括了车辆门禁。在车场管理应用中，车辆门禁是车辆管理的一种重要手段，不以收取停车费为目的，主要是管理车辆进出权限。

出入口门禁安全管理系统是新型现代化安全管理系统。它集微机自动识别技术和现代安全管理措施为一体，涉及电子、机械、光学、计算机技术、通信技术、生物技术等诸多新技术。它是解决重要部门出入口实现安全防范管理的有效措施，适用各种场所，如银行、宾馆、车场管理、机房、军械库、机要室、办公间、智能化小区、工厂等。

门禁系统主要由以下几部分组成。

（1）身份识别　身份识别部分是门禁系统的重要组成部分，起到对通行人员的身份进行识别和确认的作用，实现身份识别的方式和种类很多，主要有卡证类身份识别、密码类身份识别、生物类识别以及复合类识别等方式。

（2）传感与报警　传感与报警部分包括各种传感器、探测器和按钮等设备，应具有一定的防机械性创伤措施。门禁系统中最常用的就是门磁和出门按钮，这些设备全部都是采用开关量的方式输出信号。设计良好的门禁系统可以将门磁报警信号与出门按钮信号进行加密或转换，如转换成 TTL 电平信号或数字量信号。同时，门禁系统还可以监测出以下报警状态：报警、短路、安全、开路、请求退出、噪声、干扰、屏蔽、设备断路、防拆等，可防止人为对开关量报警信号的屏蔽和破坏，以提高门禁系统的安全性。另外门禁系统还应该对报警线路具有实时的检测能力（无论系统在撤、布防的状态下）。

（3）处理与控制　处理与控制部分通常是指门禁系统的控制器。门禁控制器是门禁系统的中枢，就像人的大脑一样，里面存储了大量相关人员的卡号、密码等信息，这些资料的重要程度是显而易见的。另外，门禁控制器还负担着运行和处理的任务，对各种各样的出入请求做出判断和响应，其中有运算单元、存储单元、输入单元、输出单元、通信单元等组成。它是门禁系统的核心部分，也是门禁系统最重要的部分。

（4）电锁与执行单元　电锁与执行单元部分包括各种电子锁具、挡车器等控制设备，这些设备应具有动作灵敏、执行可靠、良好的防潮、防腐性能，并具有足够的机械强度和防破坏的能力。电子锁具的型号和种类非常多，按工作原理的差异，具体可以分为电插锁、磁力锁、阴极锁、阳极锁和剪力锁等，可以满足各种木门、玻璃门、金属门的安装需要。每种电子锁具都有自己的特点，在安全性、方便性和可靠性上也各有差异，需要根据具体的实际情况来选择合适的电子锁具。

（5）控制执行机构　控制执行机构执行从出入口管理子系统发来的控制命令，在出入口做出相应的动作，实现出入口控制系统的拒绝与放行操作。常见的如：电控锁、挡车器、报警指示装置等被控设备，以及电动门等控制对象。

（6）线路与通信　门禁控制器应该可以支持多种联网的通信方式，如 RS-232、RS-485 或 TCP/IP 等，在不同的情况下使用各种联网的方式，以实现全国甚至于全球范围内的系统联网。为了门禁系统整体安全性的考虑，通信必须能够以加密的方式传输，加密位数一般不少于 64 位。

（7）管理与设置　管理与设置单元部分主要指门禁系统的管理软件。管理软件可以运行在 Windows、环境中，支持客户机/服务器的工作模式，并且可以对不同的用户进行可操作功能的授权和管理。管理软件应该具有设备管理、人事信息管理、证章打印、用户授权、操作员权限管理、报警信息管理、事件浏览、电子地图等功能。

门禁系统由多个功能模块组成。报警模块是其中的一个重要部分。本项目以 51 单片机实现对蜂鸣器、液晶显示屏、键盘模块的控制。通过对 3 个设备的控制来模拟门禁系统中的不同功能。

任务 2.1　模拟门禁开关的蜂鸣器模块设计

📎 任务描述

1. 任务目的及要求

- 了解蜂鸣器在门禁系统中的应用。
- 了解蜂鸣器工作原理及应用。
- 熟练使用 Proteus 软件进行电路原理图绘制。
- 熟练使用单片机软件进行编程以实现电路功能。
- 熟练使用仿真软件进行电路仿真实现。

2. 任务设备

- 硬件：PC、蜂鸣器。
- 软件：Keil C51 软件、Proteus ISIS 软件。

📖 相关知识

2.1.1　认识 RFID 技术

射频识别（Radio Frequency Identification，RFID）技术是自动识别技术的一种，通过无线射频方式进行非接触双向数据通信，利用无线射频方式对记录媒体（电子标签或射频卡）进行读写，从而达到识别目标和数据交换的目的，其被认为是 21 世纪最具发展潜力的信息技术之一。

射频识别技术是无线电波不接触快速信息交换和存储技术，通过无线通信结合数据访问技术，然后连接数据库系统，加以实现非接触式的双向通信，从而达到了识别的目的，用于数据交换，串联起一个极其复杂的系统。在识别系统中，通过电磁波实现电子标签的读写与通信。根据通信距离，可分为近场和远场，为此读/写设备和电子标签之间的数据交换方式也对应分为负载调制和反向散射调制。

其原理为阅读器与标签之间进行非接触式的数据通信，达到识别目标的目的。RFID 的应用非常广泛，典型应用有动物晶片、汽车晶片防盗器、门禁管制、停车场管制、生产线自动化、物料管理。

2.1.2　蜂鸣器工作原理

蜂鸣器的发声原理由振动装置和谐振装置组成，而蜂鸣器又分为无源他激型与有源自激型。蜂鸣器实物图如图 2-1 所示。

1. 蜂鸣器的分类

1）按其驱动方式的原理分，可分为有源蜂鸣器（内含驱动线路，也叫自激式蜂鸣器）和无源蜂鸣器（外部驱动，也叫他激式蜂鸣器）。

2）按构造方式的不同可分为电磁式蜂鸣器和压电式蜂鸣器。

图 2-1　蜂鸣器实物图

3）按封装的不同可分为插针蜂鸣器（DIP BUZZER）和贴片式蜂鸣器（SMD BUZZER）。

4）按电流的不同可分为直流蜂鸣器和交流蜂鸣器，其中，以直流最为常见。压电式蜂鸣器用的是压电材料，即当受到外力导致压电材料发生形变时压电材料会产生电荷。同样，当通电时压电材料会发生形变。

2. 蜂鸣器的发声原理

无源他激型蜂鸣器的工作发声原理是：方波信号输入谐振装置转换为声音信号输出。有源自激型蜂鸣器的工作发声原理是：直流电源输入经过振荡系统的放大取样电路在谐振装置作用下产生声音信号。

有源蜂鸣器和无源蜂鸣器的主要差别是：二者对输入信号的要求不一样。有源蜂鸣器工作的理想信号是直流电，一般标示为 VDD、VDC 等。因为蜂鸣器内部有一个简单的振荡电路，可以把恒定的直流电转变成一定频率的脉冲信号，从而产生磁场交变，带动钼片振动发出声音。

⚙ 任务实施

本设计是使用 51 单片机为核心制作的一个蜂鸣器模块来模拟门禁系统中的报警模块。后续也可以在此基础上外接其他门禁模块电路，实现更加完整的门禁系统设计。

1. 电路绘制

按照前面所述步骤进行电路元器件的选择、连线等操作，调光模块设计须选用的元器件如图 2-2 所示。

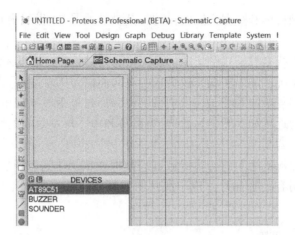

图 2-2　元器件选择

绘制完成后的电路如图 2-3 所示。

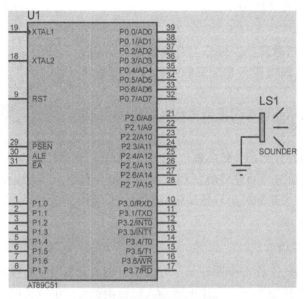

图 2-3　蜂鸣器报警电路

2. 软件编程

按照硬件电路设计，进行软件程序编写。程序如下。

```
#include <reg51.h>
#include <stdio.h>
sbit beep = P2^0;
#define uint unsigned int
#define uchar unsigned char
void delay(uint z)
{uint x,y;
for(x=z;x>0;x--)
for(y=115;y>0;y--);
}
```

```
void main( )
{
Delay(100);
while(1)
{beep = ~beep;
Delay(100);
}
}
```

在上述程序完成的基础上，同样可以利用该电路实现蜂鸣器播放音乐的设计。下面这段程序是利用蜂鸣器播放音乐《我是一个粉刷匠》。学习者可以尝试一下。同时需要了解一下音乐与频率之间的关系。这样才能理解为什么蜂鸣器能够播放音乐。

```
#include <reg51. h>
#include <stdio. h>
sbit beep = P2^0;
unsigned char timer0h, timer0l, time;
code unsigned char high[ ] = {
    0xF8, 0xF9, 0xFA, 0xFA, 0xFB, 0xFB, 0xFC,     //低音 1234567
    0xFC, 0xFC, 0xFD, 0xFD, 0xFD, 0xFD, 0xFE,     //中音 1234567
0xFE, 0xFE, 0xFE, 0xFE, 0xFE, 0xFE, 0xFF,         //高音 1234567
};
code unsigned char low[ ] = {
    0x8C, 0x56, 0x22, 0x64, 0x04, 0x90, 0x0C,     //低音 1234567
    0x44, 0xAA, 0x08, 0x32, 0x82, 0xC8, 0x06,     //中音 1234567
0x22, 0x56, 0x84, 0x9A, 0xC0, 0xE4, 0x02,         //高音 1234567
};
code unsigned char music[ ] = {
    5,2,1,3,2,1,5,2,1,3,2,1,5,2,1,3,2,1,1,2,2,
    2,2,1,4,2,1,3,2,1,2,2,1,5,2,2,
    5,2,1,3,2,1,5,2,1,3,2,1,5,2,1,3,2,1,1,2,2,
    2,2,1,4,2,1,3,2,1,2,2,1,1,2,3,
    2,2,1,2,2,1,4,2,1,4,2,1,3,2,1,2,2,1,5,2,2,
    2,2,1,4,2,1,3,2,1,2,2,1,5,2,2,
    5,2,1,3,2,1,5,2,1,3,2,1,5,2,1,3,2,1,1,2,2,
    2,2,1,4,2,1,3,2,1,2,2,1,1,2,3,
    0,0,0,};                                      //《我是一个粉刷匠》可更改此处代码播放不同歌曲
void t0int( ) interrupt 1                          //T0 中断程序,控制发音的音调
{
TR0 = 0;                                          //先关闭 T0
beep = !beep;                                     //输出方波, 发音
TH0 = timer0h;                                    //下次的中断时间,这个时间,控制音调高低
TL0 = timer0l;
TR0 = 1;                                          //启动 T0
}
void delay(unsigned char time)                    //延时程序,控制发音的时间长度
{
unsigned char i;
unsigned long j;
```

```
    for(i = 0; i < time; i++)                    //双重循环,共延时 t 个半拍
    for(j = 0; j < 5000; j++);                   //延时期间,可进入 T0 中断去发音
    TR0 = 0;                                      //关闭 T0,停止发音
    }
    void song( )                                  //演奏一个音符
    {
    TH0 = timer0h;                                //控制音调
    TL0 = timer0l;
    TR0 = 1;                                      //启动 T0,由 T0 输出方波去发音
    delay(time);                                  //控制时间长度
    }
    void main(void)
    {
    unsigned char k, i;
    TMOD = 0x01;                                  //置 T0 定时工作方式 1
    ET0 = 1;                                      //开 T0 中断
    EA = 1;
    while(1) {
    i = 0;
    time = 1;
    while(time) {
    k = music[i] + 7 * music[i + 1] - 1;         //第 i 个是音符,第 i+1 个是第几个八度
    timer0h = high[k];
    timer0l = low[k];
    time = music[i + 2];
    i += 3;
    song( );                                      //发出一个音符
    }
    }
    }
```

3. 任务结果及数据

将产生的 HEX 文件加载到 Proteus 电路中,启动"开始"按钮,即可看到仿真结果。通过软件仿真可以看到,在单片机并行口输出信号的作用下,蜂鸣器发出"滴滴滴"报警声音。声音的发出主要是依靠单片机引脚高低电平的不断变化而引起的。Proteus 仿真效果如图 2-4 所示。

后续可以使用前述给出的蜂鸣器播放音乐的程序将其加载到 Proteus 仿真软件中,仿真时可以听到不同的音乐效果。学习者可自行尝试练习一下。

 小知识: 在日常生活中,你注意到与 RFID 技术相关的应用吗? 其实,只要稍加留意,就会发现 RFID 技术在生活中的应用非常广泛。比如:乘坐公交车、地铁时,使用的乘车卡就是近距离 RFID 技术的应用。只需要将乘车卡凑近感应器,即可自动感应扣费。进入住宅单元门口的门禁系统,使用门禁卡在刷卡处感应一下,门即可自动打开。还有汽车的车钥匙也是其应用之一。汽车的开门、锁门以及寻车等功能都是利用 RFID 技术实现的。

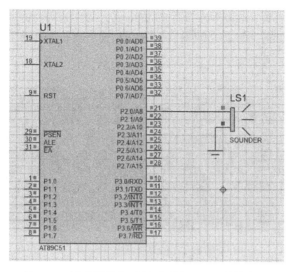

图 2-4　蜂鸣器发声时的不同输入电平的仿真图

模拟门禁系统的液晶显示模块设计

任务描述

1. 任务目的及要求

- 了解数码管工作原理。
- 了解液晶显示器原理。
- 熟练使用 Proteus 软件进行电路原理图绘制。
- 熟练使用单片机软件进行编程以实现电路功能。
- 熟练使用仿真软件进行电路仿真实现。

2. 任务设备

- 硬件：PC、液晶显示模块。
- 软件：Keil C51 软件、Proteus ISIS 软件。

相关知识

门禁系统在生活中十分常见，它由多个功能模块组成。显示模块是其中的一部分。本任务以 51 单片机实现对液晶显示器的控制。通过对液晶显示器的控制来模拟门禁系统中的显示模块。

2.2.1　液晶显示器分类

1. LCD1602 液晶显示器模块

LCD1602 液晶显示器的原理是利用液晶的物理特性，通过电压对其显示区域进行控制，有电就有显示，这样即可以显示出图形。液晶显示器具有厚度薄、适用于大规模集成电路直接驱动、易于实现全彩色显示的特点，目前已经被广泛应用在计算机、数字摄像机、PDA 移动通信工具等众多领域。

LCD1602 液晶显示器也称为 1602 字符型液晶显示器。16x02，每行 16 个字符，显示两行。它是一种专门用来显示字母、数字、符号等的点阵型液晶模块。液晶显示器实物图如图 2-5

所示。它由若干个 5×7 或者 5×11 等点阵字符位组成，每个点阵字符位都可以显示一个字符，每位之间有一个点距的间隔，每行之间也有间隔，起到了字符间距和行间距的作用，正因为如此所以它不能很好地显示图形。

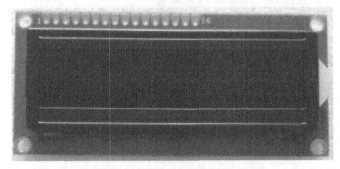

图 2-5　液晶显示器实物图

2. LCD1602 液晶显示器的分类

液晶显示器的分类方法有很多种，通常可按其显示方式分为段式、字符式、点阵式等。除了黑白显示外，液晶显示器还有多灰度、彩色显示等。如果根据驱动方式来分，可以分为静态驱动（Static Matrix）、单纯矩阵驱动（Simple Matrix）和主动矩阵驱动（Active Matrix）三种。

2.2.2　LCD1602 图形的显示原理

1. 线段的显示

2.2.2_1　LC-D1602 图形的显示原理

点阵图形式液晶显示器由 M×N 个显示单元组成，假设 LCD1602显示器有 64 行，每行有 128 列，每 8 列对应 1 字节的 8 位，即每行由 16B（字节），共 16×8＝128 个点组成，显示器上 64×16 个显示单元与显示 RAM 区 1024B 相对应，每一字节的内容和显示器上相应位置的亮暗对应。例如显示器的第一行的亮暗由 RAM 区的 000H～00FH 的 16B 的内容决定，当(000H)＝FFH 时，则显示器的左上角显示一条短亮线，长度为 8 个点；当(3FFH)＝FFH 时，则显示器的右下角显示一条短亮线；当(000H)＝FFH，(001H)＝00H，(002H)＝00H，…，(00EH)＝00H，(00FH)＝00H 时，则在显示器的顶部显示一条由 8 段亮线和 8 条暗线组成的虚线。这就是 LCD1602 显示的基本原理。

2. 字符的显示

用 LCD1602 显示一个字符时比较复杂，因为一个字符由 6×8 或 8×8 点阵组成，既要找到和显示器上某几个位置对应的显示 RAM 区的 8B，还要使每字节的不同位为 "1"，其他的为 "0"，即为 "1" 的点亮，为 "0" 的不亮。这样一来就组成某个字符。但对于内带字符发生器的控制器来说，显示字符就比较简单了，可以让控制器工作在文本方式，根据在 LCD 上开始显示的行列号及每行的列数找出显示 RAM 对应的地址，设立光标，在此送上该字符对应的代码即可。

3. 汉字的显示

汉字的显示一般采用图形的方式，事先从微机中提取要显示的汉字的点阵码（一般用字模提取软件），每个汉字占 32B，分左右两半，各占 16B，左边为 1，3，5，…，右边为 2，4，6，…。根据在 LCD 上开始显示的行列号及每行的列数可找出显示 RAM 对应的地址，设立光标，送上要显示的汉字的第一字节，光标位置加 1，送第二字节，换行按列对齐，送第三字节……直到 32B 显示完就可以在 LCD 上得到一个完整汉字。

4. LCD1602 的控制指令

LCD1602 有 11 个控制指令，见表 2-1。

表 2-1 液晶显示器控制指令

序号	指　　令	RS	R/W	D7	D6	D5	D4	D3	D2	D1	D0
1	清显示	0	0	0	0	0	0	0	0	0	1
2	光标返回	0	0	0	0	0	0	0	0	1	*
3	置输入模式	0	0	0	0	0	0	0	1	I/D	S
4	显示开/关控制	0	0	0	0	0	0	1	D	C	B
5	光标或字符移位	0	0	0	0	0	1	S/C	R/L	*	*
6	置功能	0	0	0	0	1	DL	N	F	*	*
7	置字符发生存储器地址	0	0	0	1	字符发生存储器地址					
8	置数据存储器地址	0	0	1	显示数据存储器地址						
9	读忙标志或地址	0	1	BF	计数器地址						
10	写数到 CGRAM 或 DDRAM	1	0	要写入的数据内容							
11	从 CGRAM 或 DDRAM 读数	1	1	读取的数据内容							

5. 引脚接口说明

LCD1602 上有 16 个引脚，上面依次标了符号，见表 2-2。

表 2-2 液晶显示屏引脚功能图

编号	符号	引脚说明	编号	符号	引脚说明
1	VSS	电源地	9	D2	数据
2	VCC	电源正极	10	D3	数据
3	VL	液晶显示偏电压	11	D4	数据
4	RS	数据/命令选择	12	D5	数据
5	R/W	读/写选择	13	D6	数据
6	E	使能信号	14	D7	数据
7	D0	数据	15	BLA	背光源正极
8	D1	数据	16	BLK	背光源负极

LCD1602 采用标准的 16 脚接口，其中：

第 1 脚：VSS 为电源地端口。

第 2 脚：VCC 接 5V 电源正极端口。

第 3 脚：VL 为液晶显示器对比度调整端口，接正电源时对比度最弱，接地电源时对比度最高（对比度过高时会产生"鬼影"，使用时可以通过一个 $10\,k\Omega$ 的电位器调整对比度）。

第 4 脚：RS 为寄存器选择端口，高电平（1）时选择数据寄存器、低电平（0）时选择指令寄存器。

第 5 脚：R/W 为读写信号线端口，高电平（1）时进行读操作，低电平（0）时进行写操作。

第 6 脚：E（或 EN）端为使能（Enable）端口，高电平（1）时读取信息，负跳变时执行指令。

第 7~14 脚：D0~D7 为 8 位双向数据端口。

第 15~16 脚：空脚或背灯电源。15 脚为背光源正极，16 脚为背光源负极。

6. 读写时序操作

LCD1602 的读写时序操作如图 2-6 和图 2-7 所示。

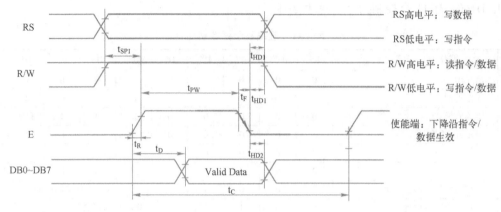

图 2-6　LCD1602 读时序

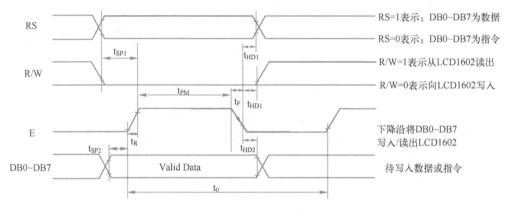

图 2-7　LCD1602 写时序

根据时序得出基本的时序操作表，见表 2-3。

表 2-3　LCD1602 模块的读写时序

RS	R/W	E	功　　能
0	0	下降沿	写命令
0	1	高电平	读忙标志和 AC 码
1	0	下降沿	写数据
1	1	高电平	读数据

7. LCD1602 的显存及字库

　　液晶显示模块是一个慢显示器件，所以在执行每条指令之前一定要确认模块的忙标志为低电平，表示不忙，否则此指令失效。要显示字符时要先输入显示字符地址，也就是告诉模块在哪里显示字符，图 2-8 是 LCD1602 的内部显示地址。

　　例如第二行第一个字符的地址是 40H，那么是否直接写入 40H 就可以将光标定位在第二行第一个字符的位置呢？这样不行，因为写入显示地址时要求最高位 D7 恒定为高电平 1，所以实际写入的数据应该是 01000000B（40H）+10000000B（80H）= 11000000B（C0H）。

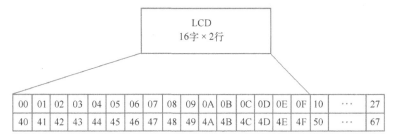

图 2-8　LCD1602 的内部显示地址

　　在对液晶模块的初始化中要先设置其显示模式，在液晶模块显示字符时，光标是自动右移的，无须人工干预。每次输入指令前都要判断液晶模块是否处于忙的状态。

　　LCD1602 液晶模块内部的字符发生存储器（CGROM）已经存储了 160 个不同的点阵字符图形，如图 2-9 所示，这些字符有：阿拉伯数字、英文字母的大小写、常用的符号和日文假

低位		高位															
		0000	0001	0010	0011	0100	0101	0110	0111	1000	1001	1010	1011	1100	1101	1110	1111
xxxxD000	CG RAM (1)				0	@	P	`	p				—	タ	ミ	α	p
xxxxD001	(2)			!	1	A	Q	a	q			。	ア	チ	ム	ä	q
xxxxD010	(3)			"	2	B	R	b	r			「	イ	ツ	メ	β	θ
xxxxD011	(4)			#	3	C	S	c	s			」	ウ	テ	モ	ε	∞
xxxxD100	(5)			$	4	D	T	d	t			、	エ	ト	ヤ	μ	Ω
xxxxD101	(6)			%	5	E	U	e	u			・	オ	ナ	ユ	ü	Ü
xxxxD110	(7)			&	6	F	V	f	v			ヲ	カ	ニ	ヨ	ρ	Σ
xxxxD111	(8)			'	7	G	W	g	w			ア	キ	ヌ	ラ	g	π
xxxx1000	(1)			(	8	H	X	h	x			イ	ク	ネ	リ	√	x
xxxx1001	(2)			)	9	I	Y	i	y			ウ	ケ	ノ	ル	‾	y
xxxx1010	(3)			*	:	J	Z	j	z			エ	コ	ハ	レ	j	千
xxxx1011	(4)			+	;	K	[	k	{			オ	サ	ヒ	ロ	×	万
xxxx1100	(5)			,	<	L	¥	l						ヤ	シ	フ	ワ	¢	円
xxxx1101	(6)			—	=	M	]	m	}			ュ	ス	ヘ	ン	モ	÷
xxxx1110	(7)			.	>	N	^	n	→			ヨ	セ	ホ	゛	ñ	
xxxx1111	(8)			/	?	O	_	o	←			ッ	ソ	マ	゜	ö	

图 2-9　LCD1602 的 CGROM 字符代码与图形对应图

名等，每一个字符都有一个固定的代码，比如大写的英文字母"A"的代码是 01000001B（41H），显示时模块把地址 41H 中的点阵字符图形显示出来，我们就能看到字母"A"。

8. LCD1602 的一般初始化（复位）过程

2.2.2_2 LC-D1602 的应用

延时 15 ms，写指令 38H（不检测忙信号）；

延时 5 ms，写指令 38H（不检测忙信号）；

延时 5 ms，写指令 38H（不检测忙信号）；

以后每次写指令、读/写数据操作均需要检测忙信号；

写指令 38H，显示模式设置；

写指令 08H，显示关闭；

写指令 01H，显示清屏；

写指令 06H，显示光标移动设置；

写指令 0CH，显示开及光标设置。

任务实施

本设计是使用 51 单片机为核心制作一个液晶显示模块。该模块用以模拟门禁系统的显示系统。后续也可以在此基础上外接其他门禁模块电路，实现更加完整的门禁系统设计。

1. 电路绘制

根据任务要求，将 LCD1602 连接至 P0，由 P0 口控制 LCD 的显示，P3 口控制 LCD 的 RS、R/W 和 E 端。液晶显示电路如图 2-10 所示。

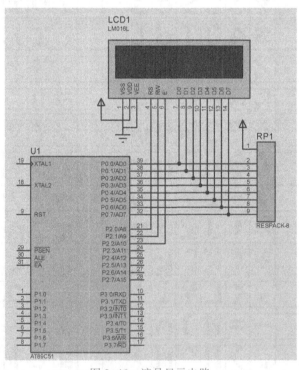

图 2-10 液晶显示电路

2. 软件编程

根据绘制电路及要实现的功能编写程序。程序如下。

```
#include <reg51. h>
#include <intrins. h>
#define uint unsigned int
#define uchar unsigned char
unsigned char code table[ ] = "Hello Chong qing!";
//uint8 code table[ ] = "Hello everyone!";
//uint8 code table1[ ] = "Welcome to my blog!";
sbit RS = P2^0;
sbit RW = P2^1;
sbit E = P2^2;

//申明调用函数
void delay( uint z);                    //可控延时函数
void write_cmd( uchar com);             //写命令字函数
void write_dat( uchar dat);             //写数据函数
void init( );                           //LCD 初始化函数
unsigned charlcd_read__start( );        //读状态函数

void main( )                            //主函数
{
unsigned char m;
P0 = 0xff;
init( );
delay( 10);
write_cmd( 0x83);
delay( 10);
for( m = 0;m<16;m++)                     //显示字符串
{
write_dat( table[ m] );
delay( 10);
}
    while( 1);

}

void delay( uint z)
{
    uint i,j;
    for( i = z;i>0;i--)
        for( j = 0;j<921;j++);
}

void init( )                            //LCD 初始化
{

    //E = 0;                            //使能关
    write_cmd( 0x38);                   //设置 16×2 显示,5×7 点阵,8 位数据口
    write_cmd ( 0x0e);                  //设置开显示,不显示光标
    write_cmd ( 0x06);                  //写一个字符后地址指针加 1
```

```c
        write_cmd (0x01);              //显示清 0,数据指针清 0

}
unsigned charlcd_read__start( )       //读状态函数
{
unsigned char s;
        RW=1;                          //RS=1,RS=0,读 LCD 状态
        delay(1);
        RS=0;
        delay(1);                      //tsp1(地址建立时间)
        E=1;                           //E 端使能
        s=P0;
        delay(1);
        E=0;
        delay(1);
        RW=0;
        delay(1);
        return(s);                     //返回读取的 LCD 状态
}
void write_cmd(uchar com)             //写命令字函数
{
unsigned char n;
do{                                    //查询 LCD 忙状态
        n=lcd_read__start( );          //调用读状态字函数
        n=n&0x80;                      //屏蔽掉低 7 位
        delay(1);

}
while(n!=0);                           //LCD 忙,继续查询,否则退出循环
RW=0;
        delay(1);
        RS=0;                          //RS=0,写指令
        delay(1);                      //tsp1(写操作地址建立时间)
        E=1;                           //tR(使能信号上升时间)
        P0=com;                        //将 com 中的命令字写入 LCD 数据口
        delay(1);                      //tsp2
        E=0;                           //tF、tHD1、tHD2(使能信号下降时间、地址保持时间、数据保持时间)
        delay(1);                      //tpW(E 脉冲宽度)
        RW=1;
        delay(10);

}

void write_dat(unsigned char dat)     //写数据函数
{
unsigned char x;
do{                                    //查询 LCD 忙状态
        x=lcd_read__start( );          //调用读状态字函数
        x=x&0x80;                      //屏蔽掉低 7 位
            delay(1);

}
```

```
    while(x! = 0);                          //LCD 忙,继续查询,否则退出循环
    RW = 0;
    delay(1);
    RS = 1;                                 //RS = 1,写数据
    delay(1);
    E = 1;
    P0 = dat;                               //将 dat 中显示数据写入 LCD 数据口
    delay(1);
    E = 0;
    delay(1);
    RW = 1;
    delay(10);
}
```

3. 任务结果及数据

将产生的 HEX 文件加载到 Proteus 电路中,启动"开始"按钮,即可看到仿真结果。通过软件仿真可以看到,在 LCD1602 上面显示"Hello ChongQing!"字符。学习者还可以在此实验的基础上,尝试显示其他的字符串或者是简单图像。Proteus 仿真效果如图 2-11 所示。

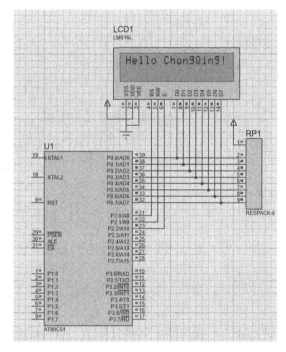

图 2-11　液晶显示"Hello ChongQing!"字符

 小知识：你知道吗？蜂鸣器还可以播放音乐。

单片机演奏一个音符,是通过引脚周期性的输出一个特定频率的方波。这就需要单片机在半个周期内输出低电平、另外半个周期输出高电平,周而复始。半个周期的时间是多长呢？大家都知道,周期为频率的倒数,可以通过音符的频率计算出半周期。演奏时,要根据音符频率的不同,把对应的半个周期的定时时间初始值送入定时器,再由定

时器按时输出高低电平。在蜂鸣器播放音乐的程序设计中，需要事先算好各种音符频率所对应的半周期的定时时间初始值。有了这些数据，单片机就可以演奏从低音、中音、高音和超高音，4 个八度共 28 个音符。

演奏乐曲时，就根据音符的不同数值，从半周期数据表中找到定时时间初始值，送入定时器即可控制发音的音调。

任务 2.3 模拟门禁系统的键盘模块设计

◎ 任务描述

1. 任务目的及要求

- 了解矩阵键盘的工作原理和主要功能。
- 熟练使用 Proteus 软件进行电路原理图绘制。
- 熟练使用单片机软件进行编程以实现电路功能。
- 熟练使用仿真软件进行电路仿真实现。

2. 任务设备

- 硬件：PC、矩阵键盘模块。
- 软件：Keil C51 软件、Proteus ISIS 软件。

▥ 相关知识

门禁系统由多个功能模块组成。键盘是门禁系统常见的模块之一。门禁系统中也常常使用键盘进行数字和符号的输入。本任务以 51 单片机实现对矩阵键盘输入的检测和显示控制。后续可在此基础上进行模块的拓展，实现更加全面的门禁系统电路设计与完善。

2.3.1 按键分类及特点

1. 按键分类

按键种类繁多，功能有简有繁。但是无论如何，所有的按键其实都有一个原型，来源于同一种原理，所有的按键无论多复杂，多华丽，都是从这样一个原型发展而成的。我们平日所见到的绝大部分的按键，其实都可以归类为一种，叫"接触式按键"。图 2-12 为一个典型的接触式按键（又称轻触开关）。

按键按照结构原理分为两类，一类是触点式开关按键，如机械式开关、导电橡胶式开关等；另一类是无触点式开关按键，如电气式按键、磁感应按键等。前者造价低，后者寿命长。目前，微机系统中最常见的是触点式开关按键。

图 2-12 接触式按键

在单片机应用系统中，除了复位按键有专门的复位电路及专一的复位功能外，其他按键都是以开关状态来设置控制功能或输入数据的。当所设置的功能键或数字键按下时，计算机应用系统应完成该按键所设定的功能，按键信息输入是与软件结构密切相关的过程。

对于一组键或一个键盘，总有一个接口电路与 CPU 相连。CPU 可以采用查询或中断方式了解有无将按键输入，并检查是哪一个按键按下，将该键号送入累加器，然后通过跳转指令转入执行该键的功能程序，执行完成后再返回主程序。

2. 按键结构与特点

微机键盘通常使用机械触点式按键开关，其主要功能是把机械上的通断转换为电气上的逻辑关系。也就是说，它能提供标准的 TTL 逻辑电平，以便于通用数字系统的逻辑电平相容。机械式按键再按下或释放时，由于机械弹性作用的影响，通常伴随有一定的时间触点机械抖动，然后其触点才稳定下来。

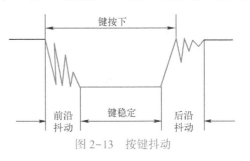

按键抖动过程如图 2-13 所示，抖动时间的长短与开关的机械特性有关，一般为 5～10 ms。在触点抖动期间检测按键的通与断，可能导致判断出错，即按键按下或释放一次错误的被认为是多次操作，这种情况是不允许出现的。

图 2-13　按键抖动

2.3.2　按键工作原理

1. 独立按键

单片机控制系统中，如果只需要几个功能键，此时，可采用独立按键结构。独立按键直接用 I/O 口线构成的单个按键电路，其特点是每个按键单独占用一根 I/O 口线，每个按键的工作不会影响其

2.3.2_1　独立按键实验

他 I/O 口线的状态。独立按键电路配置灵活，软件结构简单，但每个按键必须占用一个 I/O 口线，因此，在按键较多时，I/O 口线浪费较大，不宜采用。独立按键如图 2-14 所示。

独立按键的软件常采用查询式结构。先逐位查询 I/O 口线的输入状态，如某一根 I/O 口线输入为低电平，则可确认该 I/O 口线所对应的按键已按下，然后，再转向该键的功能处理程序。

单片机按键一般通过配备上拉电阻来实现输入端高低电平的切换。上拉电阻原理图如图 2-15 所示。

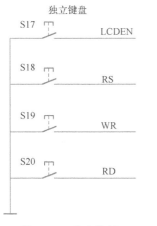

图 2-14　独立按键

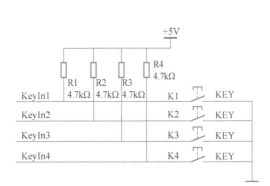

图 2-15　上拉电阻

4 条输入线接到单片机的 I/O 口上，当按键 K1 按下时，电流通过电阻 R1 然后再通过按键 K1 最终进入 GND 形成一条通路，那么这条支路的全部电压都加到了 R1 这个电阻上，KeyIn1 这个引脚就是个低电平。当松开按键后，电路断开，不会有电流通过，那么 KeyIn1 和 +5 V 电源是等电位，是一个高电平。可以通过 KeyIn1 这个 I/O 口的高低电平来判断是否有按键按下。

2. 矩阵键盘

矩阵键盘是单片机外部设备中所使用的类似于矩阵排布的键组。矩阵键盘显然比直接法要复杂一些，识别也要复杂一些，列线通过电阻接正电源，并将行线所接的单片机的 I/O 口作为输出端，而列线所接的 I/O 口则作为输入端。

2.3.2_2 矩阵键盘

（1）组成结构　在键盘中按键数量较多时，为了减少 I/O 口的占用，通常将按键排列成矩阵形式。在矩阵键盘中，每条水平线和垂直线在交叉处不直接连通，而是通过一个按键加以连接。这样，一个端口（如 P1 口）就可以构成 4×4 = 16 个按键，比之直接将端口线用于键盘多出了一倍，而且线数越多，区别越明显，比如再多加一条线就可以构成 20 键的键盘，而直接用端口线则只能多出一键（9键）。由此可见，在需要的键数比较多时，采用矩阵键盘是合理的。矩阵键盘如图 2-16 所示。

图 2-16　矩阵键盘

（2）识别方法　当按键没有按下时，所有的输入端都是高电平，代表无键按下。行线输出是低电平，一旦有键按下，则输入线就会被拉低，这样，通过读入输入线的状态就可得知是否有键按下。

行扫描法又称为逐行（或列）扫描查询法，是一种最常用的按键识别方法。

（3）矩阵键盘编程方法　键盘编程扫描法识别按键一般应包括以下内容：

1）判别有无键按下。

2）键盘扫描取得闭合键的行、列号。

3）用计算法或查表法得到键值。

2.3.2_3 矩阵键盘的识别方法

4）判断闭合键是否释放，如没释放则继续等待。

5）将闭合键的键值保存，同时转去执行该闭合键的功能。

⚙ 任务实施

本设计是使用 51 单片机为核心制作一个液晶显示模块。该模块用以模拟门禁系统的显示系统。后续也可以在此基础上外接其他门禁模块电路，实现更加完整的门禁系统设计。

1. 电路绘制

根据任务要求，采用 4×4 矩阵键盘的形式进行硬件电路设计。这 16 个按键分别代表 0~F 这 16 个数字，按下哪个键就显示到数码管上。在电路设计中，将同行和同列的按键的两端分别接在一起。使用 P0 口进行按键的显示，P2 口用以连接 4×4 矩阵按键。键盘模块硬件电路仿真如图 2-17 所示。

2. 软件编程

根据硬件电路设计，进行软件程序编写。程序如下。

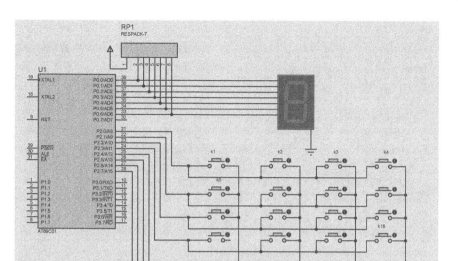

图 2-17　键盘模块硬件电路仿真图

```
/* 4×4 矩形键盘,按下某个键盘,数码管显示对应的数,即 0~F    */
//引入头文件,宏定义
#include <reg51. h>
#define uchar unsigned char
#define uint unsigned int
uchar num, temp;
/* 数码管显示数 */
uchar code table[ ] = {
    0x3f, 0x06, 0x5b, 0x4f,
    0x66, 0x6d, 0x7d, 0x07,
    0x7f, 0x6f, 0x77, 0x7c,
    0x39, 0x5e, 0x79, 0x71,
    0};

/* 数码管显示函数 */
void display(uchar num)
{
    //dula = 1;
    P0 = table[num - 1];
    //dula = 0;
}
/* 延时函数 */
void delay(uint time)
{
    uint x, y;
    for (x = time; x > 0; x--)
        for (y = 110; y > 0; y--);
}
/* 扫描键盘输入 */
uchar scan( )
```

```
        P2 = 0xfe;                              //设置第一行全部为低电平,其余为高电平
        temp = P2;                              //监听P2口
        temp &= 0xf0;                           //与0xf0与运算,判断是否真的有键盘按下
                                                //如果temp的高4位变化,说明高4位有按键按下
        if (temp != 0xf0) {
            delay(10);                          //消除抖动,延时10ms
            temp = P2;                          //再次进行赋值
            temp &= 0xf0;                       //再次进行与运算
            /*再次进行判断抖动之后是否真的有按键按下*/
            if (temp != 0xf0) {
                temp = P2;
                switch (temp) {
                    case 0xee: num = 1; break;
                    case 0xde: num = 2; break;
                    case 0xbe: num = 3; break;
                    case 0x7e: num = 4; break;
                }
                /*按键始终处于监听状态*/
                while (temp != 0xf0) {
                    temp = P2;
                    temp &= 0xf0;
                }
            }
        }
        /*类似第一行的键盘操作,参考第一个*/
        P2 = 0xfd;
        temp = P2;
        temp &= 0xf0;
        if (temp != 0xf0) {
            delay(10);
            temp = P2;
            temp &= 0xf0;
            if (temp != 0xf0) {
                temp = P2;
                switch (temp) {
                    case 0xed: num = 5; break;
                    case 0xdd: num = 6; break;
                    case 0xbd: num = 7; break;
                    case 0x7d: num = 8; break;
                }
                while (temp != 0xf0) {
                    temp = P2;
                    temp &= 0xf0;
                }
            }
        }
        /*类似第一行的键盘操作,参考第一个*/
        P2 = 0xfb;
```

```
            temp = P2;
            temp &= 0xf0;
            if (temp != 0xf0) {
                delay(10);
                temp = P2;
                temp &= 0xf0;
                if (temp != 0xf0) {
                    temp = P2;
                    switch (temp) {
                        case 0xeb: num = 9; break;
                        case 0xdb: num = 10; break;
                        case 0xbb: num = 11; break;
                        case 0x7b: num = 12; break;
                    }
                    while (temp != 0xf0) {
                        temp = P2;
                        temp &= 0xf0;
                    }
                }
            }
            /* 类似第一行的键盘操作,参考第一个 */
            P2 = 0xf7;
            temp = P2;
            temp &= 0xf0;
            if (temp != 0xf0) {
                delay(10);
                temp = P2;
                temp &= 0xf0;
                if (temp != 0xf0) {
                    temp = P2;
                    switch (temp) {
                        case 0xe7: num = 13; break;
                        case 0xd7: num = 14; break;
                        case 0xb7: num = 15; break;
                        case 0x77: num = 16; break;
                    }
                    while (temp != 0xf0) {
                        temp = P2;
                        temp &= 0xf0;
                    }
                }
            }
            return num;
}
void main()
{
    num = 17;
    P0 = 0xfe;
    P0 = 0;
```

```
        while (1) {
            display( scan( ) );
        }
    }
```

3. 任务结果及数据

通过软件仿真可以看到，当按下按键时，数码管显示相应的按键号。Proteus 仿真效果图如图 2-18 和图 2-19 所示。

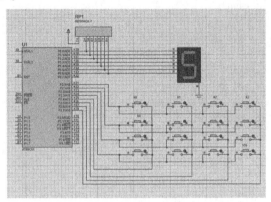

图 2-18　按下第 5 号按键的仿真效果图

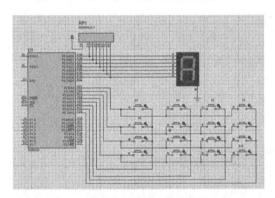

图 2-19　按下第 10 号按键的仿真效果图

 小知识： 你听说过吗？数码管显示式会出现"鬼影"，这究竟是什么在捣鬼呢？

数码管在显示时，不应该亮的段，似乎有微微的发亮，这种现象叫作"鬼影"，这个"鬼影"严重影响显示的视觉效果。"鬼影"的出现，主要是由在数码管位选和段选产生的瞬态造成的。在数码管显示切换的过程中，存在瞬间给错误的数码管赋值的情况，虽然很弱（因为亮的时间很短），但还是能够发现。如何解决这个问题呢？这个也简单，只要在显示时，避开这个瞬间错误就可以了。

不产生瞬间错误的方法是在进行位选切换期间，避免一切数码管的赋值即可。方法有两个。一个方法是刷新之前关闭所有的段，改变好了位选后，再打开段；第二个方法是关闭数码管的位，赋值过程都做好后，再重新打开。比如可采用以下两种流程。一是：送段码—送位码—延时—关位码—关段码—延时；二是：关位码—关段码—延时—送段码—送位码—延时。

习题与练习

一、选择题

1. 程序是以（　　）形式存放在程序存储器中。

A. C 语言源程序　　　　　　　　　B. 汇编程序

C. 二进制编码　　　　　　　　　　D. BCD 码

2. 单片机中的程序计数器 PC 用来（　　）。

A. 存放指令　　　　　　　　　　　B. 存放正在执行的指令地址

C. 存放下一条指令地址　　　　　　D. 存放上一条指令地址

3. 单片机的 4 个并行 I/O 端口作为通用 I/O 端口使用，在输出数据时，必须外接上拉电阻的是（　　）。

A. P0 口　　　　　　　　　　　　B. P1 口

C. P2 口　　　　　　　　　　　　D. P3 口

4. 在单片机应用系统中，LED 数码管显示电路通常有（　　）显示方式。

A. 静态　　　　　　　　　　　　　B. 动态

C. 静态和动态　　　　　　　　　　D. 查询

5. 在 C 语言的 if 语句中，用作判断的表达式为（　　）。

A. 关系表达式　　　　　　　　　　B. 逻辑表达式

C. 算术表达式　　　　　　　　　　D. 任意表达式

6. （　　）显示方式编程较简单，但占用 I/O 口线多，其一般适用显示位数较少的场合。

A. 静态　　　　　　　　　　　　　B. 动态

C. 静态和动态　　　　　　　　　　D. 查询

7. LED 数码管若采用动态显示方式，下列说法错误的是（　　）。

A. 将各位数码管的段选线并联

B. 将段选线用一个 8 位 I/O 口控制

C. 将各位数码管的公共端直接连在 5 V 电源或者 GND 上

D. 将各位数码管的位选线用各自独立的 I/O 控制

8. 某一应用系统需要扩展 10 个功能键，通常采用（　　）方式更好。

A. 独立按键　　　　　　　　　　　B. 矩阵键盘

C. 动态键盘　　　　　　　　　　　D. 静态键盘

9. 在共阳极数码管使用中，若要是仅显示小数点，则其相应的字形码是（　　）。

A. 0x80　　　　　　　　　　　　　B. 0x10

C. 0x40　　　　　　　　　　　　　D. 0x7F

10. 按键开关的结构通常是机械弹性元件，在按键按下和断开时，触点在闭合和断开瞬间会产生接触不稳定，为消除抖动不良后果常采用的方法有（　　）。

A. 硬件去抖动　　　　　　　　　　B. 软件去抖动

C. 硬、软件两种方法　　　　　　　D. 单稳态电路去抖方法

二、填空题

1. 单片机应用系统是由_____和_____组成的。

2. 51 单片机的_____和_____引脚是晶振引脚。

3. 当振荡脉冲频率为 12 MHz 时，一个机器周期为_____；当振荡脉冲为 6 MHz 时，一个机器周期为_____。

4. 单片机的复位分为_____和_____。

5. 51 单片机的中断源有_____、_____、_____、定时/计数器 1、串行口中断。

6. 单片机的应用程序一般存放在_____中。

7. 一个 C 语言程序有且仅有一个_____函数。

8. while 语句和 do-while 语句的区别在于：_____语句是先执行，后判断；而_____语句是先判断，后执行。

下篇

基于 STM32 单片机的物联网系统设计

物联网应用除了通信环节还有物联网终端节点。物联网终端节点有一定的计算能力和感知能力，还有一部分具有执行能力。物联网终端设备一般由通信接口、传感器、MCU 以及执行器组成。如果把物联网终端设备比喻成一个人，通信接口就相当于嘴巴，主要作用是信息沟通与交流，而物联网的通信方式主要是无线传输，当然也会有有线传输，这得要看具体的应用场景。传感器就相当于人的耳朵、眼睛、鼻子、舌头这些感知器官，用来接收和感应外界变化的刺激，而物联网所使用的传感器包括电、光、声、气等各种不同的类型。执行器相当于人的四肢，接收 MCU 传来的指令，然后根据 MCU 的命令来执行具体任务。物联网应用中的执行器一般是开关、按钮、继电器以及电动机等。

MCU 是物联网终端节点最重要的一部分，相当于人的大脑，控制着执行器、通信接口、传感器。MCU 的工作方式是：一边接收传感器收集的信息，并上传至云端；一边还要接收云端的信息指令，再根据指令对执行器进行控制。MCU 就是平时常说的单片机，MCU 微控制单元又叫单片微型计算机或者单片机，是进行嵌入式开发的核心部件。而嵌入式系统是一个很广泛的概念，主要是相对于计算机而言，是一种功耗受限、尺寸受限的特殊类型计算机，小到智能手环、大到智能手机，都可以统称为是嵌入式开发系统。

物联网终端节点就是一种嵌入式系统，只不过嵌入式系统不一定要有通信能力，不要求一定要接入网络，这是两者的最大区别。随着技术的进步，2005 年 ARM 公司正式推出 Cortex-M3 芯片。Cortex-M3 拥有更高处理能力且价格比 51 单片机还低。目前基于 Cortex-M 系列 ARM 内核的 MCU 已经逐渐在应用中取代了 51 单片机。所以了解和掌握 STM 单片机的应用，有利于进行物联网系统设计。本篇主要介绍 SMT32 单片机在智能安防、智慧交通、智慧农业和智慧医疗等方面的应用实例。

<table>
<tr><td>项目 3</td><td>智能安防——室内环境监测系统单片机模块设计</td></tr>
</table>

项目目标

- 各种不同种类传感器模块的具体应用。
- STM32 单片机在安防系统中的应用。
- STM32 单片机的时钟和中断系统。
- 软件系统的安装和工程的建立。
- 基于 STM32 单片机的智能安防系统。

智能安防采用多项先进技术，如物联网、大数据、人工智能等，以提高区域治安管理，有效调度城市安全管理资源为主要目的。近年来，国内的安防市场一直保持着增长的趋势，智能化成为安防行业的大势所在。

智能安防的运用范围已经得到非常广泛的应用，深入群众的周边生活，如城市智能安防系统、社区智能安防系统以及家庭智能安防系统等多个方面。

（1）在住宅中应用的智能安防　家庭智能安防系统采用微型传感器、无线电控制技术等多项技术综合运用，可以实现报警联动、紧急求助、管理显示、预设报警以及布防撤防的功能，通过家居摄像头进行联动防控使用，形成一个物联网安全管理。常见家庭智能安防系统架构如图 3-1 所示。

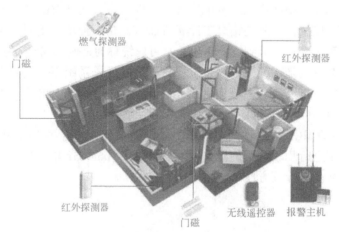

图 3-1　家庭智能安防系统架构

（2）在社区中应用的智能安防　智能安防社区解决了曾经需要高人力成本的管理方法以

及难以解决的安防问题，主要运用 AI 人脸识别、视频分析、组网管理、车辆引导等技术来实现小区治安管理以及车辆出入管理。识别陌生人以及陌生人进出记录，这些交给设备器来做，识别迅速，准确。安保人员只需要根据图像信息，对陌生人进行拦截。一旦出现尾随业主进入小区的情况发生，设备即时的联动声光报警器，保安亭自动获取闯入人员信息，进行拦截处理，使得危险无处遁形。

社区内，一旦出现犯罪嫌疑人，设备会联动报警系统，提供抓拍信息以及地址信息给警方，快速准确抓获犯罪嫌疑人，提升破案的效率，保证地方安全管制水平。从而保障社区业主的生命安全以及财产安全，有效地管控社区陌生人员流动，做到将危险隔绝于门外。常见社区智能安防系统架构如图 3-2 所示。

（3）在城市中应用的智能安防　智能安防城市系统主要包括智能视频分析系统、智能交通系统、智慧城市智能监控系统等多项技术系统综合一体应用，以有效地调度城市管理资源为目的，打造出智慧平安城市。

图 3-2　社区智能安防系统架构

目前智能安防系统的应用场合非常广泛，不仅应用在城市、社区、住宅上，还更多应用在学校、电厂、大型展会等进出管理上。主要的目标是做好安全的第一道防线，将危险隔绝于门外，做到未雨绸缪，防患于未然。

随着人们对安全意识的提高，以及经济生活水平的提高，人们往往会在家门口以及玄关车库等重要位置进行安装监控系统。以前主要是安装摄像头，但是摄像头有一定的限制性。而智能安防系统，可以更好地监测动向，及时解除一些隐患，从而提高家庭的安全等级。常见城市智慧安防系统架构如图 3-3 所示。

图 3-3　城市智慧安防系统架构

智慧安防系统主要由四大子系统构成。

1）报警系统。家庭安防报警系统常用室外三鉴探测感应，即由一台报警主机和多个三鉴探测器组成，拥有红外、微波感应、智能逻辑分析等三重感应防护，并可与照明等智能控制系统联动。

① 地埋式周界报警探测器：是一种室外周界入侵报警系统，该系统埋在周界围墙或围栏旁的草坪中，隐蔽式安装可不受地形限制，同时不影响美观，入侵者在毫不知情的情况下就会被探测到，并发出报警信号。

② 脉冲式电子围栏：是一种智能型周界阻挡报警系统，相当于在周界围墙上形成一道"有形"的电子屏障，增加了围墙高度，使外人无法入侵。

2）高清网络数字监控系统。高清网络数字监控系统由一台网络高清硬盘录像机和多个高清数字摄像机组成，主要是在别墅等四周安放多台高清数字红外夜视功能摄像机，配置地感线圈，实现自动追踪和自动报警，安全可靠、美观大方。该系统拥有高清像素和红外夜视功能，可通过远程实时监控家中画面或进行图像回放，并可与照明等智能控制系统联动。

3）电动防盗卷帘系统。与不锈钢防盗栅栏相比，电动防盗卷帘更受别墅消费者喜爱。这是因为电动防盗卷帘具备可收放的特点，美观度及安全性大大高于其他同类产品。采用电动机自锁功能和精巧的隐形锁设计，从外部无法打开，而且高强度的帘片能抵抗外部冲击力，给居室增添一份安宁的同时，也保留了与外界的通道，避免了在紧急情况时，如火灾逃生及救援通道的问题。与家庭智能安全防范系统联动，坚固守卫家庭财产安全。

4）自动识别系统。

自动识别系统在别墅家庭中应用较广泛的主要有：人脸面部识别、可视对讲和车辆自动识别。

① 人脸面部识别：主要是通过人脸识别门禁一体机采集家人的脸部信息，运用生物识别算法，以人脸特征作为识别的依据，进行准确的人员身份识别及通行权限，从而保护家庭的隐私及安全。

② 可视对讲：是高端住宅中不可缺少的标配之一，主要用于来访人员与主人进行双向视频通话，达到图像、语音双重识别并联动开门系统。

③ 车辆自动识别：当车辆行驶至家门口时，庭院大门自动识别打开，对应车库门也随即打开，以便车辆进入院内。

本项目内容将主要针对家庭安防系统中所涉及的火焰传感器、烟雾传感器和振动传感器场景进行介绍、分析、设计和实践。

 任务 3.1 模拟智能安防火焰传感器模块设计

本任务以家庭安防中常见的火焰传感器模块设计为依据，通过以 STM32 单片机为基础来设计一个火焰传感器的监测控制系统。该系统监测到火焰时，LED 亮起，起到警示作用。同时介绍 STM32 单片机相关知识，使用 Keil C51 软件、Proteus 软件和开发板的形式来完成该设计。

◉ **任务描述**

1. 任务目的及要求

- 了解传感器模块在安防系统中的应用。
- 了解火焰传感器的工作原理及应用。
- 熟练使用单片机开发平台及设备进行相关实验。
- 熟练使用仿真软件进行电路仿真实现。

2. 任务设备

- 硬件：PC、传感器模块。
- 软件：Keil MDK 软件、Proteus ISIS 软件。

相关知识

3.1.1　火焰传感器工作原理

1. 火焰传感器原理

火焰是由各种燃烧生成物、中间物、高温气体、碳氢物质以及无机物质为主体的高温固体微粒构成的。火焰的热辐射具有离散光谱的气体辐射和连续光谱的固体辐射。不同燃烧物的火焰辐射强度、波长分布有所差异，但总体来说，其对应火焰温度的 $1\sim2\,\mu m$ 近红外波长域具有最大的辐射强度。例如汽油燃烧时的火焰辐射强度的波长。

远红外火焰传感器可以用来探测火源或其他波长在 700~1000 nm 范围内的热源。在机器人比赛中，远红外火焰探头起着非常重要的作用，它可以用作机器人的眼睛来寻找火源或足球。利用它可以制作灭火机器人、足球机器人等。

远红外火焰传感器能够探测到波长在 760~1100 nm 范围内的红外光，探测角度为 60°，其中红外光波长在 880 nm 附近时，其灵敏度达到最大。远红外火焰探头将外界红外光的强弱变化转化为电流的变化，通过 A/D 转换器反映为 0~255 范围内数值的变化。外界红外光越强，数值越小；红外光越弱，数值越大。对火焰的探测距离：跟灵敏度和火焰强度有关，一般 1 m 以内适用（以打火机火焰测试，0.5 m 内能够触发传感器）。

2. 火焰传感器模块

在设计中，火焰传感器模块可以选用市面上常用的模块。如重庆八城科技有限公司制作的火焰传感器模块可以检测火焰或者波长在 760~1100 nm 范围内的光源，探测角度 60°左右，对火焰光谱特别灵敏。

传感器模块在环境火焰光谱或者光源达不到设定阈值时，DO 口输出低电平，当外界环境火焰光谱或者光源超过设定阈值时，模块 DO 口输出高电平。常见火焰传感器模块结构如图 3-4 所示。

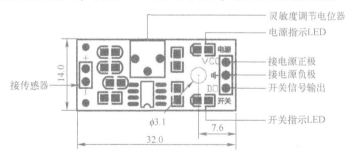

图 3-4　常见火焰传感器模块结构图

3.1.2　STM32 单片机简介

1. STM32 单片机简介

STM32 单片机是意法半导体（ST）公司生产的基于 ARM CortexM3 架构的 32 位精简指令集单片机。STM32 系列专为要求高性能、低成本、低功耗的嵌入式应用设计的 ARM Cortex-M0,

M0+，M3，M4 和 M7 内核。按内核架构分为不同产品。

主流产品有 STM32F0、STM32F1、STM32F3 等，超低功耗产品有 STM32L0、STM32L1、STM32L4、STM32L4+等，高性能产品有 STM32F2、STM32F4、STM32F7、STM32H7 等。

在 STM32F105 和 STM32F107 互连型系列微控制器之前，ST 公司已经推出 STM32 基本型系列、增强型系列、USB 基本型系列、互补型系列；新系列产品沿用增强型系列的 72 MHz 处理频率。内存包括 64 KB 到 256 KB 闪存和 20 KB 到 64 KB 嵌入式 SRAM。新系列采用 LQFP64、LQFP100 和 LFBGA100 三种封装，不同的封装保持引脚排列一致性，结合 STM32 平台的设计理念，开发人员通过选择产品可重新优化功能、存储器、性能和引脚数量，以最小的硬件变化来满足个性化的应用需求。

市面流通的型号有：

基本型：STM32F101R6、STM32F101C8、STM32F101R8、STM32F101V8、STM32F101RB、STM32F101VB。

增强型：STM32F103C8、STM32F103R8、STM32F103V8、STM32F103RB、STM32F103VB、STM32F103VE、STM32F103ZE。

STM32 型号的说明：以 STM32F103RBT6 这个型号的芯片为例，该型号的组成为 7 个部分，其命名规则见表 3-1。

表 3-1　以 STM32F103RBT6 芯片为例的命名规则

序号	代号	说　　明
1	STM32	代表 ARM Cortex-M 内核的 32 位微控制器
2	F	F 代表芯片子系列
3	103	103 代表增强型系列
4	R	这一项代表引脚数，其中 T 代表 36 脚，C 代表 48 脚，R 代表 64 脚，V 代表 100 脚，Z 代表 144 脚，I 代表 176 脚
5	B	这一项代表内嵌 Flash 容量，其中 6 代表 32 KB Flash，8 代表 64 KB Flash，B 代表 128 KB Flash，C 代表 256 KB Flash，D 代表 384 KB Flash，E 代表 512 KB Flash，G 代表 1 MB Flash
6	T	这一项代表封装，其中 H 代表 BGA 封装，T 代表 LQFP 封装，U 代表 VFQFPN 封装
7	6	这一项代表工作温度范围，其中 6 代表-40~85℃，7 代表-40~105℃

这几年国内也出现了很多 ARM 公司授权的基于 ARM Cortex M3 架构的单片机，而且无论是引脚还是程序都完全兼容 STM32，而且价格更便宜。比如纳瓦特的 NV32F100x 单片机、兆易创新的 GD32F1/F2/F4 系列单片机，对于这些型号单片机，有兴趣可以查阅官方提供的资料，这里就不过多描述。

2. STM32F103C8T6 单片机介绍

STM32F103C8T6 的硬件资源有：

1）最高 72 MHz 的工作频率，其运算速度远远高于 51、AVR 和 MSP430 等单片机。

2）高达 64 KB 闪存，20 KB SRAM。

3）3 个通用定时计数器（TIM2/3/4/5）。

4）1 个高级定时计数器（TIM1）。

5）1 个滴答定时计数器。

6）1 个 RTC 实时时钟。

7）1 个独立看门狗定时计数器。

8）1 个窗口看门狗定时计数器。

9）2 个 SPI 通信接口。

10）2 个 I2C 通信接口。

11）3 个 UART 通信接口。

12）1 个全速 USB2.0 接口（仅支持作为 SLAVE 设备）。

13）1 个 CAN 接口（2.0B 主动）。

14）37 个 GPIO 端口。

15）2×10 路 12 位 ADC。

16）7 通道 DMA 控制器。

17）支持 SWD&JTAG 仿真接口。

3. STM32 整体的架构

STM32 整体的架构框图如图 3-5 所示。

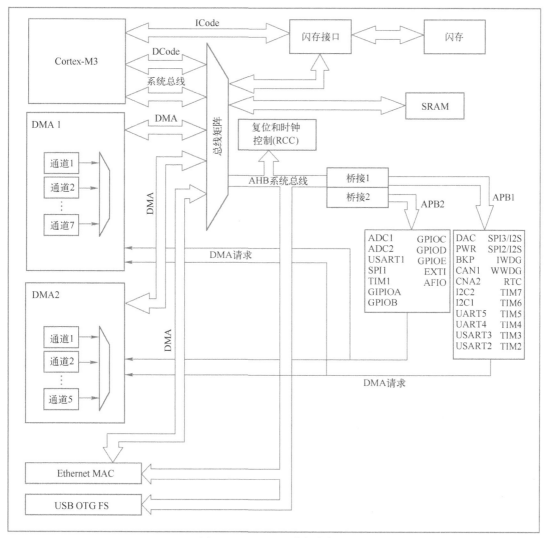

图 3-5 STM32 整体架构框图

通过上图，可以很清晰地看到 STM32 整体的框图结构。重点需要关注在 AHB 总线下的 APB1 和 APB2 上挂载的各个外设。STM32 单片机在开发时要在使用相关外设之前使能该外设的时钟才可以工作，这和常用的 51 单片机操作方式不同。这样用户可以自行控制设备功耗。在使用过程中只开启用到外设的时钟可以降低功耗，若想进一步了解可查阅 STM32F10x 的参考手册。

3.1.3　STM32 单片机时钟系统

因为 STM32 的外设很多，而且不同的外设需要的时钟是不一样的。例如 USB 时钟一般需要 48 MHz，RTC 时钟一般是 32.768 kHz，APB2 总线上的外设最大不超过 72 MHz，APB1 总线外设最大不超过 36 MHz，如何同时满足这些时钟要求呢？显然如果只设计一种时钟是不可以的，于是就有了 STM32 复杂的时钟系统。STM32F10x 的时钟树框图如图 3-6 所示。

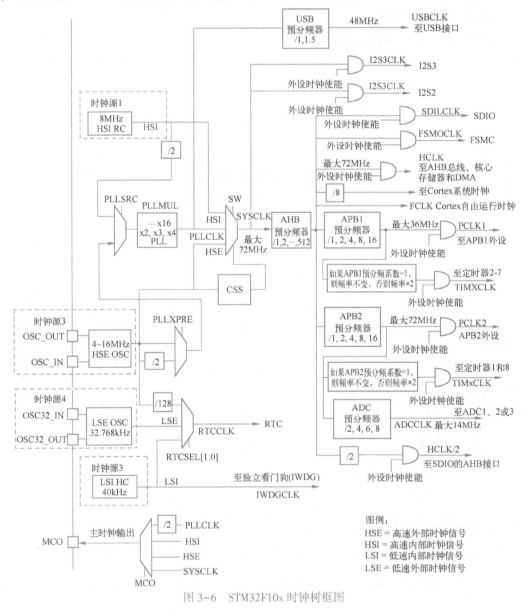

图 3-6　STM32F10x 时钟树框图

1. 时钟系统分类

图 3-6 虚线框是时钟输入，具有产生和调制（倍频/分频）时钟的作用。其余则是时钟信号应用的部分，比如时钟信号经过一系列的分频、倍频最终把时钟信号输出给对应的外设使用。

先来说明时钟输入部分，即 HSE 和 LSE 部分（OSC_OUT、OSC_IN 模块与 OSC32_OUT、OSC32_IN 模块）。STM32 有 4 个时钟源，分别是高速外部时钟源（HSE）、高速内部时钟源（HSI）、低速外部时钟源（LSE）、低速内部时钟源（LSI）。

内部时钟就是单片机内自带的 RC 振荡电路产生的时钟信号，对于时序通信要求不严格的情况下，使用内部时钟可以降低设备成本。但是内部时钟的缺点也很明显，就是温度的变化对它的时钟频率有很大影响。另外，如果使用低速内部时钟为 RTC 提供时钟源，那么不同温度下时间的误差就变得很大了。因此内部时钟一般应用在时序要求不高的场合。

外部时钟与内部时钟相反，外部时钟采用有源或者无源晶振产生稳定的时钟信号，相比于内部 RC 时钟，外部时钟源，温漂不明显，稳定性更好。

STM32 单片机时钟分类说明见表 3-2。

表 3-2　STM32 单片机时钟分类说明

时　钟	说　明
内部和外部时钟源	基础时钟，外部时钟就是晶振（HSE、LSE），内部时钟是 RC 振荡器产生的时钟（HSI、LSI），单片机正常工作必须有一个基础时钟
系统时钟	单片机的主时钟，必须由基础时钟或者 PLL 提供
PLL	锁相环电路，作用是产生低相位噪且频率合适的时钟信号，在 STM32 中主要是对输入的时钟进行倍频以产生更高频率的信号，然后提供给系统时钟，PLL 的输入只能由基础时钟提供
外设时钟	定时器、UART、GPIO、USB 等外设的工作时钟，必须由系统时钟提供，且不会高于系统时钟频率
时钟输出	STM32 可以对外输出时钟，为其他设备提供时钟
RTC 时钟	实时时钟，RTC 实际上是一个特殊的外设，因为它的时钟是独立的，并不是由系统时钟提供，只能由基础时钟提供

2. 时钟配置流程

STM32F10x 时钟的配置有很多种方式，如果 HSE 存在，那么可以使用 HSE 作为 PLL 输入，也可以不使用，还可以将 HSE 128 分频作为 RTC 时钟；当 HSE 不存在时，可以直接把 HSI 作为系统主时钟（8 MHz），也可以将 HSI 作为 PLL 的输入，但此时 PLL 的最大输出为 64 MHz。LSE 存在时，可以将 LSE 作为 RTC 时钟，也可以将 LSI 作为 RTC 时钟，看门狗的时钟只能是 LSI（40 kHz 左右）。STM32F10x 系统主时钟及总线时钟配置流程如图 3-7 所示。

注意事项：

1）任意时钟倍频或者分频系数必须在该时钟未使能之前修改，例如 PLL 倍频系数，当 PLL 时钟使能后，该倍频系数被锁定，无法修改，必须先使能 PLL，再修改参数，其他时钟亦是如此。

2）PLL 时钟、RTC 时钟、系统时钟源切换时，只有当目标时钟就绪时才会切换，否则无法切换。一旦某个时钟源被确定，除非复位，该时钟源不会被停止。

在使用 STM32 单片机进行时钟配置时只须按照上述流程进行配置即可。实际上也就需要配置以下两个寄存器即可，即 Clock Control Register（RCC_CR）和 Clock Configuration Register（RCC_CFGR）。

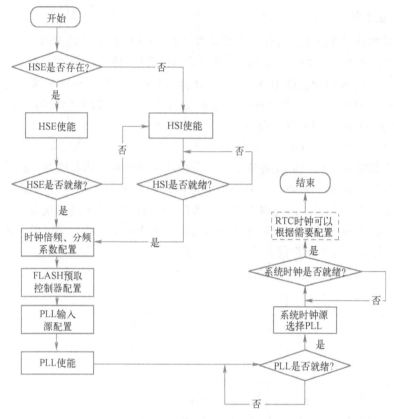

图 3-7　系统主时钟及总线时钟配置流程

3.1.4　STM32 单片机的 GPIO

GPIO（General Purpose Input Output）是通用输入/输出端口的简称，可以通过软件来控制其输入和输出。这种控制方式与常见的 51 单片机不同。在开始学习 GPIO 相关知识之前，首先来了解两个概念：端口复用和重映射。

1. GPIO 的输入/输出功能

STM32 的外设功能十分的丰富，有各类通信的接口（UART、SPI、I^2C 等），也有 ADC、PWM 输出等，这些都必须通过 I/O 口来实现功能，因此这里就涉及端口复用概念。学习者可以通过软件来设置使用哪种外设。复用的概念解决了外设数量与单片机引脚数量不一致所导致的问题。

比如一个 I/O 口可以被很多外设复用，那么如果此时想要使用 PCB13 作为 I/O 用，同时又想使用 UART3_CTS 功能怎么办？这里就需要用到端口重映射。端口重映射即通过软件可以设置某个具有重映射功能的外设，即由 A 引脚映射到 B 引脚（假设此时 B 引脚没有用到），通过这种机制就解决了多种外设同时使用同一引脚时所引起的冲突问题。

STM32 每个 GPIO 端口有两个 32 位配置寄存器（GPIOx_CRL，GPIOx_CRH），两个 32 位数据寄存器（GPIOx_IDR 和 GPIOx_ODR），一个 32 位置位/复位寄存器（GPIOx_BSRR），一个 16 位复位寄存器（GPIOx_BRR）和一个 32 位锁定寄存器（GPIOx_LCKR）。它们可以通过软件配置寄存器来指定 GPIO 的输入/输出功能，常用 GPIO 功能如下：

输入浮空→输入上拉→输入下拉→模拟输入→开漏输出→推挽式输出→推挽式复用功能→

开漏复用功能

STM32 GPIO 结构如图 3-8 所示。

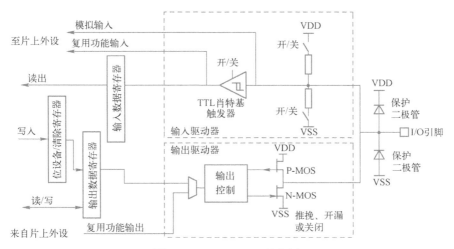

图 3-8 STM32 GPIO 结构图

接下来根据图 3-8 来讲解一下各个输入/输出配置的信号流向。

（1）浮空输入 浮空输入是指既不上拉到 VDD 也不上拉到 VSS，此时它是"浮空"的，因此状态是不确定的，这就需要外部电路来给它一个状态，比如外部高电平或者低电平，在使用定时器的输入捕获功能时就需要将 I/O 设置为浮空输入，那么可以保证单片机收到的电平状态一定就是来自于外部的电平信号，如图 3-9 所示。

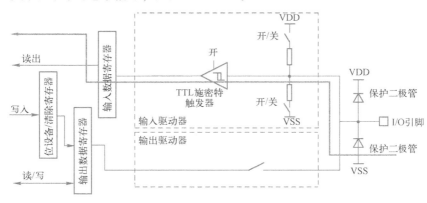

图 3-9 STM32 浮空输入

（2）模拟输入 模拟输入其实也是浮空输入，只不过没有通过 TTL 施密特触发器，此时得到流入引脚的是模拟信号，而不是数字信号，如图 3-10 所示。

（3）上/下拉输入 上/下拉输入合并到一起讲解。上拉就是通过电阻将引脚拉到 VCC，空闲状态一直是高电平，程序读取到的数据为 1，反之下拉读取到的为 0，如图 3-11 所示。

（4）推挽输出 当某个引脚的输出寄存器设置位为 1 时，对应 PMOS 导通，N-MOS 截止，I/O 口输出高电平，此时引脚向外输出电流（拉电流），当输出寄存器位为 0，则对应 P-MOS 截止，N-MOS 导通，此时引脚等效于接到单片机的地，电流由外部电路流入单片机（灌电流），但是在电路设计的时候要保证每个 I/O 口拉/灌电流不要超过 25 mA 且流过单片机的电流不要大于 150 mA，否则会减损单片机寿命，如图 3-12 所示。

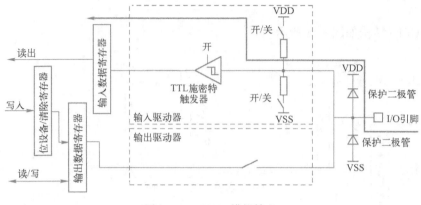

图 3-10　STM32 模拟输入

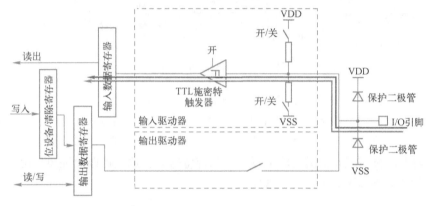

图 3-11　STM32 上/下拉输入

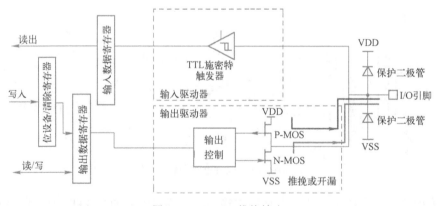

图 3-12　STM32 推挽输出

（5）开漏输出　开漏指的是集电极开漏，也就是说集电极悬空，那么此时需要外部的上拉电阻来连接 I/O 口。P0 端口需要连接上拉电阻，原因就是 P0 的 8 个 I/O 口都是集电极开漏输出的，集电极开漏的好处在于，用户可以通过更改外部上拉电阻来自定义拉电流，提高 I/O 口驱动能力（此时要考虑当 N-MOS 导通时灌电流是否超过最大值），另外也可以通过集电极开漏输出做电平匹配，比如现在想通过 STM32 和一个 2.8 V 的元器件通信，那么完全可以将电阻上拉到 2.8 V，除此之外，还可以将多个集电极开漏输出的 I/O 通过共用一个上拉电阻的方式来实现与运算功能，如图 3-13 所示。

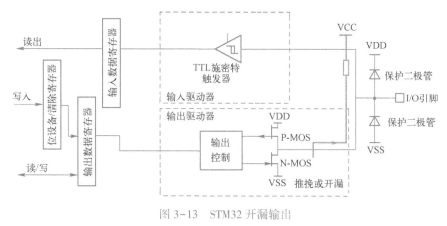

图 3-13 STM32 开漏输出

2. GPIO 寄存器

接下来介绍本例用到的 GPIO 寄存器。

（1）GPIO 的端口配置寄存器（GPIOx_CRL/GPIOx_CRH） STM32 的每个 I/O 口对应 4 位寄存器，低 32 位用于设置 I/O 口输入还是输出以及输出的速度，高 32 位用于设置对应输入或输出模式下的更具体的工作模式。端口配置寄存器如图 3-14 和图 3-15 所示。

31	30	29	28	27	26	25	24	23	22	21	20	19	18	17	16
CNF7[1:0]		MODE7[1:0]		CNF6[1:0]		MODE6[1:0]		CNF5[1:0]		MODE5[1:0]		CNF4[1:0]		MODE4[1:0]	
rw	rw	rw	rw	rw	rw	rw	rw	rw	rw	rw	rw	rw	rw	rw	rw

15	14	13	12	11	10	9	8	7	6	5	4	3	2	1	0
CNF3[1:0]		MODE3[1:0]		CNF2[1:0]		MODE2[1:0]		CNF1[1:0]		MODE1[1:0]		CNF0[1:0]		MODE0[1:0]	
rw	rw	rw	rw	rw	rw	rw	rw	rw	rw	rw	rw	rw	rw	rw	rw

位	
31:30 27:26 23:22 19:18 15:14 11:10 7:6 3:2	CNFy[1:0]：端口x配置位y(y=0…7)(Port x configuration bits) 软件通过这些位配置相应的I/O口 在输入模式(MODE[1:0]=00)： 00：模拟输入模式 01：浮空输入模式(复位后的状态) 10：上位/下拉输入模式 11：保留 在输出模式(MODE[1:0]>00)： 00：通用推挽输出模式 01：通用开漏输出模式 10：复用功能推挽输出模式 11：复用功能开漏输出模式
位 29:28 25:24 21:20 17:16 13:12 9:8、5:4 1:0	MODEy[1:0]：端口x配置位y(y=0…7)(Port x mode bits) 软件通过这些位配置相应的I/O口 00：输入模式(复位后的状态) 01：输出模式，最大速度10MHz 10：输出模式，最大速度2MHz 11：输出模式，最大速度50MHz

图 3-14 端口配置寄存器低 32 位

（2）GPIO 端口数据寄存器（GPIOx_IDR/GPIOx_ODR） 端口数据输入和输出寄存器如图 3-16 和图 3-17 所示。

31	30	29	28	27	26	25	24	23	22	21	20	19	18	17	16
CNF15[1:0]		MODE15[1:0]		CNF14[1:0]		MODE14[1:0]		CNF13[1:0]		MODE13[1:0]		CNF12[1:0]		MODE12[1:0]	
rw	rw	rw	rw	rw	rw	rw	rw	rw	rw	rw	rw	rw	rw	rw	rw

15	14	13	12	11	10	9	8	7	6	5	4	3	2	1	0
CNF11[1:0]		MODE11[1:0]		CNF10[1:0]		MODE10[1:0]		CNF9[1:0]		MODE9[1:0]		CNF8[1:0]		MODE8[1:0]	
rw	rw	rw	rw	rw	rw	rw	rw	rw	rw	rw	rw	rw	rw	rw	rw

位	
位 31:30 27:26 23:22 19:18 15:14 11:10 7:6 3:2	CNFy[1:0]：端口x配置位y(y=8…15)(Port x configuration bits) 软件通过这些位配置相应的I/O口 在输入模式(MODE[1:0]=00)： 00：模拟输入模式 01：浮空输入模式(复位后的状态) 10：上位/下拉输入模式 11：保留 在输出模式(MODE[1:0]>00)： 00：通用推挽输出模式 01：通用开漏输出模式 10：复用功能推挽输出模式 11：复用功能开漏输出模式
位 9:28 25:24 21:20 17:16 13:12 9:8, 5:4 1:0	MODEy[1:0]：端口x配置位y(y=8…15)(Port x mode bits) 软件通过这些位配置相应的I/O口 00：输入模式(复位后的状态) 01：输出模式，最大速度10MHz 10：输出模式，最大速度2MHz 11：输出模式，最大速度50MHz

图 3-15 端口配置寄存器高 32 位

31	30	29	28	27	26	25	24	23	22	21	20	19	18	17	16
保留															

15	14	13	12	11	10	9	8	7	6	5	4	3	2	1	0
IDR15	IDR14	IDR13	IDR12	IDR11	IDR10	IDR9	IDR8	IDR7	IDR6	IDR5	IDR4	IDR3	IDR2	IDR1	IDR0
r	r	r	r	r	r	r	r	r	r	r	r	r	r	r	r

位31:16	保留，始终读为0
位15:0	IDRy[15:0]：端口输入数据(y=0…15)(Port iuput data) 这些位为只读并只能以字(16位)的形式读出。读出的值为对应I/O的状态

图 3-16 端口数据输入寄存器

31	30	29	28	27	26	25	24	23	22	21	20	19	18	17	16
保留															

15	14	13	12	11	10	9	8	7	6	5	4	3	2	1	0
ODR15	ODR14	ODR13	ODR12	ODR11	ODR10	ODR9	ODR8	ODR7	ODR6	ODR5	ODR4	ODR3	ODR2	ODR1	ODR0
rw	rw	rw	rw	rw	rw	rw	rw	rw	rw	rw	rw	rw	rw	rw	rw

位31:16	保留，始终读为0
位15:0	ODRy[15:0]：端口输出数据(y=0…15)(Port ouput data) 这些位可读可写并只能以字(16位)的形式操作 注：对GPIOx_BSRR(x=A…E)，可以分别地对各个ODR位进行独立的设置/清除

图 3-17 端口数据输出寄存器

输入寄存器上对应位的值代表此时该位对应的 I/O 引脚的电平状态。输出寄存器对应位的值决定了此时该位对应的 I/O 引脚输出的电平状态。这里可以发现输出寄存器都是以字的形式读写的，不能单独对某一个位进行设置，当然，我们可以先读取此时寄存器的值然后对某一位或者某几位进行位的操作，来达到只设置某一位或某几位的目的。例如：想设置 PA2 输出高电平，有两种方法可以实现（他们等效只不过写法不同）。

GPIO->ODR = GPIOA->ODR|GPIO_Pin_2;
GPIOA->ODR| = GPIO_Pin_2;

设置 PA2 输出低电平，有两种方法可以实现（它们等效只不过写法不同）。

GPIO->ODR = GPIOA->ODR &~GPIO_Pin_2;&
GPIOA->ODR &= ~ GPIO_Pin_2;

上面的不管是设置输出高电平还是低电平，它们的过程都是一样的。

1）读取 GPIOA 的 ODR 寄存器 16 位的值到临时变量。

2）修改临时变量。

3）将临时变量设置的值以字（16 位）为单位一次性写入到 GPIOA 的 ODR。

这就涉及读—改—写 3 个过程，假设此时设置 PA2 为 1，当执行到流程 1 或者 2 的时候，中断发生了，在中断函数中把 PA2 设置为 0，但是退出中断后，程序继续执行流程 3，也就是它又把 PA2 设置为 1，那么中断就不起作用了。这个问题就出在了对 ODR 设置的时间过长，因此 ST 提供了端口位设置/清除寄存器。

（3）端口位设置/清除寄存器（GPIO-BSRR/GPIO-BRR）有了位设置/清除寄存器，对 I/O 引脚输出状态的设置就会在单写入周期完成，没有读—改的过程，因此操作就更加安全。一般对 BSRR 或者 BRR 进行设置时仅用一条语句，即 GPIOA->BSRR = 0x02;

另外一个寄存器就是端口配置锁定寄存器（GPIOx_LCKR），这里就不做过多讲解了，因为用得不多，这个寄存器的作用就是把当前 GPIO 的设置给锁定，使得在下次单片机复位或者重新上电之前都不能对 GPIO 再进行设置。BSRR 和 BRR 寄存器分别如图 3-18 和图 3-19 所示。

31	30	29	28	27	26	25	24	23	22	21	20	19	18	17	16
BR15	BR14	BR13	BR12	BR11	BR10	BR9	BR8	BR7	BR6	BR5	BR4	BR3	BR2	BR1	BR0
w	w	w	w	w	w	w	w	w	w	w	w	w	w	w	w
15	14	13	12	11	10	9	8	7	6	5	4	3	2	1	0
BR15	BR14	BR13	BR12	BR11	BR10	BR9	BR8	BR7	BR6	BR5	BR4	BR3	BR2	BR1	BR0
w	w	w	w	w	w	w	w	w	w	w	w	w	w	w	w

位31:16	BRy：清除端口x的位y(y=0…15)(Port x Resset bit y) 这些位只能写入并只能以字(16位)的形式操作 0：对对应的ODRy位不产生影响 1：清除对应的ODRy位为0 注：如果同时设置了BSy和BRy的对应位，BSy位起作用
位15:0	BRy：设置端口x的位y(y=0…15)(Port x Set bit y) 这些位只能写入并只能以字(16位)的形式操作 0：对对应的ODRy位不产生影响 1：设置对应的ODRy位为1

图 3-18　BSRR 寄存器

31	30	29	28	27	26	25	24	23	22	21	20	19	18	17	16
保留															

15	14	13	12	11	10	9	8	7	6	5	4	3	2	1	0
BR15	BR14	BR13	BR12	BR11	BR10	BR9	BR8	BR7	BR6	BR5	BR4	BR3	BR2	BR1	BR0
w	w	w	w	w	w	w	w	w	w	w	w	w	w	w	w

位31:16	保留，始终读为0
位15:0	BRy：清除端口x的位y(y=0…15)(Port x Resset bit y)
	这些位只能写入并只能以字(16位)的形式操作
	0：对对应的ODRy位不产生影响
	1：清除对应的ODRy位为0

图 3-19　BRR 寄存器

3.1.5　软件的安装及工程的建立

1. 软件的安装

（1）安装 MDK5.24　MDK（Microcontroller Development Kit）由 ARM 公司出品，是目前针对 ARM 处理器，尤其是 Cortex-M 内核处理器的最佳开发工具。

MDK5 向前兼容 MDK4 和 MDK3 等，以前的项目同样可以在 MDK5 上进行开发（但是头文件方面得全部自定义添加）。MDK5 同时加强了针对 Cortex-M 微控制器开发的支持，并且对传统的开发模式和界面进行升级。MDK5 由两个部分组成：MDK 工具和软件包。其中，Software Packs 可以独立于工具链进行新芯片支持和中间库的升级，如图 3-20 所示。

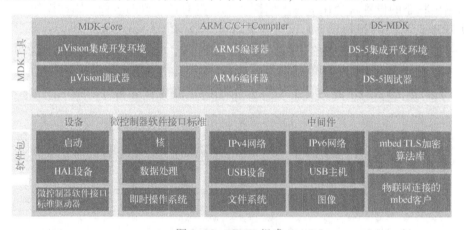

图 3-20　MDK5 组成

从图 3-20 可以看出，MDK 工具又分成 3 个部分：MDK-Core、ARMC/C++ Compiler、DS-MDK。MDK-Core 是基于 μVision 集成开发环境和调试器，主要支持 Cortex-M 和新的 ARM V8-M 架构。ARMC/C++ Compiler 包括两个编译器，带有汇编器、连接器以及专为优化代码大小和性能的高度优化的运行时库。DS-MDK 包括基于 eclipse 的 DS-5 集成开发环境和调试器，支持 32 位 ARM Cortex-A 处理器和广泛的系统（32 位 ARM Cortex-A 和 Cortex-M）。

软件包（Software Packs）又分为：Device（设备），CMSIS（ARM Cortex 微控制器软件接口标准）和 Middleware（中间件）3 个部分。软件包可以随时添加到 MDK 的核心或 ds-mdk 以保证对新设备的支持和使中间件独立于工具链的更新，包括设备支持、CMSIS 库、中间件、板支持、代码模板以及例程。IPv4/IPv6 通信协议栈也扩展了支持 ARM ®mbed™ 软件部分，使物联网应用得以实现。

在开始开发之前必须先要搭建好集成开发环境（IDE），支持 STM32 编程的 IDE 有很多，目前国内使用人数最多的就是 KEIL 公司出品的 KEIL MDK。在开发之前要先安装 MDK，按照提示安装 MDK-ARM V5.24，如图 3-21 所示。

（2）安装芯片支持包　由于刚刚安装过 MDK，所以芯片支持包默认的打开方式就是 MDK，因此直接双击支持包即可，如图 3-22 所示。

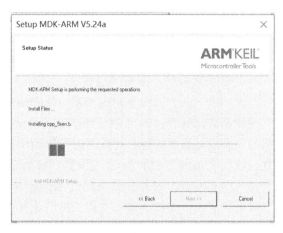

图 3-21　安装 MDK 5.24 流程

图 3-22　安装芯片支持包流程

2. 工程的建立

（1）常见工程目录结构　工程的概念用于将与该工程相关的文件管理起来，可以宏观的管理、修改、查看工程内的文件以及内容。常见工程结构示例如图 3-23 所示。在新建工程之前，先讲解一下常见的工程目录结构。

LED 工程分为 5 个目录管理。

1）USR。该目录下存放用于实现用户逻辑的代码以及 main() 函数，它实现整个项目逻辑功能。

2）DRIVER。该目录存放供 USR 目录中的业务逻辑函数调用的各个硬件功能模块的接口函数，例如 LED 驱动、按键等。

3）STLibraries 目录。该目录下存放的就是第 5 章讲到 STM32 外设的标准库文件。

图 3-23　常见工程结构示例

4）CMSIS 目录。该目录存放的是第 5 章讲到的 ARM Cortex M3 内核外设的库文件。

5）DOC 目录。该目录存放一个 txt 文本文件，不参与工程编译，只是用于记录开发过程中的日志，比如版本号，或者在何时做了哪种更改。

（2）工程分层 下面用图 3-24 来加深对工程目录的理解。

图 3-24 工程分层图

图中由下向上依次是调用关系，从图中可以看出在 DRIVER 层实现的函数都是通过调用 ST 标准库提供的函数接口来操作硬件的。另外三方库是指要实现一些功能时可以使用现有的封装好的库来实现，比如 USB 库、LCD 显示二维码、虚拟示波器等，但是在大多数例程中是没有用到的。最顶层的用户层（USR），用来调用比它层级低的层级，提供接口来实现工程的业务逻辑代码，换句话说 USR 层用于实现项目要求。

（3）新建工程 使用 Keil C51 软件来进行工程的建立。工程的建立步骤与前述使用 C51 单片机来建立工程的过程相似。

1）启动 KEIL MDK 软件，在"Project"菜单栏下选择"New μVision Project"命令，新建工程文件，在弹出的对话框中输入文件名并保存，如图 3-25 所示。

图 3-25 新建工程示例

2）选择单片机。在项目保存完毕之后自动弹出"Select Device for Target'Target1'"（目标芯片选择）窗口，选择使用的单片机芯片类型，如图 3-26 所示。

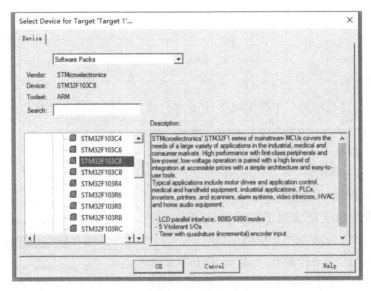

图 3-26 选择单片机芯片类型

选中并确认之后，会弹出软件包管理界面，如图 3-27 所示。此时可以选择对应外设库添加到工程，这也是新版本 MDK 的特色，但是这里不采用这种方法添加外设库文件，目的是想兼容 4.x 版本的操作方式，这一步单击"取消"按钮。

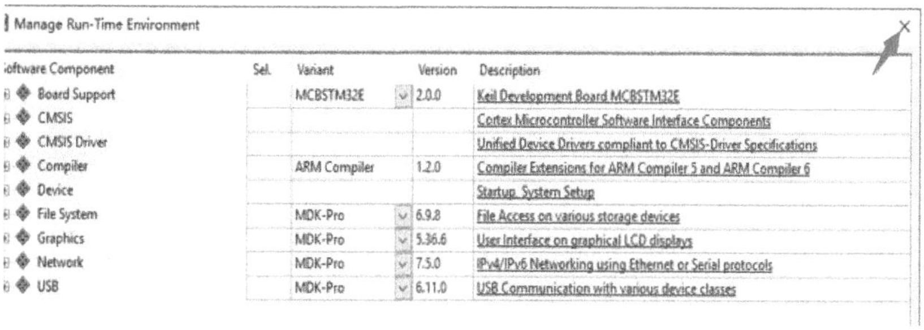

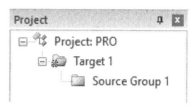

图 3-27　软件包管理界面

最终得到的默认工程如图 3-28 所示。

3）建立工程目录并添加文件。

在软件界面中，单击图 3-29 中箭头所指按钮，它的作用是用于管理工程当中的各个成员，得到结果如下：

从左到右依次是工程名、工程目录，以及对应目录下的文件。按照图 3-30 所示方式新建各个目录并添加文件，如图 3-31。

图 3-28　默认工程

图 3-29　工程管理设置

图 3-30　设置工程成员

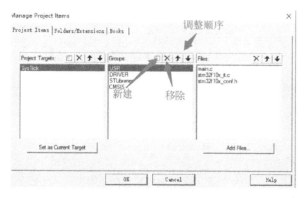

图 3-31　向工程中添加项目目录

此时得到没有文件的工程目录，接下来新建文件，然后添加到对应目录。

使用快捷键〈Ctrl+N〉新建一个文件，然后按〈Ctrl+S〉键保存到对应文件夹内。但是此时文件并没有添加到工程目录当中去，可以双击某个目录选择添加的文件，或者再次单击🖳图标来添加文件，最后文件添加结果如图 3-32 所示。

4）设置工程参数。在 Keil MDK 软件界面中打开（魔术棒）图标，按照图 3-33 进行设置。

此时看到在"Options for Target'LED'"窗口中，在"C/C++"选项卡中的"Define"项。这个是全局的预处理宏定义，它等效于在文件中进行#define 宏定义，这两个宏定义都有其自身含义。

STM32F10X_MD：因为 ST 提供的一套标准库并不是针对某一具体芯片型号开发的，而是适用于所有 STM32F10x

图 3-32　向工程目录中添加文件

系列的单片机，由于 STM32F10x 系列单片机不同型号之间的外设种类和数量不同，所以在具体应用中必须要开发者指定用的是哪一款具体型号的单片机，这也是这个宏定义的意义。当然也可以在文件中定义这个宏，根据使用的单片机类型来参考如下操作（位于 stm32f10x.h 文件中），如图 3-34 所示。

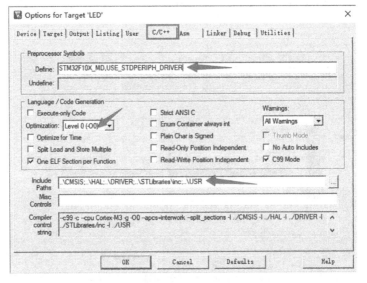

图 3-33　配置工程

```
65 ⊟#if !defined (STM32F10X_LD) && !defined (STM32F10X_LD_VL) && !defined (STM32F10X_MD) && !defined (STM32F10X_MD_VL)
66    /* #define STM32F10X_LD */     /*!< STM32F10X_LD: STM32 Low density devices */
67    /* #define STM32F10X_LD_VL */  /*!< STM32F10X_LD_VL: STM32 Low density Value Line devices */
68    #define STM32F10X_MD     /*!< STM32F10X_MD: STM32 Medium density devices */
69    /* #define STM32F10X_MD_VL */  /*!< STM32F10X_MD_VL: STM32 Medium density Value Line devices */
70    /* #define STM32F10X_HD */     /*!< STM32F10X_HD: STM32 High density devices */
71    /* #define STM32F10X_HD_VL */  /*!< STM32F10X_HD_VL: STM32 High density value line devices */
72    /* #define STM32F10X_XL */     /*!< STM32F10X_XL: STM32 XL-density devices */
73    /* #define STM32F10X_CL */     /*!< STM32F10X_CL: STM32 Connectivity line devices */
```

图 3-34　对应单片机选择的宏定义

想用哪个就取消掉哪个的注释即可。

USE_STDPERIPH_DRIVER：它的作用是可以让开发者配置使用的标准库外设，如图 3-35 所示（位于 stm32f10x.h 文件中）。

stm32f10x_conf.h 用于选择此时项目依赖的外设，这样做的好处是，在各个外设驱动文件中直接包含 stm32f10x.h 即可，无须再包含对应外设的头文件，比如：stm32f10x_gpio.h，stm32f10x_rcc.h 等。同样也可以在文件中自行实现。

只要把这一行注释取消即可，如图 3-36 所示。

图 3-35　预定义讲解（一）　　　　　　　图 3-36　预定义讲解（二）

此时再来观察在 "Options for Target'LED'" 窗口中，"C/C++" 选项卡中的 "Optimization" 选项。一般情况下保持默认即可，它用于设置程序编译时的优化程度，程序优化程度越高，代码量越小，执行速度也越快。"Include Paths" 选项用于设置程序编译时头文件的路径，这么做的好处是无须在包含头文件时把很长的头文件路径也包含进去，换句话说，编译器编译时需要的头文件会到指定路径的目录中去查找（本质就是更改 Makefile 文件）。比如图 3-37 添加的目录。

5）编写程序然后编译生成目标文件。

在 Keil MDK 软件操作界面上，最常用的工具栏按钮如图 3-38 所示。

图 3-37　添加头文件路径目录　　　　　　图 3-38　编译工具栏按钮

从左到右依次是编译、构建工程（链接）、重新构建工程（重新链接），对不同目标工程进行编译链接操作（不常用）。最右面的是将二进制文件烧录到单片机中。这里需要注意的是没有必要先单击编译图标，再单击链接图标，在单击链接图标时会判断在此之前是否进行过编译，如果没有就先编译再链接，如果有，则直接链接。另外重新链接和链接的区别在于：如果对程序做了改动并且之前编译链接过，那么此时单击链接图标会链接更快一些，因为它只编译链接了改动部分，而重新链接则是将所有部分都编译链接一遍，时间自然就会长一点。在平时开发时不会细分，单击链接图标即可，没有错误再进行烧录。另外想要编译后生成 HEX 文件，可以单击魔术棒图标，然后按照如图 3-39 所示操作。

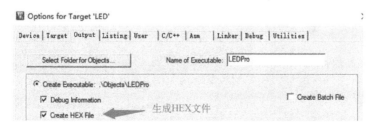

图 3-39　设置生成 HEX 文件

如果希望 MDK 有代码补全功能，则必须先编译工程，所以更推荐用 VSCODE 进行代码编辑，界面友好、效率更高。到这里新建工程的任务就结束了。

6）STM32 程序下载设置。

打开已编写完成的例程，编译一遍确保程序可用，如图 3-40 所示。

图 3-40　打开并编译例程

根据图 3-41 所示步骤配置 MDK 的仿真器下载设置。

①单击魔术棒图标；②选择 "Debug" 选项卡；③选择仿真器，这里以 ST-LINK 为例；④单击 "Settings" 按钮进入下一设置界面。

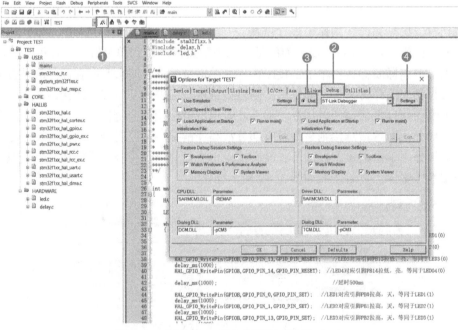

图 3-41　配置 MDK 的仿真器下载设置（一）

按图 3-42 设置：如①方框中选择仿真器的设置，一般 "Port" 设置为 "SW"，频率根据仿真器的版本选择；②单击 "Flash Download" 按钮进入下一个设置界面。

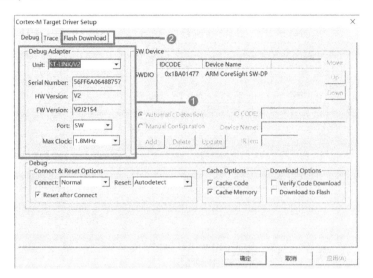

图 3-42 配置 MDK 的仿真器下载设置（二）

按照图 3-43 所示进行参数选择。

①选中图中 3 个选项；②自定义 STM32 芯片类型配置。单击 "确定" 按钮回到上一界面。

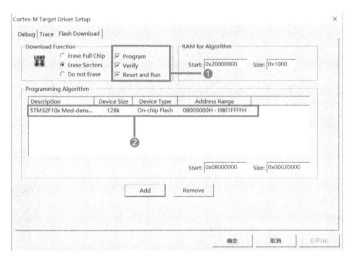

图 3-43 配置 MDK 的仿真器下载设置（三）

按照图 3-44 所示进行参数选择。

①选择 "Utilities" 选项卡；②勾选图中选项，完成后单击 "OK" 按钮，至此仿真器下载设置完成。

程序下载如图 3-45 所示。单击图中①图标，进行程序下载。此程序的下载显示结果如图中②所示。若图中显示未能成功下载程序到开发板，应该检查程序下载的相应设置是否正确，然后再次尝试下载，直至下载成功。

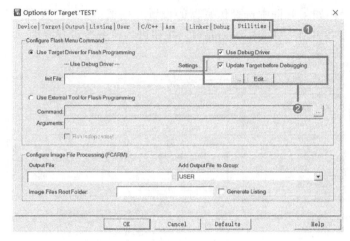

图 3-44　配置 MDK 的仿真器下载设置（四）

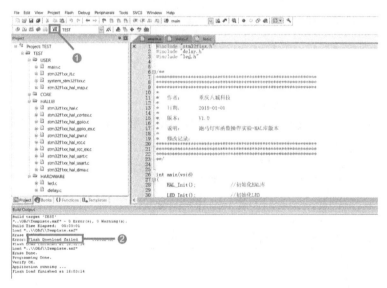

图 3-45　程序下载

任务实施

任务 3.1 任务实施——火焰传感器模块

1. 硬件电路设计

完成任务所需硬件和软件设备见表 3-3。

表 3-3　实验所需要硬件及软件

序号	名　　称	数量	备　　注
1	PC	1 台	PC 安装有 MDK5，ST_LINK 驱动
2	STM32 底座	1 个	
3	火焰传感器模块	1 个	
4	ST_LINK 下载器	1 个	
5	ST_LINK 下载器连接线	1 根	
6	火焰传感器实验代码	1 份	

硬件设计中采用 DXP 软件进行电路图的绘制。Proteus 软件对于 STM 单片机暂不支持仿真。电路设计中由专用的火焰传感器模块电路、A/D 转换电路、STM32 单片机核心电路几部分组成。由 3 个 LED 灯来显示检测到的火焰情况。火焰传感器内部电路图 3-46 所示。

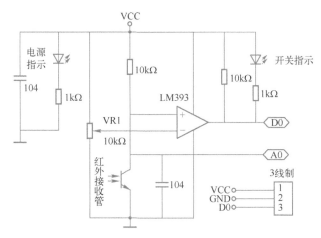

图 3-46　火焰传感器内部电路图

STM32 单片机主控电路如图 3-47 所示。

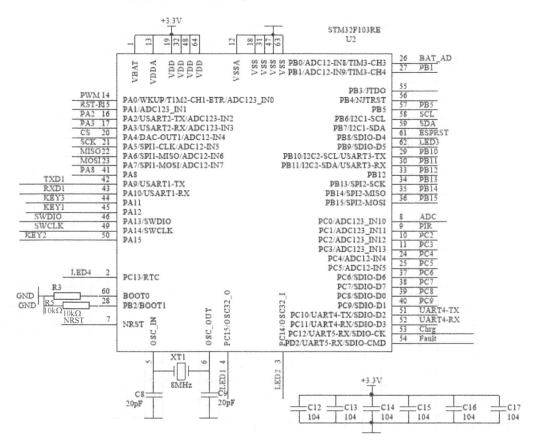

图 3-47　STM32 主控电路部分

2. 软件程序设计

根据硬件电路的设计，程序中需要涉及延时、A/D 转换、USART 通信等模块程序。程序部分的内容较多。工程目录结构如图 3-48 所示。

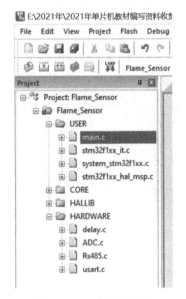

图 3-48　工程目录结构

主函数中初始化完成后，在 while(1)中读取探头检测到的数据，当有小火苗时，底座 LED 灯亮黄色警示；当火苗变大，底座 LED 灯亮红色警示；没有火苗时，底座 LED 灯亮绿色。

主程序如下：

```c
#include "stm32f1xx_hal. h"
#include "stm32f1xx. h"
#include "delay. h"
#include "Rs485. h"
#include "usart. h"
#include "ADC. h"
uint16_t Data_Flam0 = 0,Data_Flam1 = 0;
int main( void)
{
    HAL_Init( );                                    //初始化 HAL 库
ADC_Init( );                                         //初始化 ADC
Rs485_Init( );                                       //初始化 485
UART1_Init( 115200) ;                                //初始化串口 1

while(1)
{
Data_Flam0 = Get_Adc_Average( ADC_CHANNEL_0,20) ;    //获取 PA0 火焰传感器数据
delay_ms(50) ;
Data_Flam1 = Get_Adc_Average( ADC_CHANNEL_1,20) ;    //获取 PA1 火焰传感器数据
delay_ms(50) ;
if( ( Data_Flam0<4050 && Data_Flam0>3800) || ( Data_Flam1<4050 && Data_Flam1>3800) )
    {
        HAL_GPIO_WritePin( GPIOB,GPIO_PIN_4 ,GPIO_PIN_SET) ;
```

```
            HAL_GPIO_WritePin(GPIOB,GPIO_PIN_3 ,GPIO_PIN_RESET);
            HAL_GPIO_WritePin(GPIOA,GPIO_PIN_15,GPIO_PIN_RESET);
        }
    else if(Data_Flam0<3800 || Data_Flam1<3800)
        {
            HAL_GPIO_WritePin(GPIOB,GPIO_PIN_4 ,GPIO_PIN_SET);
            HAL_GPIO_WritePin(GPIOB,GPIO_PIN_3 ,GPIO_PIN_RESET);
            HAL_GPIO_WritePin(GPIOA,GPIO_PIN_15,GPIO_PIN_SET);
        }
    else
        {
            HAL_GPIO_WritePin(GPIOB,GPIO_PIN_4 ,GPIO_PIN_SET);
            HAL_GPIO_WritePin(GPIOB,GPIO_PIN_3 ,GPIO_PIN_SET);
            HAL_GPIO_WritePin(GPIOA,GPIO_PIN_15,GPIO_PIN_RESET);
        }
        }
    }
```

采集数据之后需要用到 A/D 转换，对应这部分的程序为 ADC 程序，具体如下：

```
#ifndef _ADC_H
#define _ADC_H

#include "stm32f1xx_hal. h"
extern void ADC_Init(void);                          //ADC 通道初始化
uint16_t Get_Adc(uint32_t ch);                       //获得某个通道值
uint16_t Get_Adc_Average(uint32_t ch,uint8_t times); //得到某个通道给定次数采样的平均值
#endif
```

接下来进行程序下载设置，按照前述步骤将程序进行编译、仿真器选择、设置、类型配置和调试设置即完成了工程配置，最后回到主界面单击"程序下载"按钮完成程序烧录。此部分步骤参见本节"STM32 程序下载设置"部分即可。这里不再赘述。

3. 任务结果及数据

由于使用 Proteus 软件对 STM 系列芯片还未做到完全兼容，且该软件对 STM32 芯片的软件仿真并不友好。对于 STM32 单片机的实验均采用开发板和实验箱的形式。学习者可以自行选择用何种方式进行实验。下面的实操都采用重庆八成科技有限公司的蜂巢开发板来进行实验。实验步骤如下：

1）将火焰传感器模块安装在 STM32 底座上，如图 3-49 所示。ST_LINK 连接：PC 与火焰传感器模块的 STM32 底座连接下载程序。

2）打开目录：在"火焰传感器模块→火焰传感器模块程序→USER"路径下，找到 Flame_Sensor 工程文件，如图 3-50 所示，双击启动工程。

3）编译工程，如图 3-51 所示，然后将程序下载到安装火焰传感器模块的底座中。

图 3-49 搭建实验硬件平台

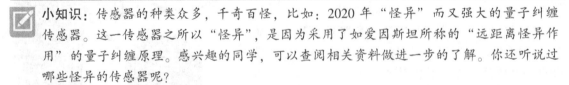

图 3-50　启动工程

图 3-51　编译并下载程序

4）检测到火焰后底座 LED 灯亮起，亮黄灯表示火焰还比较小，红灯亮起时表示火焰较大。

> **小知识：** 传感器的种类众多，千奇百怪，比如：2020 年"怪异"而又强大的量子纠缠传感器。这一传感器之所以"怪异"，是因为采用了如爱因斯坦所称的"远距离怪异作用"的量子纠缠原理。感兴趣的同学，可以查阅相关资料做进一步的了解。你还听说过哪些怪异的传感器呢？

任务 3.2　模拟智能安防的振动传感器模块设计

本任务要求采用 STM32 单片机与振动传感器模块相配合，用以检测环境周围的振动信号。当发生比较剧烈的振动时，发出预警信号。这也是家庭智能安防系统常见的应用场景之一。

任务描述

1. 任务目的及要求

- 了解振动传感器的工作原理和主要功能。
- 熟练使用单片机开发平台及设备进行相关实验。
- 熟练使用仿真软件进行电路仿真实现。

2. 任务设备

- 硬件：PC、振动传感器模块。
- 软件：Keil C51 软件、Proteus ISIS 软件。

相关知识

3.2.1　振动传感器工作原理

1. 振动传感器简介

在智能安防中，环境的检测与预警对家庭安全防护具有重要的作用。当周围环境发生振动时，由振动传感器模块发出警报信号。当发生比较剧烈的振动时，发出预警信号。这也是家庭智能安防系统常见的应用场景之一。

振动传感器，也就是在感应振动力大小将感应结果传递到电路装置，并使电路启动工作的电子开关，俗称为振动开关、滑动开关或晃动开关等，其实这些叫法并不完全正确。业内的叫法一般分开为两大类，弹簧开关与滚珠开关。其实严格上来说，振动开关应该单纯指的是弹簧开关，并不包括滚珠开关。而其他诸如滑动开关、晃动开关等名称，都应该指的是滚珠开关。为了方便，业内一般也就统一将弹簧开关与滚珠开关两大类合称为振动开关。振动开关主要应用于电子玩具、小家电、运动器材以及各类防盗器等产品中。振动开关因为拥有灵活且灵敏的触发性，成为许多电子产品中不可或缺的电子元件。

2. 振动传感器分类

振动开关分为弹簧开关与滚珠开关两大类。两大类开关都有两个比较重要的指标特性，即灵敏度和方向性。弹簧开关的灵敏度是指不同的产品，在实际装置中会产生因感应振动力大小不同的差异，此差异称为灵敏度。使用者会因为不同产品的需求，而选择不同感应振动力大小的振动开关来满足自己产品的灵敏度。例如，一个玩具拿在手上轻微摇晃和一个球丢到地上或墙上，就会要求不同感应的弹簧开关来感应振动力与电子电路匹配。方向性是指受力方向，而受力方向粗略分为立体的六面，上、下、左、右、前、后六面。一般的产品只有灵敏度的要求并没有方向性的要求，因此要先了解使用者的产品的用途，才能建议使用者使用哪种型号的弹簧开关。而滚珠开关与弹簧开关最大的区别在于：弹簧开关是感应振动力或离心力的大小，最好为直立使用。而滚珠开关是感应角度的变化，最好平铺使用。滚珠开关的灵敏度，就是感应角度大小，将感应结果传递到电路装置使电路启动。在实际装置中就会产生因不同的产品感应角度大小不同的差异，此差异称为灵敏度。使用者会因为不同产品的需求，而要求不同感应角度大小的滚珠开关来满足产品的灵敏度。例如用手拿起一个杯子在轻微角度倾斜时，电路装置就必须使 IC 启动 LED 闪亮或发出声音。客户就会要求不同感应的滚珠开关来感应角度，与电子电路匹配。滚珠开关的方向性是指倾斜角度的方向，其方向粗略为左右二面。

振动传感器的种类丰富，按照工作原理的不同，能分为电涡流式振动传感器、电感式振动传感器、电容式振动传感器、压电式振动传感器和电阻应变式振动传感器等。以下是这几种振动传感器的工作原理和用途。

（1）电涡流式振动传感器　电涡流式振动传感器是涡流效应为工作原理的振动传感器，属于非接触式传感器。电涡流式振动传感器是通过传感器的端部和被测对象之间距离上的变化，来测量物体振动参数的。电涡流式振动传感器主要用于振动位移的测量。图 3-52 所示为振动传感器应用于测轴振动的工作原理图。

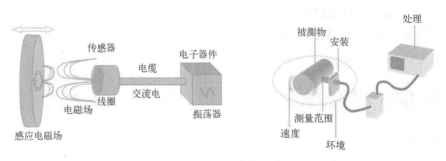

图 3-52　振动传感器测轴振动的工作原理图

（2）电感式振动传感器　电感式振动传感器是依据电磁感应原理设计的一种振动传感器。电感式振动传感器设置有磁铁和导磁体，对物体进行振动测量时，能将机械振动参数转化为电参量信号。电感式振动传感器能应用于振动速度、加速度等参数的测量。工作原理如图 3-53 所示。

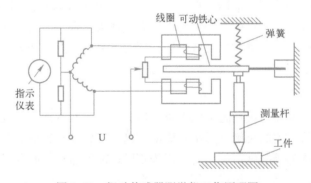

图 3-53　振动传感器测微仪工作原理图

（3）电容式振动传感器　电容式振动传感器是通过间隙或公共面积的改变来获得可变电容，再对电容量进行测定而后得到机械振动参数的。电容式振动传感器可以分为可变间隙式和可变公共面积式两种，前者可以用来测量直线振动位移，后者可用于扭转振动的角位移测定。图 3-54 所示为电容式振动位移传感器应用示意图。

（4）压电式振动传感器　压电式振动传感器是利用晶体的压电效应来完成振动测量的。当被测物体的振动对压电式振动传感器形成压力后，晶体元件就会产生相应的电荷，电荷数即可换算为振动参数。压电式振动传感器还可以分为压电式加速度传感器、压电式力传感器和阻抗头。图 3-55 所示为压电式振动传感器工作原理图。

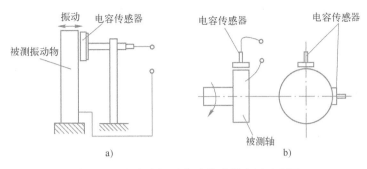

图 3-54 电容式振动位移传感器应用示意图

（5）电阻应变式振动传感器 电阻应变式振动传感器是以电阻变化量来表达被测物体机械振动量的一种振动传感器。电阻应变式振动传感器的实现方式很多，可以应用各种传感元件，其中较为常见的是电阻应变。图 3-56 所示为电阻应变式振动传感器的工作原理图。

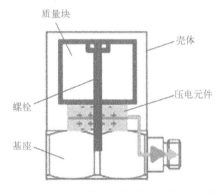

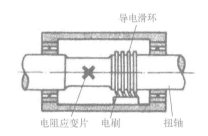

图 3-55 压电式振动传感器工作原理图　　图 3-56 电阻应变式振动传感器的工作原理图

3.2.2 STM32 官方 HAL 库简介

STM32 Cube 是 ST 提供的一套性能强大的免费开发工具和嵌入式软件模块，能够让开发人员在 STM32 平台上快速、轻松地开发应用。它包含两个关键部分：

1）图形配置工具 STM32CubeMX。允许用户通过图形化向导来生成 C 语言工程。

2）嵌入式软件包（STM32Cube 库）。包含完整的 HAL 库（STM32 硬件抽象层 API），配套的中间件（包括 RTOS、USB、TCP/IP 和图形），以及一系列完整的例程。

嵌入式软件包完全兼容 STM32CubeMX。本节主要介绍 STM32Cube 的嵌入式软件包部分。在介绍之前，首先来看看库函数和寄存器开发的关系。

1. 库函数与寄存器开发的关系

下面将通过一个简单的例子来介绍 STM32 固件库以及和寄存器开发的关系。其实一句话就可以概括：固件库就是函数的集合，固件库函数的作用是向下负责与寄存器直接打交道，向上提供开发者函数调用的接口（API）。

在 C51 单片机的开发中常常的做法是直接操作寄存器，比如要控制某些 I/O 口的状态，直接操作寄存器：

```
        P0 = 0x11;
```

而在 STM32 的开发中，同样可以操作寄存器：

```
        GPIOx->BSRR = 0x00000001;
```

这种方法当然可以，但是这种方法的缺点是开发者需要掌握每个寄存器的用法，才能正确使用 STM32，而对于 STM32 这种级别的 MCU 有数百个寄存器，记起来又是谈何容易。于是 ST（意法半导体）推出了官方固件库，固件库将这些寄存器底层操作都封装起来，提供一整套接口（API）供开发者调用，大多数场合下，开发者不需要知道操作的是哪个寄存器，只需要知道调用哪些函数即可。

比如控制 BSRR 寄存器实现电平控制，官方库封装了一个函数：

```
        void HAL_GPIO_WritePin(GPIO_TypeDef * GPIOx, uint16_t GPIO_Pin, GPIO_PinState PinState)
        {
            /* Check the parameters */
            assert_param(IS_GPIO_PIN(GPIO_Pin));
            assert_param(IS_GPIO_PIN_ACTION(PinState));
            if(PinState ! = GPIO_PIN_RESET)
            {
                GPIOx->BSRR = GPIO_Pin;
            }
            else
            {
                GPIOx->BSRR = (uint32_t)GPIO_Pin << 16U;
            }
        }
```

此时开发者不需要再直接去操作 BSRR 寄存器，只需要知道如何使用 HAL_GPIO_WritePin()函数。在对外设的工作原理有一定的了解之后，再去看固件库函数，基本上通过函数名就能了解这个函数的功能是什么，该怎么使用。

2. STM32 CubeF1 固件包介绍

STM32 Cube 目前几乎支持 STM32 全系列，这里使用的是 STM32F103，所以主要介绍 STM32CubeF1 相关知识。官方库包的目录结构如图 3-57 所示。

3. HAL 库和标准库的选择

ST 先后提供了两套固件库：标准库和 HAL 库。STM32 芯片面市之初提供了丰富全面的标准库，大大便利了用户程序开发。

2014 年，ST 在标准库的基础上又推出了 HAL 库。实际上，HAL 库和标准库本质上是一样的，都是提供底层硬件操作 API，而且在使用上也是大同小异。有标准库开发基础对 HAL 库的使用也很容易入手。在新型的 STM32 芯片中，用 HAL 库逐步淘汰标准库，ST 只提供 HAL 库。HAL 库和标准库都非常强大，不需要纠结学的是 HAL 库还是标准库，无论使用哪种库，只要理解了 STM32 本质，任何库都是一种工具，使用起来都非常方便。如果长期从事 STM32 开发，那么有必要对标准库和 HAL 库都要了解，这样才能在项目开发中游刃有余。

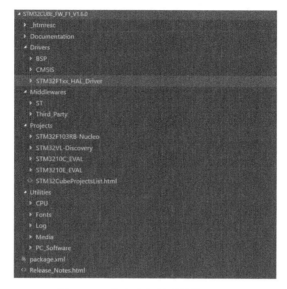

图 3-57 官方库包目录结构

3.2.3 STM32 单片机定时器

1. STM32 定时器简介

在 STM32F10xxx 系列的 32 位 MCU 上，定时器资源十分丰富，包括高级控制定时器、通用定时器和基本定时器。此外，还有能够实现定时功能的系统滴答定时器、实时时钟以及看门狗。

在低容量和中容量的 STM32F103xx 产品，以及互联型产品 STM32F105xx 和 STM32F107xx 中，只有一个高级控制定时器 TIM1。而在高容量和超大容量的 STM32F103xx 产品中，有两个高级控制定时器 TIM1 和 TIM8。

STM32 的定时器是个强大的模块，定时器使用的频率也是很高的，定时器可以做一些基本的定时，还可以做 PWM 输出或者输入捕获功能。

STM32 有 8 个定时器 TIMx，其中 TIM1 和 TIM8 挂在 APB2 总线上，而 TIM2～TIM7 则挂在 APB1 总线上。其中 TIM1 & TIM8 称为高级控制定时器（Advanced Control Timer）。APB2 可以工作在 72 MHz 下，而 APB1 最大是 36 MHz，如图 3-58 所示。

定时器的时钟不是直接来自 APB1 或 APB2，而是 APB1 或 APB2 经过一个倍频器，当 APB1 的预分频系数为 1 时，这个倍频器不起作用，定时器的时钟频率等于 APB1 的频率；当 APB1 的预分频系数为其他数值（即预分频系数为 2、4、8 或 16）时，这个倍频器起作用，定时器输出的时钟频率等于 APB1 的频率两倍。假设 AHB = 36 MHz，当 APB1 预分频系数 = 1 时，APB1 = 36 MHz，这时，TIM2～7 的时钟频率 = 36 MHz（倍频器不起作用）；当 APB1 预分频系数 = 4 时，APB1 = 9 MHz，在倍频器的作用下，TIM2～7 的时钟频率 = 2×9 MHz = 18 MHz。APB2

上的定时器频率配置与此类似。

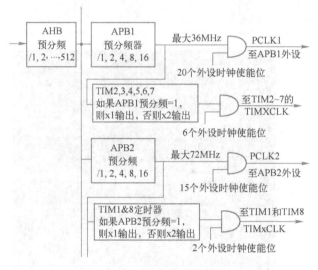

图 3-58   时钟配置图

2. 定时器的使用步骤

下面来以通用定时器 TIM3 为例，介绍通用定时器的使用步骤。

（1）TIM3 时钟使能   HAL 库中定时器使能是通过宏定义标识符来实现对相关寄存器操作的，方法如下：

```
__HAL_RCC_TIM3_CLK_ENABLE( ); //使能 TIM3 时钟
```

（2）初始化定时器参数、设置自动重装值，分频系数，计数方式等   在 HAL 库中，定时器的初始化参数是通过定时器初始化函数 HAL_TIM_Base_Init 实现的：

```
HAL_StatusTypeDef HAL_TIM_Base_Init(TIM_HandleTypeDef * htim);
```

该函数只有一个入口参数，就是 TIM_HandleTypeDef 类型结构体指针，结构体定义如下：

```
typedef struct
{
  / * !< Register base address * /
TIM_TypeDef                        * Instance;
  / * !< TIM Time Base required parameters * /
TIM_Base_InitTypeDef               Init;
/ * !< Active channel  * /
  HAL_TIM_ActiveChannel            Channel;
/ * !< DMA HandlersarrayThis array is accessed by a @ ref TIM_DMA_Handle_index * /
  DMA_HandleTypeDef                * hdma[7];
/ * !< Locking object * /
  HAL_LockTypeDef                  Lock;
/ * !< TIM operation state  * /
    __IO HAL_TIM_StateTypeDef    State;
}TIM_HandleTypeDef;
```

1）第一个参数 Instance 是寄存器基地址。一般外设的初始化结构体定义的第一个成员变量都是寄存器基地址。这在 HAL 库中都定义好了，比如要初始化定时器 3，那么 Instance 的值设置为 TIM3 即可。

2）第二个参数 Init 为真正的初始化结构体 TIM_Base_InitTypeDef 类型。该结构体定义如下：

```
typedef struct
{
uint32_t Prescaler;              //预分频系数
uint32_t CounterMode;            //计数方式
uint32_t Period;                 //自动装载值 ARR
uint32_t ClockDivision;          //时钟分频因子
uint32_t RepetitionCounter;
} TIM_Base_InitTypeDef;
```

该初始化结构体中，参数 Prescaler 是用来设置预分频系数的。CounterMode 是用来设置计数方式，可以设置为向上计数、向下计数方式还有中央对齐计数方式，比较常用的是向上计数模式 TIM_CounterMode_Up 和向下计数模式 TIM_CounterMode_Down。参数 Period 是设置自动重载计数周期值。参数 ClockDivision 是用来设置时钟分频因子，也就是定时器时钟频率 CK_INT 与数字滤波器所使用的采样时钟之间的分频比。参数 RepetitionCounter 用来设置重复计数器寄存器的值，用在高级定时器中。

3）第三个参数 Channel 用来设置活跃通道。每个定时器最多有四个通道，可以用来做输出比较、输入捕获等功能之用。这里的 Channel 就是用来设置活跃通道的，取值范围为：HAL_TIM_ACTIVE_CHANNEL_1 ~ HAL_TIM_ACTIVE_CHANNEL_4。

4）第四个 hdma 是定时器的 DMA 功能时用到。

5）第五个和第六个参数 Lock 和 State，是状态过程标识符，是 HAL 库用来记录和标志定时器处理过程的。

定时器初始化范例如下：

```
TIM_HandleTypeDef TIM3_Handler;                               //定时器句柄
TIM3_Handler. Instance = TIM3;                                //通用定时器 3
TIM3_Handler. Init. Prescaler = 6399;                         //分频系数
TIM3_Handler. Init. CounterMode = TIM_COUNTERMODE_UP;         //向上计数器
TIM3_Handler. Init. Period = 4999;                            //自动装载值
TIM3_Handler. Init. ClockDivision = TIM_CLOCKDIVISION_DIV1;   //时钟分频因子
HAL_TIM_Base_Init( &TIM3_Handler);
```

（3）使能定时器更新中断和使能定时器　HAL 库中，使能定时器更新中断和使能定时器两个操作可以在函数 HAL_TIM_Base_Start_IT( )中一次完成的，该函数声明如下：

```
HAL_StatusTypeDef HAL_TIM_Base_Start_IT( TIM_HandleTypeDef * htim);
```

调用该定时器函数之后，会首先调用__HAL_TIM_ENABLE_IT 宏定义使能更新中断，然后调用宏定义__HAL_TIM_ENABLE 使能相应的定时器。单独使能/关闭定时器中断和使能/关闭定时器方法如下：

```
__HAL_TIM_ENABLE_IT( htim, TIM_IT_UPDATE);   //使能句柄指定的定时器更新中断
__HAL_TIM_DISABLE_IT ( htim, TIM_IT_UPDATE); //关闭句柄指定的定时器更新中断
__HAL_TIM_ENABLE( htim);                      //使能句柄 htim 指定的定时器
__HAL_TIM_DISABLE( htim);                     //关闭句柄 htim 指定的定时器
```

（4）TIM3 中断优先级设置　在定时器中断使能之后，因为要产生中断，必不可少的要设

置 NVIC 相关寄存器，设置中断优先级。HAL 库为定时器初始化定义了回调函数 HAL_TIM_ Base_MspInit。函数声明如下：

```
void HAL_TIM_Base_MspInit(TIM_HandleTypeDef * htim);
```

对于回调函数就不做过多讲解，只需要重写这个函数即可。

（5）编写中断服务函数　通过中断服务函数来处理定时器产生的相关中断。通常情况下，在中断产生后，通过状态寄存器的值来判断此次产生的中断属于什么类型。然后执行相关的操作，这里使用的是更新（溢出）中断，所以在状态寄存器 SR 的最低位。在处理完中断之后应该向 TIM3_SR 的最低位写 0，来清除该中断标志。对于定时器中断，HAL 库同样封装了处理过程。这里以定时器 2 的更新中断为例来讲解。

中断服务函数名称是不变的，定时器 3 的中断服务函数为：

```
TIM3_IRQHandler( );
```

HAL 库定义了新的定时器中断共用处理函数 HAL_TIM_IRQHandler，在每个定时器的中断服务函数内部，程序会调用该函数。该函数声明如下：

```
void HAL_TIM_IRQHandler(TIM_HandleTypeDef * htim);
```

在函数 HAL_TIM_IRQHandler 内部，会对相应的中断标志位进行详细判断，确定中断来源后，会自动清掉该中断标志位，同时调用不同类型中断的回调函数。所以中断控制逻辑只编写在中断回调函数中，并且中断回调函数中不需要清中断标志位。如定时器更新中断回调函数为：

```
void HAL_TIM_PeriodElapsedCallback(TIM_HandleTypeDef * htim);
```

使用时只需要重写该函数即可。对于其他类型中断，HAL 库同样提供了几个不同的回调函数，这里列出常用的几个回调函数：

```
void HAL_TIM_PeriodElapsedCallback(TIM_HandleTypeDef * htim);      //更新中断
void HAL_TIM_OC_DelayElapsedCallback(TIM_HandleTypeDef * htim);    //输出比较
void HAL_TIM_IC_CaptureCallback(TIM_HandleTypeDef * htim);         //输入捕获
void HAL_TIM_TriggerCallback(TIM_HandleTypeDef * htim);            //触发中断
```

任务实施

任务所需硬件及软件见表 3-4。

表 3-4　实验所需要硬件及软件

序　号	名　称	数　量	备　注
1	PC	1 台	PC 安装有 MDK5, ST_LINK 驱动
2	STM32 底座	1 个	
3	振动传感器模块	1 个	
4	ST_LINK 下载器	1 个	
5	ST_LINK 下载器连接线	1 根	
6	振动传感器实验代码	1 份	

1. 硬件电路设计

本设计中采用振动传感器模块电路如图 3-59 所示。该模块感应振动力大小，同时将感应结果传递到电路装置，并使电路起动工作的电子开关，本模块上 PA0 和 PA1 为检测信号输出口。当检测到振动信号，用 LED 灯来反馈。

2. 软件设计

主函数中初始化完成后，在 while(1) 中不断检测振动，检测到振动后底座蓝色 LED 灯亮起。

图 3-59 振动传感器

```c
#include "stm32f1xx. h"
#include "SW420. h"
#include "delay. h"
#include "main. h"

int main(void)
{
  HAL_Init();              //初始化 HAL 库
  SW420_Init();            //初始化振动传感器

while(1)
  {
    SW420_Fig();           //检测振动
  }
}
```

在 SW420_Fig() 中检测振动并由底座 LED 灯反馈效果。

```c
//  ================================================
//  函数名称:      SW420_Fig()
//  函数功能:      检测振动
//  入口参数:      无
//  返回参数:      SW420_fig = 1:表示有振动
//                 SW420_fig = 0:表示无振动
//  说明:检测到低电平振动
//================================================

uint8_t SW420_Fig(void)
{
uint8_t SW420_fig = 0;

if(!SW420_OUT0_STATE() || ! SW420_OUT1_STATE())
  {
    if(!SW420_OUT0_STATE() && ! SW420_OUT1_STATE())
    {
        SW420_fig = 1;
        HAL_GPIO_WritePin(GPIOB,GPIO_PIN_4 ,GPIO_PIN_RESET);
    }
  }
```

```
        else
        {
            HAL_GPIO_WritePin( GPIOB,GPIO_PIN_4 ,GPIO_PIN_SET);
        }
        return SW420_fig;
    }
```

3. 任务结果及数据

1）将振动传感器模块安装在 STM32 底座上，如图 3-60 所示。ST_LINK 连接：PC 与振动传感器模块的 STM32 底座连接下载程序。

2）打开目录：在振动传感器模块→振动传感器模块程序→USER 路径下，找到 Vibration 工程文件，如图 3-61 所示，双击 "Vibration. uvprojx" 选项启动工程。

图 3-60　搭建实验硬件平台

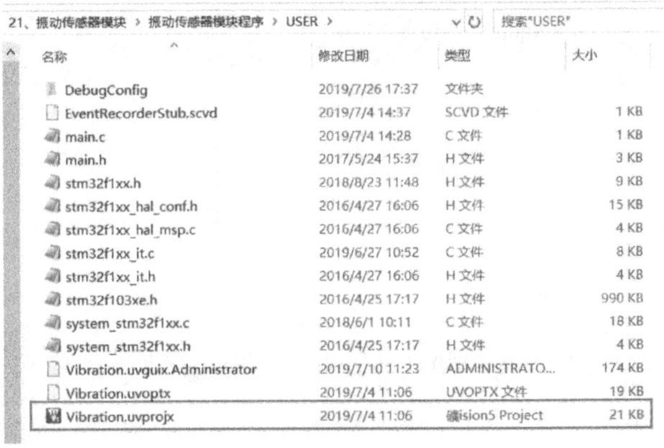

图 3-61　启动工程

3）编译工程，然后将程序下载到安装振动传感器模块的底座中，如图 3-62 所示。

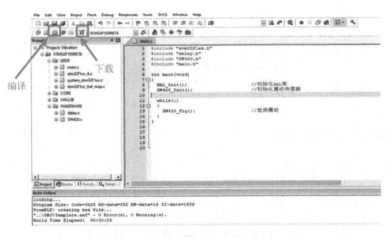

图 3-62　编译并下载程序

4）任务结果及数据。程序下载完成观察底座 LED 灯，无振动时底座 LED 灯不亮，有振动时底座蓝色 LED 灯亮。

小知识：同学们，你们知道 STM32 中的 32 的含义吗？其实 STM32 中的 32 代表是这种类型的单片机的位数。STM32 是一种 32 位的单片机。这和前面学习的 C51 单片机不同。C51 单片机一般是 8 位芯片，是基础入门级单片机。由于 C51 单片机的执行速度有限，在一些高速场合下不适用。为了满足高速场合，所以使用位数较高的单片机作为核心部件。STM 单片机是嵌入式系统中常用的核心部件。

任务 3.3　模拟智能安防烟雾传感器模块设计

本任务要求采用 STM32 单片机与烟雾传感器相配合，能够完成检测环境中的烟雾浓度。在一些特定场合下完成对特殊气体的检测。重点是熟悉单片机的 I/O 端口的操作控制。

任务描述

1. 任务目的及要求

- 了解烟雾传感器的工作原理和主要功能。
- 熟练使用单片机开发平台及设备进行相关实验。
- 熟练使用仿真软件进行电路仿真实现。

2. 任务设备

- 硬件：PC、烟雾传感器模块。
- 软件：Keil MDK 软件、Proteus ISIS 软件。

相关知识

3.3.1　烟雾传感器分类

在智能安防系统中，烟雾报警传感模块是极其重要的一部分，它对于特殊气体的检测与家庭安全保障具有重要作用。

烟雾传感器又称烟雾报警器或烟感报警器，能够探测火灾时产生的烟雾。内部采用了光电感烟器件，可广泛应用于商场、宾馆、商店、仓库、机房、住宅等场所进行火灾安全检测。烟雾传感器内置蜂鸣器，报警后可发出强烈声响。

1. 烟雾传感器分类

（1）离子式烟雾传感器　该烟雾报警器内部采用离子式烟雾传感，离子式烟雾传感器是一种技术先进，工作稳定可靠的传感器，被广泛运用到各消防报警系统中，性能远优于气敏电阻类的火灾报警器。常见的离子式烟雾传感器的构成如图 3-63 所示。

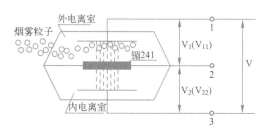

图 3-63　常见离子式烟雾传感器的构成

（2）光电式烟雾传感器　光电式烟雾报警器内有一个光学迷宫，安装有红外对管，无烟时红外接收管收不到红外发射管发出的红外光。当烟尘进入光学迷宫时，通过折射、反射，接收管接收到红外光，智能报警电路判断是否超过阈值，如果超过发出警报。

光电感烟探测器可分为减光式和散射光式，分述如下：

1）减光式光电烟雾探测器。该探测器的检测室内装有发光元件及受光元件。在正常情况下，受光元件接收到发光元件发出的一定光量；而在有烟雾时，发光元件的发射光受到烟雾的遮挡，使受光元件接收的光量减少，光电流降低，探测器发出报警信号。减光式光电烟雾传感器工作原理如图 3-64 所示。

2）散射光式光电烟雾探测器。该探测器的检测室内也装有发光元件和受光元件。在正常情况下，受光元件是接收不到发光元件发出的光的，因而不产生光电流。在发生火灾时，当烟雾进入检测室时，由于烟粒子的作用，使发光元件发射的光产生漫射，这种漫射光被受光元件接收，使受光元件的阻抗发生变化，产生光电流，从而实现了烟雾信号转变为电信号的功能，探测器收到信号然后判断是否需要发出报警信号。散射光式光电烟雾传感器工作原理如图 3-65 所示。

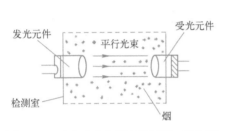
图 3-64　减光式光电烟雾传感器工作原理

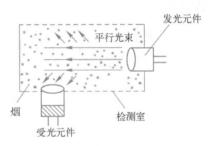
图 3-65　散射光式光电烟雾传感器工作原理

离子式烟雾传感器和光电式烟雾传感器的比较：

离子式烟雾报警器对微小的烟雾粒子的感应要灵敏一些，对各种烟能均衡响应；而光电式烟雾报警器对稍大的烟雾粒子的感应较灵敏，对灰烟、黑烟响应差些。当发生火灾时，空气中烟雾的微小粒子较多，而焖烧的时候，空气中稍大的烟雾粒子会多一些。如果火灾发生后，产生了大量的烟雾的微小粒子，离子式烟雾报警器会比光电烟雾报警器先报警。这两种烟雾报警器时间间隔不大，但是这类火灾的蔓延极快，此类场所建议安装离子式烟雾报警器较好。另一类焖烧火灾发生后，产生了大量的稍大的烟雾粒子，光电式烟雾报警器会比离子式烟雾报警器先报警，这类场所建议安装光电式烟雾报警器。

（3）气敏式烟雾传感器　气敏传感器是一种检测特定气体的传感器。它主要包括半导体气敏传感器、接触燃烧式气敏传感器和电化学气敏传感器等，其中用得最多的是半导体气敏传感器。它的应用主要有：一氧化碳气体的检测、瓦斯气体的检测、煤气的检测、氟利昂的检测、呼气中乙醇的检测、人体口腔口臭的检测等等。半导体气敏传感器的主要构成如图 3-66 所示。

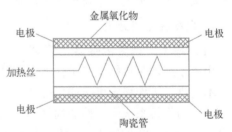
图 3-66　半导体气敏传感器的主要构成

它将气体种类及其与浓度有关的信息转换成电信号，根据这些电信号的强弱就可以获得与待测气体在环境中的存在情况有关的信息，从而可以进行检测、监控、报警；还可以通过接口电路与计算机组成自动检测、控制和报警系统。

其中气敏传感器有以下几种类型：

1）可燃性气体气敏元件传感器包含各种烷类和有机蒸气类（VOC）气体，大量应用于抽油烟机、泄漏报警器和空气清新机。

2）一氧化碳气敏元件传感器可用于工业生产、环保、汽车、家庭等一氧化碳泄漏和不完全燃烧检测报警。

3）氧传感器应用很广泛，在环保、医疗、冶金、交通等领域需求量很大。

4）毒性气体传感器主要用于检测烟气、尾气、废气等环境污染气体。

气敏式烟雾传感器的典型型号有 MQ-2 烟雾传感器。该传感器常用于家庭和工厂的气体泄漏装置，适宜于液化石油气、丁烷、丙烷、甲烷、酒精、氢气、烟雾等的探测。

3.3.2　烟雾传感器工作原理

任务中采用 MQ-2 烟雾传感器，所以下面对该传感器做简单介绍。MQ-2 烟雾传感器采用二氧化锡半导体气敏材料，属于表面离子式 N 型半导体。处于 200~300℃时，二氧化锡吸附空气中的氧，形成氧的负离子，使半导体中的电子密度减少，从而使其电阻值增加。当与烟雾接触时，如果晶粒间界处的势垒收到烟雾的调至而变化，就会引起表面导电率的变化。利用这一点就可以获得这种烟雾存在的信息，烟雾的浓度越大，导电率越大，输出电阻越低，则输出的模拟信号就越大。MQ-2 烟雾传感器的结构如图 3-67 所示。

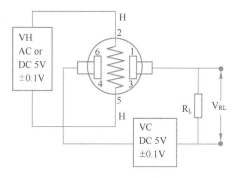

图 3-67　MQ-2 烟雾传感器结构图

1. MQ-2 烟雾传感器特性

1）MQ-2 烟雾传感器对天然气、液化石油气等烟雾有很高的灵敏度，尤其对烷类烟雾更为敏感。它具有良好的抗干扰性，可准确排除有刺激性非可燃性烟雾的干扰信息（经过测试：对烷类的感应度比纸张、木材燃烧产生的烟雾要好得多，输出的电压升高得比较快）。

2）MQ-2 烟雾传感器具有良好的重复性和长期的稳定性。其初始稳定，响应时间短，长时间工作性能好。需要注意的是：在使用之前必须加热一段时间，否则其输出的电阻和电压不准确。

3）其检测可燃气体和烟雾的范围是 100~10000 ppm（ppm 为体积浓度，$1\ \text{ppm} = 1\ \text{cm}^3/\text{m}^3$）。

2. 主要用途

烟雾传感器用于煤矿井下有瓦斯和煤尘爆炸危险及火灾危险的场所，能对烟雾进行就地监测、遥测和集中监视，能输出标准的开关信号，并能与国内多种生产安全监测系统及多种火灾监控系统配套使用，亦可单独使用于带式输送机巷火灾监控系统；具有抗腐蚀能力强、高灵敏度、结构简单、功耗小、成本低、维护简便等特点。对火灾初期各类燃烧物质阴燃阶段产生的不可见及可见烟雾，检测稳定可靠，且能有效地防止粉尘干扰所引起的非火灾误报。

3.3.3 STM32 单片机中断系统

ARMCortex-M3 内核共支持 256 个中断（16 个内部中断+240 个外部中断）和可编程的 256 级中断优先级的设置。

STM32 目前支持的中断共 84 个（16 个内部+68 个外部），还有 16 级可编程的中断优先级的设置，仅使用中断优先级设置 8 bit 中的高 4 位。

STM32 可支持 68 个中断通道，已经固定分配给相应的外部设备，每个中断通道都具备自己的中断优先级控制字节 PRI_n（8 位，但是 STM32 中只使用 4 位，高 4 位有效），每 4 个通道的 8 位中断优先级控制字构成一个 32 位的优先级寄存器。68 个通道的优先级控制字至少构成 17 个 32 位的优先级寄存器。

其中 4 位的中断优先级可以分成两组，从高位看，前面定义的是抢占式优先级，后面是响应优先级。按照这种分组，4 位一共可以分成 5 组：

第 0 组：所有 4 位用于指定响应优先级。

第 1 组：最高 1 位用于指定抢占式优先级，后面 3 位用于指定响应优先级。

第 2 组：最高 2 位用于指定抢占式优先级，后面 2 位用于指定响应优先级。

第 3 组：最高 3 位用于指定抢占式优先级，后面 1 位用于指定响应优先级。

第 4 组：所有 4 位用于指定抢占式优先级。

所谓抢占式优先级和响应优先级，它们之间的关系是：具有高抢占式优先级的中断可以在具有低抢占式优先级的中断处理过程中被响应，即中断嵌套。

当两个中断源的抢占式优先级相同时，这两个中断将没有嵌套关系，当一个中断到来后，如果正在处理另一个中断，这个后到来的中断就要等到前一个中断处理完之后才能被处理。如果这两个中断同时到达，则中断控制器根据它们的响应优先级高低来决定先处理哪一个；如果它们的抢占式优先级和响应优先级都相等，则根据它们在中断表中的排位顺序决定先处理哪一个。每一个中断源都必须定义两个优先级。

其中有几点需要注意的是：

1）如果指定的抢占式优先级或响应优先级超出了选定的优先级分组所限定的范围，将可能得到意想不到的结果。

2）抢占式优先级相同的中断源之间没有嵌套关系。

3）如果某个中断源被指定为某个抢占式优先级，又没有其他中断源处于同一个抢占式优先级，则可以为这个中断源指定任意有效的响应优先级别。

3.3.4 STM32 单片机外部中断

STM32 中，每一个 GPIO 都可以触发一个外部中断，但是，GPIO 的中断是以组为一个单位的，同组间的外部中断同一时间只能使用一个。比如说，PA0、PB0、PC0、PD0、PE0、PF0、PG0 为一组，如果使用 PA0 作为外部中断源，那么 PB0、PC0、PD0、PE0、PF0、PG0 就禁用了，在此情况下，只能使用类似于 PB1、PC2 这种末端序号不同的外部中断源。每一组使用一个中断标志 EXTIx。EXTI0~EXTI4 这 5 个外部中断有着自己单独的中断响应函数，EXTI5~EXTI9 共用一个中断响应函数，EXTI10~EXTI15 共用一个中断响应函数，如图 3-68 所示。

3.3.4 STM32 单片机外部中断

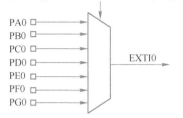

在APIO_EXTICR1寄存器的EXTI0[3:0]位

PA0
PB0
PC0
PD0 → EXTI0
PE0
PF0
PG0

在AFIO_EXTICR1寄存器的EXTI1[3:0]位

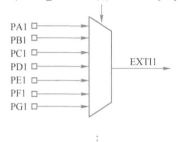

PA1
PB1
PC1
PD1 → EXTI1
PE1
PF1
PG1

在AFIO_EXTICR4寄存器的EXTI15[3:0]位

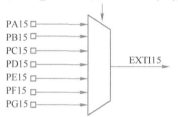

PA15
PB15
PC15
PD15 → EXTI15
PE15
PF15
PG15

图 3-68 GPIO 与中断线的映射关系图

要把 I/O 口配置为外部中断输入，配置步骤如下：

1）初始化 I/O 口为输入。将 I/O 口设置为外部中断输入，可以设置为上拉/下拉输入，也可以设置为浮空输入，但浮空的时候外部一定要带上拉或者下拉电阻，否则可能导致中断不停地触发。在干扰较大的地方，就算内部设置了上拉/下拉输入，也建议使用外部上拉/下拉电阻，这样可以一定程度防止外部干扰带来的影响。

2）开启 I/O 口复用时钟，设置 I/O 口与中断线的映射关系。STM32 的 I/O 口与中断线的对应关系需要配置外部中断寄存器 EXTICR，先开启复用时钟，然后配置 I/O 口与中断线的对应关系，再把外部中断与中断线连接起来。

3）开启与该 I/O 口相对的线上中断/事件，设置触发条件。配置中断所产生的条件，STM32 可以配置成上升沿触发，下降沿触发，或者任意电平变化触发，但是不能配置成高电平触发和低电平触发。这里根据实际情况来配置。同时要开启中断线上的中断，需要注意的是：如果使用外部中断，并设置该中断的 EMR 位，会引起软件仿真不能跳到中断服务函数，而硬件上是可以的。而不设置 EMR，软件仿真就可以进入中断服务函数，并且硬件上也是可以的。因此建议不要配置 EMR 位。

4）配置中断分组（NVIC），并使能中断。将中断进行分组配置，以及使能，对 STM32 的中断来说，只有配置 NVIC，并开启才能被执行，否则不会执行中断服务函数。

5）编写中断服务函数。这是中断设置的最后一步。中断服务函数，是必不可少的，如果

在代码里面开启了中断，但是没编写中断服务函数，就可能引起硬件错误，从而导致程序崩溃。所以在开启了某个中断后，一定要记得为该中断编写服务函数。

任务实施

完成任务所需硬件和软件见表 3-5。

表 3-5　任务所需要硬件和软件

序　号	名　称	数　量	备　注
1	PC	1 台	PC 安装有 MDK5 和 ST_LINK 驱动
2	STM32 底座	1 个	
3	烟雾传感器模块	1 个	
4	ST_LINK 下载器	1 个	
5	ST_LINK 下载器连接线	1 根	
6	烟雾传感器实验代码	1 份	

1. 硬件电路设计

本设计中采用烟雾传感器模块如图 3-69 所示。烟雾传感器模块采用 MQ-2 烟雾传感器。该传感器可用于家庭和工厂的气体泄漏监测装置，适宜于液化石油气、苯、烷、酒精、氢气、烟雾等的探测。检测到烟雾时，可用底座 LED 灯表示烟雾的浓度，同时通过 RS-485 将数据传输到总线中。

2. 软件设计

程序设计中，通过 ADC 采集烟雾传感器输出电信号，同时用底座 LED 灯表示烟雾的浓度。

图 3-69　烟雾传感器模块

```c
#include "stm32f1xx_hal.h"
#include "stm32f1xx.h"
#include "delay.h"
#include "Rs485.h"
#include "usart.h"
#include "ADC.h"
uint16_t Data_Smoke = 0;
int main(void)
{
  HAL_Init();              //初始化 HAL 库
  ADC_Init();              //初始化 ADC
  Rs485_Init();            //初始化 RS-485
  UART1_Init(115200);      //初始化串口 1

  while(1)
  {
    Data_Smoke = Get_Adc_Average(ADC_CHANNEL_0,20);//获取 PA0 烟雾传感器数据
    delay_ms(50);

    if((Data_Smoke<4050 && Data_Smoke>3800))
    {
```

```
                    HAL_GPIO_WritePin(GPIOB,GPIO_PIN_4 ,GPIO_PIN_SET);
                    HAL_GPIO_WritePin(GPIOB,GPIO_PIN_3 ,GPIO_PIN_RESET);
                    HAL_GPIO_WritePin(GPIOA,GPIO_PIN_15,GPIO_PIN_RESET);
                }
            else if(Data_Smoke<3800)
                {
                    HAL_GPIO_WritePin(GPIOB,GPIO_PIN_4 ,GPIO_PIN_SET);
                    HAL_GPIO_WritePin(GPIOB,GPIO_PIN_3 ,GPIO_PIN_RESET);
                    HAL_GPIO_WritePin(GPIOA,GPIO_PIN_15,GPIO_PIN_SET);
                }
            else
                {
                    HAL_GPIO_WritePin(GPIOB,GPIO_PIN_4 ,GPIO_PIN_SET);
                    HAL_GPIO_WritePin(GPIOB,GPIO_PIN_3 ,GPIO_PIN_SET);
                    HAL_GPIO_WritePin(GPIOA,GPIO_PIN_15,GPIO_PIN_RESET);
                }
            }
        }
```

烟雾传感器模块电路程序 Smoke Sensor. h 如下：

```
#ifndef _Smoke_Sensor_H
#define _Smoke_Sensor_H
#include " stm32f1xx. h"
#define Smoke_PORT        GPIOB
#define Smoke_PIN         GPIO_PIN_7
#define Smoke_Read( )   HAL_GPIO_ReadPin(Smoke_PORT,Smoke_PIN)   //PB7
extern void Smoke_Sensor_Init(void);
#endif
```

3. 任务结果及数据

1）将烟雾传感器模块安装在 STM32 底座上，如图 3-70 所示。ST_LINK 连接：PC 与烟雾传感器模块的 STM32 底座连接下载程序。

图 3-70　搭建实验硬件平台

2）打开目录：在"烟雾传感器模块→烟雾传感器模块程序→USER"路径下，找到"Smoke_Sensor. uvprojx"工程文件，如图 3-71 所示，双击启动工程。

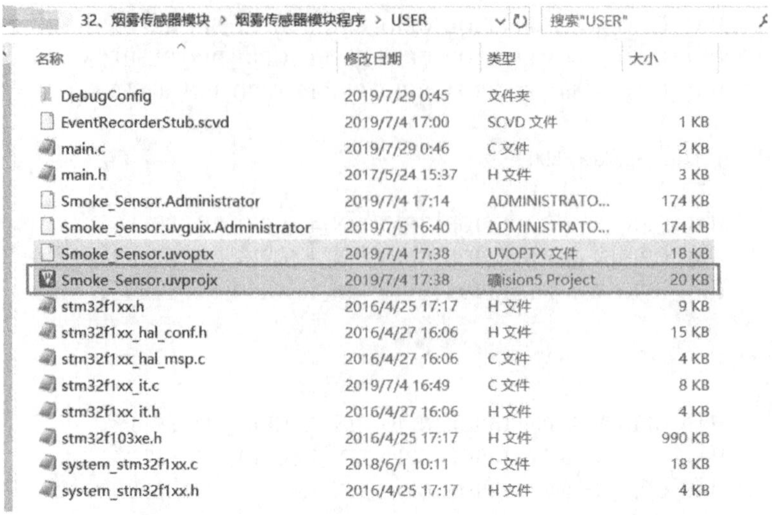

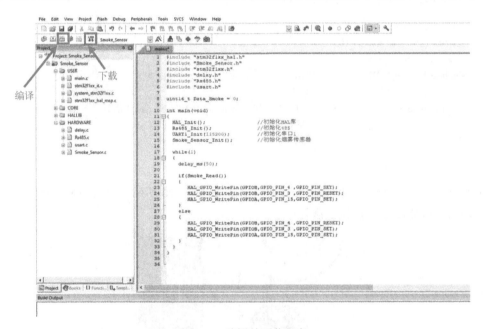

图 3-71　启动工程

3）编译工程，然后将程序下载到安装烟雾传感器模块的底座中，如图 3-72 所示。

图 3-72　编译并下载程序

4）观察结果。程序下载完成后观察底座 LED 灯，没有检测到烟雾的时候底座灯不亮，当有稀薄烟雾时，底座 LED 灯呈现黄色；当烟雾较浓时，底座 LED 灯呈现红色。

 小知识： STM32 单片机库函数的作用大吗？

　　STM32 单片机库函数的作用当然大。STM32 芯片内部寄存器非常多，原厂家提供了库函数，可以不用考虑具体寄存器，直接使用库函数对相关模块操作即可。

库函数就是原厂家提供的子函数，用户直接调用即可，不用关心内部实现的过程，这样开发项目的效率会提高。寄存器操作可以明确操作具体功能，使用库函数会感觉模糊，但是库函数也是经过测试确定的子程序，一般可以放心使用，而且节省了对寄存器的理解时间。所以在程序的设计上，一定要掌握库函数的使用，这样会达到事半功倍的效果。

习题与练习

一、填空题

1. ST 公司的 STM32 系列芯片采用了 Cortex-M3 内核，其分为两个系列。STM32F101 系列为标准型，运行频率为＿＿＿＿＿＿；STM32F103 系列为标准型，运行频率为＿＿＿＿＿＿。

2. STM32 全系列芯片都具有引脚到引脚＿＿＿＿＿＿的特点，并且相同封装的内部资源均相同，这就给用户升级带来很大方便。

3. STM32 提供了一种最简单的程序下载方法，即在应用编程时，只需要＿＿＿＿＿＿连接到 PC 上，便可以进行程序下载。

4. 当 STM32 的 I/O 端口配置为输入时，输出缓冲器＿＿＿＿＿＿，施密特触发输入被激活。

5. ST 公司还提供了完善的通用 I/O 端口库函数，其位于＿＿＿＿＿＿，对应的头文件为＿＿＿＿＿＿。

6. 为了优化不同引脚封装的外设数目，可以把一些＿＿＿＿＿＿重新映射到其他引脚上。这时，复用功能不再映射到＿＿＿＿＿＿上。在程序上，是通过设置＿＿＿＿＿＿来实现引脚的重新映射。

7. STM32 的＿＿＿＿＿＿管理着包括 Cortex-M3 核异常等中断，其和 ARM 处理器核的接口紧密相连，可以实现＿＿＿＿＿＿的中断处理，并有效地处理＿＿＿＿＿＿中断。

8. 系统计时器（SysTick）提供了一个 24 位＿＿＿＿＿＿具有灵活的控制机制。

9. TIM1 的溢出时更新事件（UEV）只能＿＿＿＿＿＿时候产生。这对于能产生 PWM 信号非常有用。

10. TIM1 具备 16 位可编程预分频器，时钟频率的分频系数为＿＿＿＿＿＿之间的任意数值。

11. STM32 的 DMA 控制器有＿＿＿＿＿＿个通道，每个通道专门用来管理来自于一个或多个外设对存储器访问的请求。还有一个＿＿＿＿＿＿来协调各个 DMA 请求的优先权。

12. 在 DMA 处理时，一个事件发生后，外设发送一个请求信号到 DMA 控制器。DMA 控制器根据通道的＿＿＿＿＿＿处理请求。

13. DMA 控制器的每个通道都可以在有固定地址的外设寄存器和＿＿＿＿＿＿之间执行 DMA 传输。DMA 传输的数据量是可编程的，可以通过＿＿＿＿＿＿寄存器中的＿＿＿＿＿＿和＿＿＿＿＿＿位编程。

14. ST 公司还提供了完善的 DMA 接口库函数，其位于＿＿＿＿＿＿，对应的头文件为＿＿＿＿＿＿。

15. 在 STM32 中，从外设＿＿＿＿＿＿产生的 7 个请求，通过逻辑与输入到 DMA 控制器，这样同时＿＿＿＿＿＿个请求有效。

二、选择题

1. Cortex-M 处理器采用的架构是（   ）。

A. v4T   B. v5TE   C. v6   D. v7

2. NVIC 可用来表示优先权等级的位数，可配置为（   ）。

A. 2   B. 4   C. 6   D. 8

3. Cortex-M 系列正式发布的版本是（   ）。

A. Cortex-M3   B. Cortex-M4   C. Cortex-M6   D. Cortex-M8

4. Cortex-M3 提供的流水线是（   ）。

A. 2 级   B. 3 级   C. 5 级   D. 8 级

5. Cortex-M3 提供的单周期乘法位数是（   ）。

A. 8   B. 16   C. 32   D. 64

6. Cortex-M3 处理器的寄存器 r14 代表（   ）。

A. 通用寄存器   B. 链接寄存器   C. 程序计数器   D. 程序状态寄存器

7. Handle 模式一般使用（   ）。

A. Main_SP   B. Process_SP

C. Main_SP 和 Process_SP   D. Main_SP 或 Process_SP

8. 端口输出数据寄存器的地址偏移为（   ）。

A. 00H   B. 08H   C. 0CH   D. 04H

9. 每个 I/O 端口位可以自由编程，但 I/O 端口寄存器必须以（   ）的方式访问。

A. 16 位字   B. 16 位字节   C. 32 位字节   D. 32 位字

10. 固件库中的功能状态（Functional State）类型被赋予（   ）两个值。

A. ENABLE 或者 DISABLE   B. SET 或者 RESTE

C. YES 或者 NO   D. SUCCESS 或者 ERROR

11. 固件库中的标志状态（Flag State）类型被赋予（   ）两个值。

A. ENABLE 或者 DISABLE   B. SUCCESS 或者 ERROR

C. SET 或者 RESTE   D. YES 或者 NO

12. 和 PC 系统相比嵌入式系统不具备（   ）特点。

A. 系统内核小   B. 专用性强   C. 可执行多任务   D. 系统精简

13. 嵌入式系统有硬件和软件部分构成，（   ）不属于嵌入式系统软件。

A. 系统软件   B. 驱动   C. FPGA 编程软件   D. 嵌入式中间件

14. 在 APB2 上的 I/O 脚的翻转速度为（   ）。

A. 18 MHz   B. 50 MHz   C. 36 MHz   D. 72 MHz

15. 当输出模式位 MODE[1:0] = "10" 时，最大输出速度为（   ）。

A. 10 MHz   B. 2 MHz   C. 50 MHz   D. 72 MHz

16. STM32 嵌套向量中断控制器（NVIC）具有（   ）个可编程的优先等级。

A. 16   B. 43   C. 72   D. 36

17. STM32 的外部中断/事件控制器（EXTI）支持（   ）个中断/事件请求。

A. 16   B. 43   C. 19   D. 36

18. DMA 控制器可编程的数据传输数目最大为（   ）。

A. 65536   B. 65535   C. 1024   D. 4096

19. 每个 DMA 通道具有（　　　）个事件标志。

A. 3　　　　　　　　　B. 4　　　　　　　　　C. 5　　　　　　　　　D. 6

20. STM32 中，1 个 DMA 请求占用至少（　　　）个周期的 CPU 访问系统总线时间。

A. 1　　　　　　　　　B. 2　　　　　　　　　C. 3　　　　　　　　　D. 4

三、判断题

1. Cortex-M3 系列处理器支持 Thumb 指令集。　　　　　　　　　　　　　（　　）

2. Cortex-M3 系列处理器支持 Thumb-2 指令集。　　　　　　　　　　　　（　　）

3. Cortex-M3 系列处理器内核采用了哈佛结构的三级流水线。　　　　　　（　　）

4. Cortex-M3 处理器可以使用 4 个堆栈。　　　　　　　　　　　　　　　（　　）

5. 在系统复位后，所有的代码都使用 Main 栈。　　　　　　　　　　　　（　　）

6. 所谓不可屏蔽的中断就是优先级不可调整的中断。　　　　　　　　　　（　　）

7. STM3210xx 的固件库中，RCC_DeInit 函数是将 RCC 寄存器重新设置为默认值。（　　）

8. 每个 I/O 端口位可以自由的编程，尽管 I/O 端口寄存器必须以 32 位字的方式访问。

（　　）

9. 所有的 GPIO 引脚有一个内部微弱的上拉和下拉，当它们被配置为输入时可以是激活的或者非激活的。　　　　　　　　　　　　　　　　　　　　　　　　　　　　（　　）

10. 固件包里的 Library 文件夹包括一个标准的模板工程，该工程编译所有的库文件和所有用于创建一个新工程所必需的用户可修改文件。　　　　　　　　　　　　　（　　）

项目 4 智慧交通——汽车行驶数据采集系统单片机模块设计

项目目标

- 了解智慧交通的具体应用场景。
- 了解 STM32 单片机的数/模转换。
- 了解陀螺仪的工作原理。
- 了解 GPS 是如何定位的。
- 了解超声波测距仪的工作原理。

20 世纪末，随着社会经济和科技的快速发展，城市化水平越来越高，机动车保有量迅速增加。交通拥挤、交通事故救援等问题已经成为世界各国面临的共同难题。在此大背景下，诞生了实时、准确、高效的综合运输和管理系统，即智能交通系统（ITS）。

智能交通系统将人、车、路三者综合起来考虑。在系统中，运用了信息技术、数据通信传输技术、电子传感技术、卫星导航与定位技术、电子控制技术、计算机处理技术及交通工程技术等，并将系列技术有效地集成、应用于整个交通运输管理体系中，从而使人、车、路密切配合，达到和谐统一，发挥协同效应，极大地提高了交通运输效率，保障了交通安全，改善了交通运输环境，提高了能源利用效率。

智能交通系统中的"人"是指一切与交通运输系统有关的人，包括交通管理者、操作者和参与者；"车"包括各种运输方式的运载工具；"路"包括各种运输方式的道路及航线。"智能"是 ITS 区别于传统交通运输系统的最根本特征。

智慧交通是在 ITS 的基础上，在交通领域中充分运用物联网、云计算、互联网、人工智能、自动控制、移动互联网等技术，通过高新技术汇集交通信息，对交通管理、交通运输、公众出行等交通领域全方面以及交通建设管理全过程进行管控支撑，使交通系统在区域、城市甚至更大的时空范围具备感知、互联、分析、预测、控制等能力，以充分保障交通安全、发挥交通基础设施效能、提升交通系统运行效率和管理水平，为通畅的公众出行和可持续的经济发展服务。

电子信息技术的发展，"数据为王"的大数据时代的到来，为智慧交通的发展带来了重大的变革。物联网、云计算、大数据，移动互联等技术在交通领域的发展和应用，对智慧交通系统的发展和理念产生巨大影响，如图 4-1 所示。随着大数据技术研究和应用的深入，智慧交通在交通运行管理优化，面向车辆和出行者的智慧化服务等各方面，将为公众提供更加敏捷、高效、绿色、安全的出行环境，创造更美好的生活。

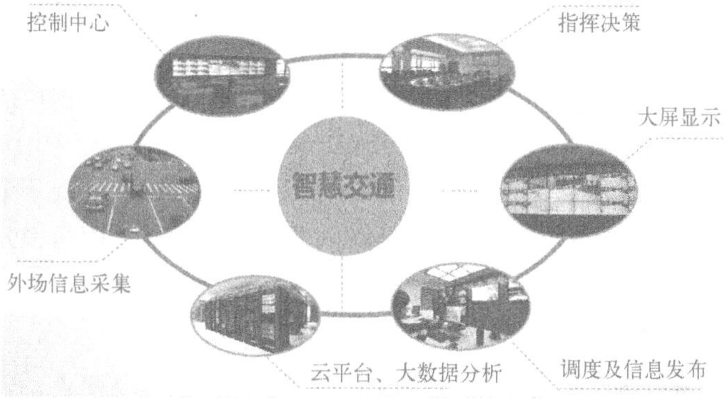

图 4-1 智慧交通系统组成

任务 4.1 模拟智慧交通陀螺仪模块设计

任务描述

1. 任务目的及要求

- 了解陀螺仪的工作原理。
- 了解陀螺仪在智慧交通中的应用。
- 熟练使用单片机开发平台及设备进行相关实验。
- 熟练使用仿真软件进行电路仿真实现。

2. 任务设备

- 硬件：PC、陀螺仪模块、STM32 底座、ST_LINK 下载器、ST_LINK 下载器连接线。
- 软件：Keil C51 软件，Proteus ISIS 软件。

相关知识

本任务以智慧交通中常见的陀螺仪模块设计为依据，通过以 STM32 单片机为基础来设计一个陀螺仪数据的读取系统。要求系统完成程序下载后，通过已经编译完成的程序读取陀螺仪 X 轴、Y 轴、Z 轴转动角度数据并打印到串口上。

4.1.1 智慧交通应用场景和解决方案

智慧交通系统主要解决四个方面的应用需求。

（1）交通实时监控 获知哪里发生了交通事故、哪里交通拥挤、哪条路最为畅通，并以最快的速度提供给驾驶员和交通管理人员。

（2）公共车辆管理 实现驾驶员与调度管理中心之间的双向通信，来提升商业车辆、公共汽车和出租车的运营效率。

（3）旅行信息服务 通过多媒介、多终端向外出旅行者及时提供各种交通综合信息。

（4）车辆辅助控制 利用实时数据辅助驾驶员驾驶汽车，或替代驾驶员自动驾驶汽车。

数据是智慧交通的基础和命脉。以上任何一项应用都是基于海量数据的实时获取和分析而得以实现的。位置信息、交通流量、速度、占有率、排队长度、行程时间、区间速度等是其中最为重要的交通数据。

物联网的大数据平台在采集和存储海量交通数据的同时，对关联用户信息和位置信息进行深层次的数据挖掘，发现隐藏在数据里面的有用价值。例如：通过用户 ID 和时间线组织起来的用户行为轨迹模型，记录用户在真实世界的活动，在一定程度上体现了个人的意图、喜好和行为模式。掌握了这些，对于智慧交通系统提供个性化的旅行信息推送服务很有帮助。

智慧交通解决方案整体构架如图 4-2 所示。

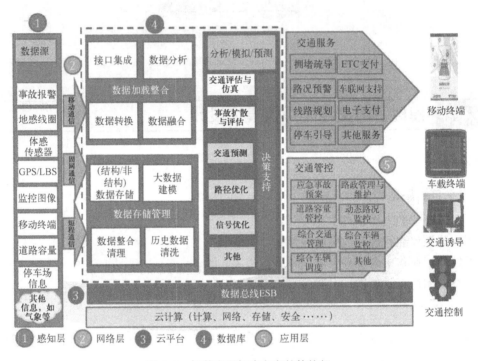

图 4-2　智慧交通解决方案整体构架

智慧交通系统以国家智能交通系统体系框架为指导，建成"高效、安全、环保、舒适、文明"的智慧交通与运输体系；大幅度提高城市交通运输系统的管理水平和运行效率，为出行者提供全方位的交通信息服务和便利、高效、快捷、经济、安全、人性、智能的交通运输服务；为交通管理部门和相关企业提供及时、准确、全面和充分的信息支持和信息化决策支持。

该平台还提供交通管制、道路施工、突发事件、交通天气等信息发布，无论是开车出行还是公共交通出行，都能通过该平台获取相关信息。

在智慧交通中，车辆信息的获取是数据源的重要组成部分。车辆的行驶数据、GPS 模块以及车载传感器是获取这些信息的主要媒介。所以这一节，来学习与智慧交通有关的物联网模块设计。

4.1.2　陀螺仪工作原理

智慧交通中车辆实时信息的采集、传输与处理是系统中重要的一部分。而陀螺仪则是车辆信息采集中重要的一类传感器。

1. 工作原理

陀螺仪的原理为：一个旋转物体的旋转轴所指的方向在不受外力影响时是不会改变的。人们根据这个原理，用它来保持方向。然后用多种方法读取轴所指示的方向。

传统的惯性陀螺仪主要部分有机械式的陀螺仪，而机械式的陀螺仪对工艺结构的要求很高。随着科技的发展，出现了微电子机械系统（MEMS），MEMS 是指对微米/纳米材料进行设计、加工、制造、测量和控制的技术。它是将机械构件、光学系统、驱动部件、电控系统集成为一个整体单元的微型系统。根据这种技术生产的 MEMS 陀螺仪，体积更小，生产成本更低，被运用到各个领域，如 MPU6050。

2. 机体坐标系

陀螺仪的机体坐标系如图 4-3 所示。

1）原点 O 取在飞机质心处，坐标系与飞机固连。

2）X 轴在飞机对称平面内并平行于飞机的设计轴线指向机头。

3）Y 轴垂直于飞机对称平面指向机身右方。

4）Z 轴在飞机对称平面内，与 X 轴垂直并指向机身下方，陀螺仪模块的 Z 轴是指向板上方，如图 4-4 所示。

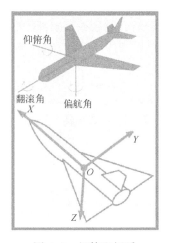

图 4-3　机体坐标系

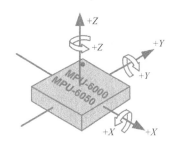

图 4-4　陀螺仪坐标系统

3. 仰俯角（pitch）、翻滚角（roll）和偏航角（yaw）

仰俯角是物体绕坐标系 Y 轴转动产生的角度。翻滚角是物体绕坐标系 X 轴转动产生的角度，偏航角物体绕坐标系 Z 轴转动产生的角度。上述欧拉角的正负可以通过以下方法判断，伸出右手握住轴，大拇指指向轴方向，如果绕该轴转动方向与四指指向一致为正转，角加速度为正。轴转动方向与四指指向不一致为反转，角加速度为负。

4. MPU6050 DMP（数字运动处理器）

MPU6050 输出的角速度不能直接用于积分，因为 3 个轴是有耦合的，只有在 3 个轴角度为小角度的时候可以积分，角度较大，比如 60°，此法的误差就很大。标准的做法是用四元数的方法做姿态解算，能得到理想的结果，但是这对数学基本要求比较高。MPU6050 官方提供的 DMP 库，通过调用 API 函数接口，得到四元数，经过换算就能得到准确的角度。

官方已将 DMP 的关键代码转换成一个数组，用户只要在上电时通过与 MPU6050 连接的 I²C 总线将这个数组的全部数据写入 MPU6050，然后通过特定的 API 接口函数读四元数进行转换即可。

4.1.3　STM32 单片机模/数转换

1. STM32 单片机 ADC 简介

ADC（Analog-to-Digital Converter）指模/数转换器或者模拟/数字转换器，是指将连续变量的模拟信号转换为离散的数字信号的器件。典型的模拟/数字转换器将模拟信号转换为表示一定比例电压值的数字信号。

4.1.3　STM32 单片机模/数转换

STM32 拥有 1~3 个 ADC（STM32F101/102 系列只有 1 个 ADC），这些 ADC 可以独立使用，也可以使用双重模式（提高采样率）。STM32 的 ADC 是 12 位逐次逼近型的模拟/数字转换器。它有 18 个通道，可测量 16 个外部和 2 个内部信号源。各通道的 A/D 转换可以单次、连续、扫描或间断模式执行。ADC 的结果可以左对齐或右对齐方式存储在 16 位数据寄存器中。模拟看门狗特性允许应用程序检测输入电压是否超出用户定义的高/低阈值。

STM32F10x 系列最少拥有 2 个 ADC，常用的 STM32F103RCT 包含有 3 个 ADC。STM32 的 ADC 最大的转换频率为 1 MHz，也就是转换时间为 1 μs（在 ADCCLK = 14 MHz，采样周期为 1.5 个 ADC 时钟下得到），不要让 ADC 的时钟超过 14 MHz，否则将导致结果准确度下降。

STM32 将 ADC 的转换分为两个通道组：规则通道组和注入通道组。规则通道相当于正常运行的程序，而注入通道就相当于中断。在程序正常执行时，中断是可以打断执行的。同这个类似，注入通道的转换可以打断规则通道的转换，在注入通道被转换完成之后，规则通道才得以继续转换。

ADC 的主要特征：

1）12 位逐次逼近型的模拟-数字转换器。

2）最多带 3 个 ADC 控制器，可以单独使用，也可以使用双重模式提高采样率。

3）最多支持 18 个通道，可最多测量 16 个外部和 2 个内部信号源。

4）支持单次和连续转换模式。

5）转换结束，注入转换结束，和发生模拟看门狗事件时产生中断。

6）通道 0 到通道 n 的自动扫描模式。

7）自动校准。

8）采样间隔可以按通道编程。

9）规则通道和注入通道均有外部触发选项。

10）转换结果支持左对齐或右对齐方式存储在 16 位数据寄存器。

11）ADC 转换时间：最大转换速率 1 μs（最大转换频率为 1 MHz，在 ADCCLK = 14 MHz，采样周期为 1.5 个 ADC 时钟下得到）。

12）ADC 供电要求：2.4~3.6 V。

13）ADC 输入范围：VREF- ≤ VIN ≤ VREF+。

STM32F10x 系列芯片 ADC 通道和引脚对应关系见表 4-1。

表 4-1　STM32F10x 系列芯片 ADC 通道和引脚对应关系

通　　道	ADC1	ADC2	ADC3
通道 0	PA0	PA0	PA0
通道 1	PA1	PA1	PA1
通道 2	PA2	PA2	PA2
通道 3	PA3	PA3	PA3
通道 4	PA4	PA4	PF6
通道 5	PA5	PA5	PF7
通道 6	PA6	PA6	PF8
通道 7	PA7	PA7	PF9
通道 8	PB0	PB0	PF10
通道 9	PB1	PB1	
通道 10	PC0	PC0	PC0
通道 11	PC1	PC1	PC1
通道 12	PC2	PC2	PC2
通道 13	PC3	PC3	PC3
通道 14	PC4	PC4	
通道 15	PC5	PC5	
通道 16	温度传感器		
通道 17	内部参照电压		

由表 4-1 中可以看出，STM32F10x 带 3 个 ADC 控制器，一共支持 23 个通道，包括 21 个外部和 2 个内部信号源；但是每个 ADC 控制器最多只可以有 18 个通道，包括 16 个外部和 2 个内部信号源。

2. ADC 模块

ADC 模块框图如图 4-5 所示。接下来对 ADC 模块的框图进行分析。

（1）ADC 引脚　一般情况下，V_{DD} 是 3.3 V，V_{SS} 接地，相对应的，V_{DDA} 是 3.3 V，V_{SSA} 也接地，模拟输入信号不要超过 V_{DD}（3.3 V）。

ADC 的引脚信号类型见表 4-2。

表 4-2　ADC 的引脚信号类型

名　　称	信 号 类 型	注　　解
V_{REF+}	输入，模拟参考正极	ADC 使用的高端/正极参考电压，$2.4V \leqslant V_{REF+} \leqslant V_{DDA}$
V_{DDA}	输入，模拟电源	等效于 V_{DD} 的模拟电源且 $2.4V \leqslant V_{DDA} \leqslant V_{DDA(3.6V)}$
V_{REF-}	输入，模拟参考负极	ADC 使用的低端/负极参考电压，$V_{REF-} = V_{SSA}$
V_{SSA}	输入，模拟电源地	等效于 V_{SS} 的模拟电源地
ADCx_IN[15:0]	模拟输入信号	16 个模拟输入通道

注：V_{DDA} 和 V_{SSA} 应该分别接到 V_{DD} 和 V_{SS}。

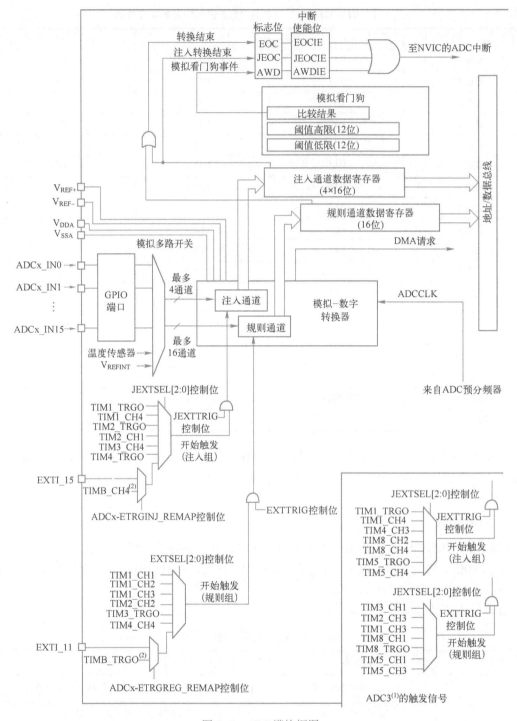

图 4-5 ADC 模块框图

（2）ADC 定时器详解 ADC 预分频器的 ADCCLK 是 ADC 模块的时钟来源。通常，由时钟控制器提供的 ADCCLK 时钟和 PCLK2（APB2 时钟）同步。RCC 控制器为 ADC 时钟提供一个专用的可编程预分频器。

需要注意的是，一般情况下：不要让 ADC 时钟超过 14 MHz，否则可能不准。

也就是说，如果按照默认设置 PCLK2 为 72 MHz，此时应为 6 分频或者 8 分频。

（3）ADC 中断 在图 4-5 中，显示 ADC 的各种中断。可以看出：规则和注入组转换结束时能产生中断，当模拟看门狗状态位被设置时也能产生中断。它们都有独立的中断使能位。

注：ADC1 和 ADC2 的中断映射在同一个中断向量上，而 ADC3 的中断有自己的中断向量。规则和注入组转换结束时能产生中断。它们都有独立的中断使能位。

ADC1 和 ADC2 的中断映射在同一个中断向量上，而 ADC3 的中断有自己的中断向量。

ADC_SR 寄存器有两个其他标志，但是它们没有相关联的中断，即

1）JSTRT（注入组通道转换的启动）。

2）STRT（规则组通道转换的启动）。

ADC 中断事件的具体类型有 3 种，具体见表 4-3。

表 4-3 ADC 中断

中断事件	事件标志	使能控制位
规则组转换结束	EOC	EOCIE
注入组转换结束	JEOC	JEOCIE
设置了模拟看门狗状态位	AWD	AWDIE

（4）ADC 通道选择 STM32 的 ADC 控制器有很多通道，所以模块通过内部的模拟多路开关，可以切换到不同的输入通道并进行转换。STM32 特别地加入了多种成组转换的模式，可以由程序设置好之后，对多个模拟通道自动地进行逐个地采样转换。它们可以组织成两组：规则通道组和注入通道组。

在执行规则通道组扫描转换时，如有例外处理则可启用注入通道组的转换。也就是说，注入通道的转换可以打断规则通道的转换，在注入通道被转换完成之后，规则通道才可以继续转换。两种通道的转换如图 4-6 所示。

一个不太恰当的比喻是：规则通道组的转换好比是程序的正常执行，而注入通道组的转换则好比是程序正常执行之外的一个中断处理程序。

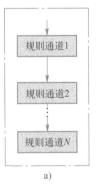

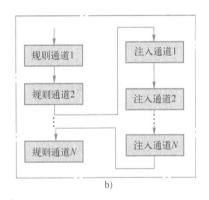

图 4-6 ADC 两种通道转换

（5）ADC 转换方式 STM32 的 ADC 的各通道可以组成规则通道组或注入通道组，但是在转换方式还可以有单次转换、连续转换、扫描转换、外部触发转换模式。

1）单次转换模式。单次转换模式下，ADC 只执行一次转换。该模式既可通过设置 ADC_CR2 寄存器的 ADON 位（只适用于规则通道）启动也可通过外部触发启动（适用于规则通道或注入通道），这时 CONT 位为 0。

一旦选择通道的转换完成：

① 如果一个规则通道被转换：

a. 则转换数据被存储在 16 位 ADC_DR 寄存器中。

b. 则 EOC（转换结束）标志被置位。

c. 如果设置了 EOCIE 位，则产生中断。

② 如果一个注入通道被转换：

a. 则转换数据被存储在 16 位 ADC_DRJ1 寄存器中。

b. 则 JEOC（注入转换结束）标志被置位。

c. 如果设置了 JEOCIE 位，则产生中断。

然后 ADC 停止。

2）连续转换模式。在连续转换模式中，当前面 ADC 转换一结束马上就起动另一次转换。此模式可通过外部触发起动或通过设置 ADC_CR2 寄存器上的 ADON 位起动，此时 CONT 位是 1。

每个转换后：

① 如果一个规则通道被转换：

a. 则转换数据被存储在 16 位 ADC_DR 寄存器中。

b. 则 EOC（转换结束）标志被置位。

c. 如果设置了 EOCIE 位，则产生中断。

② 如果一个注入通道被转换：

a. 则转换数据被存储在 16 位 ADC_DRJ1 寄存器中。

b. 则 JEOC（注入转换结束）标志被置位。

c. 如果设置了 JEOCIE 位，则产生中断。

3）扫描转换模式。扫描转换模式可通过设置 ADC_CR1 寄存器的 SCAN 位来选择。一旦这个位被设置，ADC 扫描所有被 ADC_SQRX 寄存器（对规则通道）或 ADC_JSQR 寄存器（对注入通道）选中的所有通道。在每个组的每个通道上执行单次转换。在每个转换结束时，同一组的下一个通道被自动转换。如果设置了 CONT 位，转换不会在选择组的最后一个通道上停止，而是再次从选择组的第一个通道继续转换。

SCAN：扫描转换模式。

该位有软件设置和清除，用于开启和关闭扫描模式。在扫描模式中，转换由 ADC_SQRx 或 ADC_JSQRx 寄存器选中的通道。

0：关闭扫描模式。

1：使用扫描模式。

注：如果分别设置了 EOCIE 和 JEOCIE 位，只在最后一个通道转换完毕后才产生 EOC 或 JEOC 中断。

这里需要注意的是：如果在使用扫描转换模式的情况下使用中断，会在最后一个通道转换完毕后才会产生中断。而连续转换，是在每次转换后，都会产生中断。

如果设置了 DMA 位，在每次 EOC 后，DMA 控制器把规则组通道的转换数据传输到 SRAM 中。而注入通道转换的数据总是存储在 ADC_JDRx 寄存器中。

4）外部触发转换。在 ADC 模块框图的下方，显示了规则转换、注入转换可以由外部事件触发（比如定时器捕捉、EXTI 线）。如果设置了 EXTTRIG 控制位，则外部事件就能够触发转换。EXTSEL[2:0]和 JEXTSEL[2:0]控制位允许应用程序选择 8 个可能的事件中的某一个，可以触发规则和注入组的采样。

注意： 当外部触发信号被选为 ADC 规则或注入转换时，只有它的上升沿可以启动转换。

（6）自动校准　校准 ADC 有一个内置自校准模式。校准可大幅度减小因内部电容器组的变化而造成的准精度误差。在校准期间，在每个电容器上都会计算出一个误差修正码（数字值），这个码用于消除在随后的转换中每个电容器上产生的误差。

通过设置 ADC_CR2 寄存器的 CAL 位启动校准。一旦校准结束，CAL 位被硬件复位，可以开始正常转换。建议在上电时执行一次 ADC 校准。校准阶段结束后，校准码储存在 ADC_DR 中。

（7）数据对齐　由于 STM32 的 ADC 是 12 位逐次逼近型的模拟-数字转换器，而数据保存在 16 位寄存器中。所以，ADC_CR2 寄存器中的 ALIGN 位选择转换后数据储存的对齐方式。数据可以左对齐或右对齐，如图 4-7 和图 4-8 所示。

注入组

SEXT	SEXT	SEXT	SEXT	D11	D10	D9	D8	D7	D6	D5	D4	D3	D2	D1

规则组

0	0	0	0	D11	D10	D9	D8	D7	D6	D5	D4	D3	D2	D1

图 4-7　数据右对齐

注入组

SEXT	D11	D10	D9	D8	D7	D6	D5	D4	D3	D2	D1	0	0	0

规则组

D11	D10	D9	D8	D7	D6	D5	D4	D3	D2	D1	0	0	0	0

图 4-8　数据左对齐

注入组通道转换的数据值已经减去了在 ADC_JOFRx 寄存器中定义的偏移量，因此结果可以是一个负值。SEXT 位是扩展的符号值。

对于规则组通道，无须减去偏移值，因此只有 12 位有效。

（8）通道采样时间　ADC 使用若干个 ADC_CLK 周期对输入电压采样，采样周期数目可以通过 ADC_SMPR1 和 ADC_SMPR2 寄存器中的 SMP[2:0] 位更改。每个通道可以分别用不同的时间采样。

总转换时间为

$$TCONV = 采样时间 + 12.5 个周期$$

例如：当 ADCCLK = 14 MHz，采样时间为 1.5 周期时，TCONV = (1.5 + 12.5) 周期 = 14 周期 = 1 μs。

故而，ADC 的最小采样时间为 1 μs（ADC 时钟 = 14 MHz，采样周期为 1.5 周期下得到）。

3. STM32-ADC 的配置过程

通过以上介绍，了解了 STM32 的单次转换模式下的相关设置，本节使用 ADC1 的通道 1 来进行 A/D 转换，其详细设置步骤如下：

1）开启 PA 口时钟，设置 PA1 为模拟输入。STM32F103RCT6 的 ADC 通道 1 在 PA1 上，所以，先要使能 PORTA 的时钟，然后设置 PA1 为模拟输入。

2）使能 ADC1 时钟，并设置分频因子。

要使用 ADC1，第一步就是要使能 ADC1 的时钟，在使能完时钟之后，进行一次 ADC1 的复位。接着就可以通过 RCC_CFGR 设置 ADC1 的分频因子。分频因子要确保 ADC1 的时钟（ADCCLK）不要超过 14 MHz。

3）设置 ADC1 的工作模式。在设置完分频因子之后，就可以开始 ADC1 的模式配置了，设置单次转换模式、触发方式选择、数据对齐方式等都在这一步实现。

4）设置 ADC1 规则序列的相关信息。接下来设置规则序列的相关信息，这里只有一个通道，并且是单次转换的，所以设置规则序列中通道数为 1（ADC_SQR1[23:20]＝0000），然后设置通道 1 的采样周期（通过 ADC_SMPR2[5:3]设置）。

5）开启 ADC，并校准。在设置完了以上信息后，开启 ADC，执行复位校准和 ADC 校准，注意这两步是必需的。不校准将导致结果很不准确。

6）读取 ADC 值。ADC 校准完成之后，接下来要做的就是设置规则序列 1 里面的通道（通过 ADC_SQR3[4:0]设置），然后起动 ADC。在转换结束后，读取 ADC1_DR 的值。

这里还需要说明一下 ADC 的参考电压，该芯片没有外部参考电压引脚，ADC 的参考电压直接取自 VDDA，也就是 3.3 V。通过以上几个步骤的设置，就能正常的使用 STM32 的 ADC1来执行 ADC 转换操作了。

⚙ 任务实施

1. 硬件电路设计

该任务采用专用陀螺仪模块 MPU6050 与单片机配合，实现对坐标数据的实时读取，并通过编写程序，将读取到的陀螺仪 X 轴、Y 轴、Z 轴转动角度并打印到串口上。

陀螺仪模块采用 MPU6050 陀螺仪芯片，集成 3 轴（X、Y、Z）MEMS 陀螺仪和 3 轴（X、Y、Z）MEMS 加速度计。陀螺仪模块如图 4-9 所示。

MPU6050 外围电路简单，它通过 I²C 接口与 MCU 进行通信。陀螺模块基本电路如图 4-10所示。

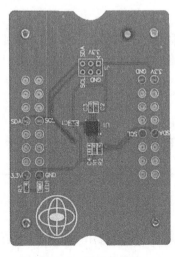

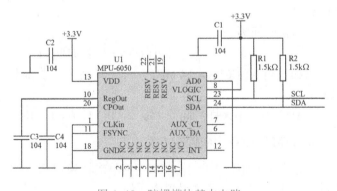

图 4-9　陀螺仪模块　　　　　　　　　　　图 4-10　陀螺模块基本电路

STM32 核心板中使用了 I²C、ADC、PWM、UART 等外设。

2. 软件编程

主函数中初始化完成后，在 while(1)循环体中不断读取陀螺仪数据，并显示到 TFT 屏上。

```c
#include "stm32f1xx. h"
#include "delay. h"
#include "MPU6050. h"
#include "Usart. h"
#include "math. h"
#include "inv_mpu. h"
#include "inv_mpu_dmp_motion_driver. h"

int main(void)
{
 float pitch,roll,yaw;          //欧拉角
HAL_Init();                     //初始化 HAL 库
MPU_Init();                     //初始化陀螺仪
UART2_Init(115200);            //初始化串口 2

if(mpu_dmp_init())
{
  delay_ms(300);
      mpu_dmp_init();
}
while(1)
{
    if(mpu_dmp_get_data(&pitch,&roll,&yaw)==0)
    {
        printf("Pitch:%0. 3f\tRoll:%0. 3f\tYaw:%0. 3f\r\n",pitch,roll,yaw);
        delay_ms(400);
    }
  }
}
```

获取陀螺仪数据程序如下。

```c
//得到 dmp 处理后的数据(注意,本函数需要比较多堆栈,局部变量有点多)
//pitch:仰俯角 精度:0. 1°    范围:-90. 0° <---> +90. 0°
//roll:翻滚角  精度:0. 1°    范围:-180. 0°<---> +180. 0°
//yaw:偏航角   精度:0. 1°    范围:-180. 0°<---> +180. 0°
//返回值:0,正常
//其他,失败
u8 mpu_dmp_get_data(float * pitch,float * roll,float * yaw)
{
 float q0=1. 0f,q1=0. 0f,q2=0. 0f,q3=0. 0f;
 unsigned long sensor_timestamp;
//      floatfgyroY = 0,PitchY =0;
 short gyro[3],accel[3], sensors;
 unsigned char more;
 long quat[4];
```

```
if( dmp_read_fifo( gyro,accel, quat, &sensor_timestamp, &sensors,&more) )
        {
            return 1;
        }
/ *  Gyro andaccel data are written to the FIFO by the DMP in chip frame and hardware units.
    *  This behavior is convenient because it keeps the gyro andaccel outputs of dmp_read_fifo and mpu_read
_fifo consistent.
**/
/ * if ( sensors & INV_XYZ_GYRO )
send_packet( PACKET_TYPE_GYRO, gyro) ;
if ( sensors & INV_XYZ_ACCEL)
send_packet( PACKET_TYPE_ACCEL,accel) ; */
/ *  Unlike gyro andaccel, quaternions are written to the FIFO in the body frame, q30.
    *  The orientation is set by the scalar passed to dmp_set_orientation during initialization.
**/
if( sensors&INV_WXYZ_QUAT)
{
    q0 = quat[ 0 ] / q30;                                    //q30 格式转换为浮点数
    q1 = quat[ 1 ] / q30;
    q2 = quat[ 2 ] / q30;
    q3 = quat[ 3 ] / q30;
    //计算得到仰俯角/翻滚角/偏航角
    * pitch = asin(-2 * q1 * q3 + 2 * q0 * q2) * 57.3; // pitch
    * roll  = atan2(2 * q2 * q3 + 2 * q0 * q1, -2 * q1 * q1 - 2 * q2 * q2 + 1) *
57.3;// roll
    * yaw = atan2(2 * (q1 * q2 + q0 * q3),q0 * q0+q1 * q1-q2 * q2-q3 * q3) * 57.3;  //yaw
}
    else
    {
        return 2;
    }
return 0;
}
```

3. 任务结果及数据

1）将陀螺仪模块安装在 STM32 底座上，如图 4-11 所示。ST_LINK 连接：PC 与陀螺仪模块的 STM32 底座连接下载程序。

2）打开目录：在"陀螺仪模块→陀螺仪模块程序→USER"路径下，找到"gyroscope. uvprojx"工程文件，如图 4-12 所示，双击启动工程。

图 4-11 搭建实验硬件平台

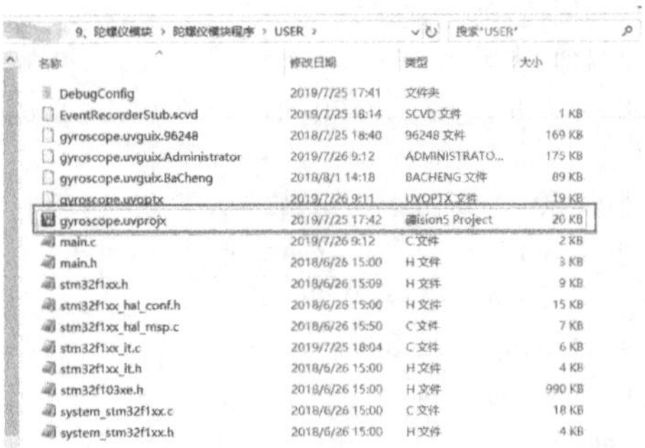

图 4-12 启动工程

3）编译工程，然后将程序下载到安装陀螺仪模块的底座中，如图 4-13 所示。

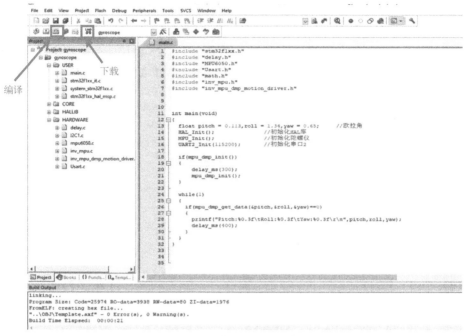

图 4-13　编译并下载程序

4）陀螺仪数据显示。程序下载完成后，通过已经编译完成的程序读取陀螺仪 X 轴、Y 轴、Z 轴转动角度数据并打印到串口上。陀螺仪数据显示如图 4-14 所示。

图 4-14　陀螺仪数据显示

 小知识：无人驾驶汽车大家都听说过，但是大家知道无人驾驶主流技术是什么吗？

无人驾驶汽车是智能汽车的一种，也称为轮式移动机器人，主要依靠车内的以计算机系统为主的智能驾驶仪来实现无人驾驶的目标。

由于技术和法规等的限制，目前的无人驾驶汽车大多处于半自动驾驶阶段。当前主流的无人驾驶汽车技术有激光雷达式和摄像头+测距雷达式两种。

环境感知技术有两种技术路线，一种是以摄像机为主导的多传感器融合方案；另一种是以激光雷达为主导，其他传感器为辅助的技术方案。

任务 4.2　模拟智慧交通 GPS 模块设计

本任务要求采用 STM32 单片机与 GPS 模块进行一个 GPS 模块实验，该实验电路能接收北斗信号及 GPS 信号。同时编写代码，使用 GPS 模块接收位置数据，并将现在的位置数据显示在 TFT 显示屏上。

任务描述

1. 任务目的及要求

- 了解 GPS 模块的工作原理。
- 了解 STM32 单片机控制 GPS 模块的工作原理。
- 熟练使用单片机开发平台及设备进行相关实验。
- 熟练使用仿真软件进行电路仿真实现。

2. 任务设备

- 硬件：PC、STM32 底座、TFT 显示屏模块、GPS 模块、ST_LINK 下载器、ST_LINK 下载器连接线。
- 软件：Keil C51 软件、Proteus ISIS 软件。

相关知识

4.2.1　GPS 简介

全球定位系统（Global Positioning System，GPS）是一种以人造地球卫星为基础的高精度无线电导航的定位系统。它在全球任何地方以及近地空间都能够提供准确的地理位置、车行速度及精确的时间信息。GPS 不仅仅能提供位置信息，还能够提供海拔、航向、精度时间等信息。在智慧交通中，GPS 系统对于车辆位置数据的采集以及智能导航具有举足轻重的作用。

4.2.2　GPS 消息格式

实验中接收到的 GPS 数据有其自身的消息格式。想要正确翻译出接收数据，必须先对其消息的格式进行了解。

1. GPS 消息格式

在 Unicode 协议中，输入和输出的语句被统称为消息。每条消息均为全 ASCII 字符组成的字符串。消息的基本格式为：\$MSGNAME,data1,data2,data3,…[* CC] \r\n。所有的消息都以 '\$'（0x24）开始，后面紧跟着的是消息名。之后跟有不定数目的参数或数据。消息名与数据之间均以逗号（0x2C）进行分隔。最后一个参数之后是可选的校验和，以 ' * '（0x2A）与前面的数据分割。最后，输入的消息可以 '\r'（0x0D）或 '\n'（0x0A）或两者的任意组合结束。输出的消息以 "\r\n" 结束。每条消息的总长度不超过 256 字节。消息名、参数、校验和中的字母均不区分大小写。某些输入命令的某些参数可以省略（在命令描述中被标记为可选）。这些参数可以为空，即在两个逗号之间没有任何字符。这时如果没有特殊说明，该参数将被忽略,其控制的选项将不做改变。

大多数的消息名既可以用于输入的命令,也可以用于输出的信息。同样的消息名作为输入时用于设定参数或查询当前的配置。用于输出时则用于输出接收机信息或配置。

2. 校验和

消息中'＊'(0x2A)之后的两个字符为校验和。校验和的计算方法为从'$'起到'＊'之前的所有字符(不包括'$'和'＊')的异或,以十六进制表示。输入的消息中的校验和一项为可选的,如果输入的语句中包含'＊'及后面的两个校验和字符,则会对校验和进行检查,如果不符,则命令不被执行,接收机输出$FAIL消息,并在其中指示校验和错误。如果语句中不包含校验和,则直接执行命令。如果输入消息的参数为空,且需要添加校验和,应在其后补加逗号进行校验和计算。参数不为空时不允许额外添加逗号。例如:$PDTINFO,＊62输出的消息中总会包含校验和。在后面的消息定义中将省略关于校验和的说明。

3. 数据类型

在Unicode协议中,消息中的数据包含下面几种类型。

1) 字符串(STR)。字符串由最长32个除\r和\n之外的ASCII字符组成,如GPSL1。

2) 无符号整数(UINT)。无符号整数的范围为0~4294967295,有十进制和十六进制两种表示方法。十进制的无符号整数由0~9的ASCII字符组成。如123,4291075193。十六进制无符号整数以字符h或H开始,后面紧跟着0~9与a~f或A~F组成的字符串,最长为8个字符(不含开始的h或H)。如hE10,hE41BA7C0。

3) 有符号整数(INT)。有符号整数由0~9和负号的ASCII字符组成,其范围为-2147483648~2147483647。如123217754,-245278。

4) 双精度浮点(DOUBLE)。双精度浮点数据由0~9和负号、小数点的ASCII字符组成,其范围为-21023~21023。如3.1415926,-9024.12367225。

4. 消息格式

1) GGA消息的内容见表4-4。

表4-4 GGA消息的内容

消息格式	$--GGA,time,Lat,N,Lon,E,FS,NoSV,HDOP,msl,M,Altref,M,DiffAge,DiffStation＊cs
例子	$GPGGA,063952.000,4002.229934,N,11618.096855,E,1,4,2.788,37.254,M,0,M,,＊71
描述	GNSS定位数据
类型	输出

参数定义		
参数名字	类型	描述
--	STR	定位系统标识 GP:GPS系统单独定位 BD:北斗系统单独定位 GN:GPS与北斗系统混合定位

（续）

参数名字	类　　型	描　　述
time	STR	UTC 时间，格式为 hhmmss. sss hh：小时；mm：分钟；ss. sss：秒
Lat	STR	纬度，格式为 ddmm. mmmmmm dd：度；mm. mmmmmm：分
N	STR	北纬或南纬指示 N：北纬；S：南纬
Lon	STR	经度，格式为 dddmm. mmmmmm ddd：度；mm. mmmmmm：分
E	STR	东经或西经指示 E：东经；W：西经
FS	UINT	定位状态标识 0：无效；1：单点定位
NoSV	UINT	参与定位的卫星数量
HDOP	DOUBLE	水平精度因子，0. 0~99. 999，不定位时，值为 127. 000
msl	DOUBLE	椭球高
M	STR	椭球高单位，固定填 M
Altref	DOUBLE	海平面分离度
M	STR	海平面分离度单位，固定填 M
DiffAge	DOUBLE	差分校正时延，单位为秒。非差分定位时为空
DiffStation	DOUBLE	参考站 ID，非差分定位时为空
cs	STR	校验和本条语句从'＄'到'＊'之间的所有字符进行异或得到的十六进制数

2）GLL 消息的内容见表 4-5。

表 4-5　GLL 消息的内容

消息格式	＄--GLL，Lat，N，Lon，E，time，Valid，Mode ＊ cs
例子	＄GPGLL，4002. 217867，N，11618. 105743，E，123400. 000，A，A ＊ 5B
描述	地理位置经度/纬度
类型	输出

参数定义

参数名字	类　　型	描　　述
--	STR	定位系统标识 GP：GPS 系统单独定位 BD：北斗系统单独定位 GN：GPS 与北斗系统混合定位
Lat	STR	纬度，格式为 ddmm. mmmmmm dd：度 mm. mmmmmm：分
N	STR	北纬或南纬指示 N：北纬 S：南纬

（续）

参 数 名 字	类　型	描　述
Lon	STR	经度，格式为 dddmm. mmmmmm ddd：度 mm. mmmmmm：分
E	STR	东经或西经指示 E：东经 W：西经
time	STR	UTC 时间，格式为 hhmmss. sss hh：小时 mm：分钟 ss. sss：秒
Valid	STR	位置有效标识 V：无效 A：有效
Mode	STR	定位模式 V：无效 A：有效
cs	STR	校验和本条语句从'$'到'*'之间的所有字符进行异或得到的十六进制数

3）GSA 消息的内容见表 4-6。

表 4-6　GSA 消息的内容

消息格式	$--GSA,Smode,FS,sv1,sv2,sv3,sv4,sv5,sv6,sv7,sv8,sv9,sv10,sv11,sv12,PDOP,HDOP,VDOP*cs
例子	$GPGSA,A,3,14,22,18,31,,,,,,,,,5.572,2.788,4.824*36
描述	GNSS 精度因子与有效卫星信息
类型	输出

参数定义

参 数 名 字	类　型	描　述
--	STR	定位系统标识 GP：GPS 系统单独定位 BD：北斗系统单独定位 GN：GPS 与北斗系统混合定位
Smode	STR	定位模式指定状态 M：手动指定 2D 或 3D 定位 A：自动切换 2D 或 3D 定位
FS	UINT	定位模式 1：未定位 2：2D 定位 3：3D 定位
sv1~sv12	UINT	参与定位的卫星号 参与定位的卫星不足 12 颗时，不足的区域填空；多于 12 颗时，只输出前 12 颗卫星 GPS 卫星号为 1~32 北斗卫星号为 161~197（160+北斗 PRN 号）
PDOP	DOUBLE	位置精度因子，0.0；99.999，不定位时，值为 127.000
HDOP	DOUBLE	水平精度因子，0.0；99.999，不定位时，值为 127.000

（续）

参数名字	类　　型	描　　述
VDOP	DOUBLE	垂向精度因子，0.0~99.999，不定位时，值为 127.000
cs	STR	校验和本条语句从 '$' 到 '*' 之间的所有字符进行异或得到的十六进制数

4）GSV 消息格式，见表 4-7。

表 4-7　GSV 消息的内容

消息格式	$--GSV,NoMsg,MsgNo,NoSv,sv1,elv1,az1,cno1,sv2,elv2,az2,cno2,sv3,elv3,az3,cno3,sv4,elv4,az4,cno4 * cs
例子	$GPGSV,3,1,11,3,82,133,50,6,70,73,50,7,21,311,45,13,46,275,50 * 75 $GPGSV,3,2,11,16,52,51,49,19,52,194,49,21,12,49,37,23,40,222,49 * 7C $BDGSV,2,1,5,161,35,140,47,163,33,224,47,164,24,124,43,167,47,73,48 * 54
描述	可见的 GNSS 卫星每条 GSV 消息只包含 4 颗卫星的信息。当卫星数量超过 4 颗时，接收机连续发送多条 GSV 消息
类型	输出

参数定义

参数名字	类　　型	描　　述
--	STR	定位系统标识 GP：GPS 系统单独定位 BD：北斗系统单独定位 GN：GPS 与北斗系统混合定位
NoMsg	UINT	GSV 消息总数，最小值为 1 NoMsg 为本系统的 GSV 消息总数，比如 GPGSV 中的 NoMsg 为 GPGSV 的消息总数，不包含 BDGSV 的消息数量
MsgNo	UINT	本条 GSV 消息的编号，最小值为 1 MsgNo 为本条 GSV 消息在本系统 GSV 消息中的编号。连续输出的 GPGSV 和 BDGSV 分别编号
NoSv	UINT	本系统可见卫星的总数
sv1~sv4	UINT	第 1~4 颗卫星的卫星号 GPS 卫星号为 1 ~ 32 北斗卫星号为 161 ~ 197（160+北斗 PRN 号）
elv1~elv4	UINT	第 1~4 颗卫星的仰角（0°~90°）
az1~az4	UINT	第 1~4 颗卫星的方位角（0°~359°）
cno1~cno4	UINT	第 1~4 颗卫星的载噪比（0~99 dBHz） 未跟踪的卫星填空

⚙ 任务实施

任务 4.2　任务实施——GPS 模块

1. 硬件电路设计

（1）GPS 模块电路 ATGM336H　使用 GPS 模块电路（GPS 实验模块就是一个接收机）通过天线接收所有可见 GPS 卫星的信号后，接收机对这些信号进行数据处理而精确地测量出各个卫星信号的发射时间，接着将其自备时钟所显示的信号接收时间与测量所得的信号发射时间相减后再乘以光速，由此得到接收机与卫星之间的距离 L。同时，接收机还从卫星信号中解译出卫星的运行轨道参数，并以此准确地计算出卫星的空间位置(x, y, z)。

当接收卫星数达到 4 颗以上，就通过三维坐标公式解算方程式，获得接收机的坐标。

在该任务中，GPS 采用高性能定位模块 ATGM336H，能接收北斗信号及 GPS 信号。该实验模块如图 4-15 所示。

（2）GPS 模块基本电路 GPS 信号处理采用 ATGM336H 卫星定位模块，集成了 RF 射频芯片、基带芯片和核心 CPU，外围所需器件极少，ATGM336H 将接收到的 GPS 信号处理后，通过串口输出。GPS 模块基本电路图如图 4-16 所示。

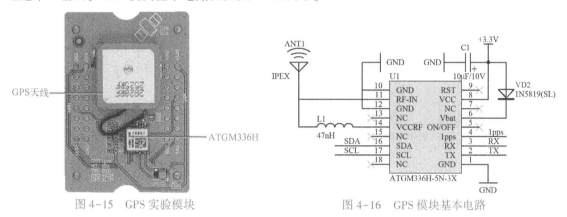

图 4-15 GPS 实验模块   图 4-16 GPS 模块基本电路

2. 软件设计

本程序流程图描述的是 GPS 模块的 STM32 底座的控制流程图，不包含显示器模块的控制流程，如图 4-17 所示。

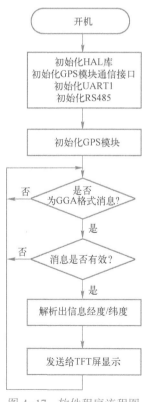

图 4-17 软件程序流程图

main.c 里面初始化 RS-485、串口 1、串口 2、定时器，在 while(1) 循环体里面处理 GPS 数据，然后将数据解析打包后发到 TFT 显示屏显示。主要程序如下。

```c
#include "stm32f1xx_hal.h"
#include "stm32f1xx.h"
#include "string.h"
#include "delay.h"
#include "Rs485.h"
#include "usart.h"
#include "timer.h"
#include "main.h"
#include "GPS.h"
/**
 ***********************************************************
 *     说明：        GPS 模块程序
 ***********************************************************
 **/

int main(void)
{
    HAL_Init();                         //初始化 HAL 库
    Rs485_Init();                       //初始化 RS-485
    UART1_Init(115200);                 //初始化串口 1
    UART2_Init(9600);                   //初始化串口 2,接收 GPS 数据
    TIM3_Init(2000-1,640-1);            //初始化定时器 3(20 ms)

    while(1)
    {
        DataHandling_GPS();             //GPS 数据处理并发送
    }
}
```

定时器 3 中断服务函数中等待 TFT 模块发出请求，收到请求后返回 GPS 位置数据。

```c
//================================================
//  函数名称：   TIM3_IRQHandler
//  函数功能：   定时器 3 中断服务函数
//  入口参数：   无
//  返回参数：   无
//  说明：
//================================================
void TIM3_IRQHandler(void)
{
        if(!DataHandling_485(Addr_GPS))         //处理 RS-485 数据
        {
            switch(Rx_Stack.Command)
            {
                case GPS_Get_Location:          //获取位置数据
                    Rs485_Send(Addr_GPS,Rx_Stack.Src_Adr,GPS_Location,50,GPS_SendData);
                                                //发送 GPS 数据
                    break;
```

```
                                    default:break;
                                }
                        }
                    HAL_TIM_IRQHandler(&TIM3_Handler);
            }
```

在串口 2 中断服务程序中处理 GPS 模块接收到的数据。

```
//=================================================================
//    函数名称：      USART2_IRQHandler
//    函数功能：      串口 2 中断服务程序
//    入口参数：      无
//    返回参数：      无
//    说明：
//=================================================================
unsigned char Res;
uint8_t    RecvSta = 0;
uint8_t    GetGGA_Msg = 0;
void USART2_IRQHandler(void)
{
if((__HAL_UART_GET_FLAG(&UART2_Handler,UART_FLAG_RXNE)!=RESET))
//USART2 的接收数据寄存器 非空
{
    __HAL_USART_CLEAR_FLAG(&UART2_Handler,UART_FLAG_RXNE);
    Res = USART2->DR;

    switch(RecvSta)
    {
        case 1:
            USART2_RX_BUF[USART2_RX_STA++]=Res;
            if(USART2_RX_STA == 6)
            {
            if(StrnCmp(USART2_RX_BUF,(uint8_t*)"$GNGGA",sizeof("$GNGGA")))
                {   //如果收到的消息头是 GNGGA 格式的
                    RecvSta=2;
                }
                else
                {   //如果不是 GNGGA 格式的重新接收
                    USART2_RX_STA = 0;
                    RecvSta=0;
                }
            }
            break;
        case 2://如是 GNGGA 格式的消息,余下的数据在这里接收,
            USART2_RX_BUF[USART2_RX_STA++] = Res;
            if(Res == '\n')//消息以 "\r\n" 结尾
            {                 //接收完成
    GetGGA_Msg = 1;          //置位 GetGGA_Msg,在 main()->while(1){...},检测这个标志位
    RecvSta    = 0;          //RecvSta = 0,继续等待下一条协议到来
    __HAL_UART_DISABLE(&UART2_Handler);//收到期望的数据,关闭串口2。数据处理完成后
                                        //main()->while(1){...}中打开
```

```
                    }
              if( USART2_RX_STA >= USART2_REC_LEN)
                {
                    USART2_RX_STA = 0;
                }
        break;
        default:break;
    }
    if( Res == '$')        //GPS 消息的头均以$开头,\r\n 结尾
    {
        USART2_RX_STA = 0;
        USART2_RX_BUF[ USART2_RX_STA++] = Res;
        RecvSta = 1;   //接收到 $,RecvSta 进入 状态1,进行数据接收
    }
  }
}
```

3. 任务结果及数据

1) 将 TFT 显示屏模块和 GPS 模块分别安装在 STM32 底座上，如图 4-18 所示。ST_LINK 连接：PC 与 TFT 显示屏模块的 STM32 底座连接下载程序。

2) 打开目录：在"GPS 模块→LCD 显示屏模块程序→USER"路径下，找到"TFT.uvprojx"工程文件，如图 4-19 所示，双击启动工程。

3) 编译工程，然后将程序下载到安装 TFT 显示屏模块的底座中，如图 4-20 所示。

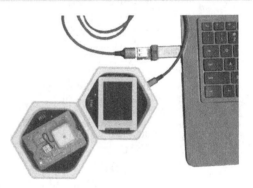

图 4-18 搭建实验硬件平台

14、GPS模块 › LCD显示屏模块程序 › USER		v ○	搜索"USER"
名称	修改日期	类型	大小
DebugConfig	2019/7/26 15:40	文件夹	
EventRecorderStub.scvd	2019/5/16 16:17	SCVD 文件	1 KB
main.c	2019/7/26 15:42	C 文件	2 KB
main.h	2017/5/24 15:37	H 文件	3 KB
stm32f1xx.h	2016/4/25 17:17	H 文件	9 KB
stm32f1xx_hal_conf.h	2016/4/27 16:06	H 文件	15 KB
stm32f1xx_hal_msp.c	2016/4/27 16:06	C 文件	4 KB
stm32f1xx_it.c	2018/7/6 16:08	C 文件	8 KB
stm32f1xx_it.h	2016/4/27 16:06	H 文件	4 KB
stm32f103xe.h	2016/4/25 17:17	H 文件	990 KB
system_stm32f1xx.c	2018/6/7 11:58	C 文件	18 KB
system_stm32f1xx.h	2016/4/25 17:17	H 文件	4 KB
TFT.uvguix.96248	2018/8/27 15:42	96248 文件	171 KB
TFT.uvguix.Administrator	2019/7/26 15:44	ADMINISTRATO...	175 KB
TFT.uvguix.WYJ	2018/6/4 11:28	WYJ 文件	164 KB
TFT.uvoptx	2019/5/16 16:17	UVOPTX 文件	20 KB
TFT.uvprojx	2019/5/13 15:36	礒ision5 Projec	20 KB

图 4-19 启动工程

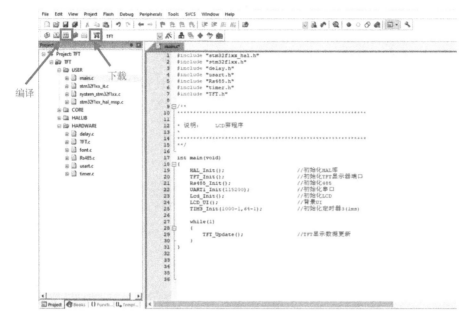

图 4-20　编译并下载程序

4）打开目录：在"GPS 模块→GPS 模块程序→USER"路径下，找到"GPS.uvprojx"工程文件，如图 4-21 所示，双击启动工程。

图 4-21　启动工程

5）编译工程，然后将程序下载到安装 GPS 模块的底座中，如图 4-22 所示。

6）任务结果及数据。程序下载完成后拼接好两个底座，GPS 模块面向天空，约 1 min 后观察 TFT 屏显示的经/纬度数据以及搜索到的卫星数量，如图 4-23 所示。

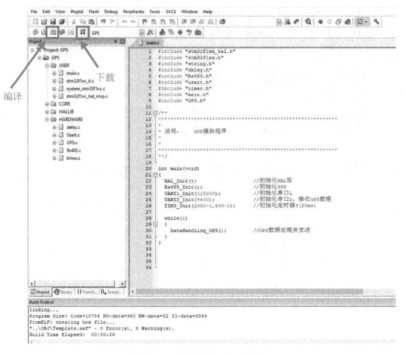

图 4-22　编译并下载程序

图 4-23　实验效果图

　小知识：你小时候玩过陀螺吗？你知道陀螺仪的发明是由陀螺而来的吗？

陀螺就是围绕着某个固定的支点快速转动起来的刚体，平时所说的陀螺其实专指呈对称性的陀螺。它的质量是均匀分布的，形状是轴对称的，自转轴就是它的对称轴。在一定力矩的作用下，陀螺会一直在自转，而且还会围绕着一个不变的轴一直旋转，称作陀螺的旋进或回转效应。

陀螺仪就是根据高速回转物体的动量矩敏感的壳体在相对惯性的空间中，围绕与自转轴正交的一到两个轴的角运动测量精密的装置。

任务 4.3　模拟智慧交通超声波模块设计

本任务要求采用超声波测距模块与 STM32 单片机完成测距模块设计。该设计要求能够用超声波测出 3 m 以内距离（精度 5 cm 以内），并将距离数据显示在数码管上。

任务描述

1. 任务目的及要求

- 了解超声波测距模块的工作原理。
- 了解 STM32 单片机控制超声波测距模块并传输数据的应用。
- 熟练使用单片机开发平台及设备进行相关实验。
- 熟练使用仿真软件进行电路仿真实现。

2. 任务设备

- 硬件：PC、蜂鸣器、STM32 底座、超声波模块、ST_LINK 下载器、ST_LINK 下载器连接线。
- 软件：Keil C51 软件、Proteus ISIS 软件。

相关知识

4.3.1　超声波测距原理

智慧交通中，对于车辆与其他车辆之间的距离的感知，利用距离传感器可获得比较准确的数据。这些数据的获取对于智慧交通来说也是至关重要的。

1. 超声波测距

由于超声波指向性强，能量消耗缓慢，在介质中传播的距离较远，因而超声波经常用于距离的测量，如测距仪和物位测量仪等都可以通过超声波来实现。利用超声波检测往往比较迅速、方便、计算简单、易于做到实时控制，并且在测量精度方面能达到工业实用的要求，因此超声波测距被广泛应用。

2. 超声波发生器

为了研究和利用超声波，人们已经设计和制成了许多超声波发生器。总体上讲，超声波发生器可以分为两大类：一类是用电气方式产生超声波；另一类是用机械方式产生超声波。电气方式包括压电式、磁致伸缩式和电动式等；机械方式有加尔统笛、液哨和气流旋笛等。它们所产生的超声波的频率、功率和声波特性各不相同，因而用途也各不相同。目前较为常用的是压电式超声波发生器。

3. 超声波测距原理

超声波发射器向某一方向发射超声波，在发射的同时开始计时，超声波在空气中传播，途中碰到障碍物就立即返回，超声波接收器收到反射波就立即停止计时。超声波在空气中的传播速度为 340 m/s，根据计时器记录的时间 t，就可以计算出发射点距障碍物的距离 s，即：$s = 340t/2$。这就是所谓的时间差测距法。

超声波测距的原理是利用超声波在空气中的传播速度为已知，测量声波在发射后遇到障碍物反射回来的时间，根据发射和接收的时间差计算出发射点到障碍物的实际距离。由此可见，超声波测距原理与雷达原理是一样的。测距的公式表示为

$$L = C \times T$$

式中，L 为测量的距离；C 为超声波在空气中的传播速度；T 为测量距离传播的时间差（T 为发射到接收时间数值的一半）。

超声波测距主要应用于倒车提醒、建筑工地、工业现场等的距离测量，虽然目前的测距量程上能达到百米，但测量的精度往往只能达到厘米数量级。由于超声波易于定向发射、方向性好、强度易控制、与被测量物体不需要直接接触的优点，是作为液体高度测量的理想手段。在精密的液位测量中需要达到毫米级的测量精度，但是目前国内的超声波测距专用集成电路都是只有厘米级的测量精度。

（1）误差分析 根据超声波测距公式 $L = C \times T$，可知测距的误差是由超声波的传播速度误差和测量距离传播的时间误差引起的。

（2）时间误差 当要求测距误差小于 1 mm 时，假设已知超声波速度 $C = 344$ m/s（20℃室温），忽略声速的传播误差。测距误差 $s\Delta t < (0.001/344) \approx 0.000002907$ s。

在超声波的传播速度是准确的前提下，测量距离的传播时间差值精度只要在达到微秒级，就能保证测距误差小于 1 mm。使用 STM32 单片机定时器能保证时间误差在 1 mm 的测量范围内。

（3）超声波传播速度误差 超声波的传播速度受空气密度所影响，空气密度越高则超声波的传播速度就越快，而空气密度又与温度有着密切的关系。

已知超声波速度与温度的近似公式为

$$C = C_0 + 0.607 \times T$$

式中，C_0 为 0℃时的声波速度为 332 m/s；T 为实际温度（℃）。

对于超声波测距精度要求达到 1 mm 时，就必须把超声波传播的环境温度考虑进去。例如当温度 0℃时超声波速度为 332 m/s，30℃时为 350 m/s，温度变化引起的超声波速度变化为 18 m/s。若超声波在 30℃的环境下以 0℃的声速测量 100 m 距离所引起的测量误差将达到 5 m，测量 1 m 误差将达到 5 cm。

采用 IO 触发测距，给至少 10 μs 的高电平信号；模块自动发送 8 个 40 kHz 的方波，自动检测是否有信号返回；有信号返回，通过 I/O 输出一高电平，高电平持续的时间就是超声波从发射到返回的时间。测试距离 =（高电平时间×声速（340 m/s））/2。超声波时序如图 4-24 所示。

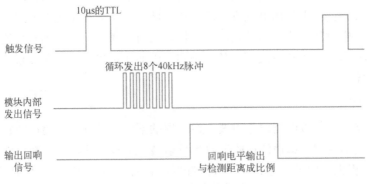

图 4-24 超声波时序图

4.3.2　STM32 单片机串口通信

串口作为 MCU 的重要外部接口，同时也是软件开发重要的调试手段，其重要性不言而喻。基本上所有的 MCU 都会带有串口，STM32 自然也不例外。STM32 的串口资源是相当丰富的，功能也相当强大。

接下来将主要从 HAL 库函数操作层面结合寄存器的描述，介绍如何设置串口，以达到最基本的通信功能。实现利用串口 2 的输入/输出功能，同时结合 PC 端的串口调试助手进行实验介绍及实验演示。

串口的基本设置就是波特率的设置。在 STM32 中只要开启了串口时钟，并设置了相应的 I/O 口复用模式，再配置通信的波特率、数据长度、奇偶校验位等信息，就可以正常使用 STM32 的串口功能。

1. 串口时钟使能

串口作为 STM32 的一个外设，其时钟由外设时钟使能寄存器控制。本节使用的串口 2 的时钟使能寄存器是 APB1ENR 寄存器。在 STM32 中，除了串口 1 的时钟使能寄存器是 APB2ENR 寄存器，其余串口的时钟使能寄存器都是 APB1ENR 寄存器。

2. 串口复位

当外设出现异常的时候，可以通过复位寄存器里面对应位的设置来实现该外设的复位，然后重新配置这个外设达到让其重新工作的目的。一般在系统刚开始配置外设的时候，都会先执行复位该外设的操作。

3. 串口波特率设置

每个串口都有一个自己独立的波特率寄存器 USART_BRR，通过设置该寄存器达到配置不同波特率的目的。这里波特率的计算为

$$T_x/R_x = \frac{f_{\text{PCLK}x}}{16 \times \text{USARTDIV}}$$

式中，$f_{\text{PCLK}x}$（$x=1$、2）是给外设的时钟（PCLK1 用于串口 2、3、4、5，PCLK2 用于串口 1）；USARTDIV 是一个无符号的定点数，它的值可以由串口的 BRR 寄存器值得到。如何从 US-ARTDIV 的值得到 USART_BRR 的值呢？一般已知波特率和 PCLKx 的时钟，可求得 USART_BRR 的值。

下面介绍如何通过 USARTDIV 得到串口 USART_BRR 寄存器的值，假设串口 1 要设置为 9600 bit/s，而 PCLK2 的时钟为 72 MHz。这样，根据上面的公式有：USARTDIV = 72 000 000/（9600×16）= 468.75

那么得到：　　　　　　　　DIV_Fraction = 16×0.75 = 12 = 0x0C；

　　　　　　　　　　　　　DIV_Mantissa = 468 = 0x1D4；

这样，就得到了 USART1->BRR 的值为 0x1D4C。只要设置串口 1 的 BRR 寄存器值为 0X1D4C 就可以得到 9600 bit/s。

下面，简单介绍下与串口基本配置直接相关的几个 HAL 库函数。这些函数和定义主要分布在 stm32f1xx_hal_usart.h 和 stm32f1xx_hal_usart.c 文件中。串口设置按照以下步骤来进行：

1）串口时钟使能函数，定义在 stm32f1xx_hal_rcc.h 中。

```
__HAL_RCC_USART2_CLK_ENABLE( );            //USART2 时钟使能
```

2）串口初始化。

```
UART2_Handler. Instance = USART2;                          //USART2
UART2_Handler. Init. BaudRate = 115200;                    //波特率
UART2_Handler. Init. WordLength = UART_WORDLENGTH_8B;      //字长为 8 位数据格式
UART2_Handler. Init. StopBits = UART_STOPBITS_1;           //一个停止位
UART2_Handler. Init. Parity = UART_PARITY_NONE;            //无奇偶校验位
UART2_Handler. Init. HwFlowCtl = UART_HWCONTROL_NONE;      //无硬件流控
UART2_Handler. Init. Mode = UART_MODE_TX_RX;               //收发模式
UART2_Handler. Init. OverSampling = UART_OVERSAMPLING_16;
HAL_UART_Init( &UART2_Handler);                            //HAL_UART_Init( )初始化 UART2
```

分别设置串口波特率、字长、奇偶校验位、停止位、开启发送和接收等。

3）串口 I/O 初始化。

```
 GPIO_InitTypeDef GPIO_Initure;
 __HAL_RCC_GPIOA_CLK_ENABLE( );            //使能 GPIOA 时钟
 __HAL_RCC_USART2_CLK_ENABLE( );           //使能 USART2 时钟
 __HAL_RCC_AFIO_CLK_ENABLE( );             //复用功能时钟使能

 GPIO_Initure. Pin = GPIO_PIN_2;           //PA2
 GPIO_Initure. Mode = GPIO_MODE_AF_PP;     //复用推挽输出
 GPIO_Initure. Pull = GPIO_PULLUP;         //上拉
 GPIO_Initure. Speed = GPIO_SPEED_FREQ_HIGH;  //高速
 HAL_GPIO_Init( GPIOA ,&GPIO_Initure);     //初始化 PA2

 GPIO_Initure. Pin = GPIO_PIN_3;           //PA3
 GPIO_Initure. Mode = GPIO_MODE_AF_INPUT;  //设置为复用输入模式
 HAL_GPIO_Init( GPIOA ,&GPIO_Initure);     //初始化 PA3
```

这里分别设置了 PA3 和 PA2 作为串口的 TX 和 RX 引脚。

4）串口的发送和接收。

普通发送和接收函数如下。

```
HAL_StatusTypeDef HAL_UART_Transmit( UART_HandleTypeDef  * huart, uint8_t  * pData, uint16_t
Size, uint32_t Timeout);
HAL_StatusTypeDef HAL_UART_Receive( UART_HandleTypeDef  * huart, uint8_t  * pData, uint16_t
Size, uint32_t Timeout);
```

这两个函数是阻塞发送的，需要设置超时时间，只有在规定时间内发送完所有数据后才会返回。

5）中断发送和接收函数如下。

```
HAL_StatusTypeDef HAL_UART_Transmit_IT( UART_HandleTypeDef  * huart, uint8_t  * pData, uint16_
t Size);
HAL_StatusTypeDef HAL_UART_Receive_IT( UART_HandleTypeDef  * huart, uint8_t  * pData, uint16_t
Size);
```

6) 要使用中断收发函数，必须使能串口中断。

```
HAL_NVIC_EnableIRQ(USART2_IRQn);          //使能 USART2 中断通道
HAL_NVIC_SetPriority(USART2_IRQn,3,3);    //抢占优先级3,子优先级3
```

上述程序分别是开启中断和设置串口的中断优先级。

用中断传输和接收函数，这是一个异步处理的过程，程序会立即返回，当发送完所有的数据或者接收完所有的数据后，会分别调用，HAL_UART_TxCpltCallback( ) 和 HAL_UART_RxCpltCallback( )函数。

任务实施

1. 硬件电路设计

本任务采用 HC_SR04 超声波模块与单片机进行硬件连接完成超声测距功能。完成后的模块电路如图 4-25 所示。该模块可同时采集 4 路信号，检测到的距离在中间数码管上显示。

超声波模块的原理图如图 4-26 所示。

图 4-25　超声波模块

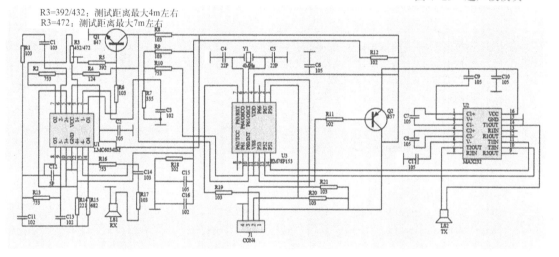

图 4-26　超声波模块的原理图

2. 软件设计

在主函数中初始化实验所需的 I/O 口等。

```
#include "stm32f1xx_hal. h"
#include "stm32f1xx. h"
#include "HC_SR04. h"
#include "TM1640. h"
#include "Rs485. h"
#include "usart. h"
#include "delay. h"
#include "timer. h"
/* *
```

```
*************************************************************
*    说明：     超声波模块
*************************************************************
**/
int main( void)
{
    HAL_Init( );                      //初始化 HAL 库
Rs485_Init( );                        //初始化 485
TM1640_Init( );                       //初始化 TM1640
HCSR04_Init( );                       //初始化超声波模块
UART1_Init( 115200);                  //初始化串口一
TIM2_Init( 10-1,64-1);                //初始化定时器 2( 10 μs)

while( 1)
{
    HCSR04_StartMeasure( 50);    //测距并显示到数码管上( P5A)
}
}
```

在 HCSR04_StartMeasure( )函数中测距并在数码管上显示。

```
//================================================================
//   函数名称：     HCSR04_StartMeasure( )
//   函数功能：     超声波模块测距
//   入口参数：     Num:检测次数
//   返回参数：     无
//说明：
//================================================================
void HCSR04_StartMeasure( uint8_t Num)
{
static   uint8_t Flag = 1;
static      uint16_t i = 0,Avg = 0;
static   uint32_t HCSR04_Distance = 0;
for( i=0;i<Num;i++)
{
    Trigl3_HIGH( );                                    //拉高 Trigl3
    delay_us( 20);
    Trigl3_LOW( );                                     //拉低 Trigl3

    while( ! Echo3_STATE( ))                            //等待返回
    {
        HAL_NVIC_EnableIRQ( TIM2_IRQn);               //开启 TIM2 中断,开始计时
        Flag = 1;
    }
    while( Flag)                                        //已经检测到高电平
    {
        if( !Echo3_STATE( ))                           //接收完成
        {
            HAL_NVIC_DisableIRQ( TIM2_IRQn);          //关闭 TIM2 中断
            HCSR04_Distance+= HCSR04Count * 17/100;
```

```
                    HCSR04Count = 0;
                    Flag = 0;
                }
            }
        }
        Avg = HCSR04_Distance/Num;
        send_LED_Display(0xC0,Avg,1);            //数码管显示距离
        HCSR04_Distance = 0;
        delay_ms(500);
    }
```

3. 任务结果及数据

1）将超声波模块安装在 STM32 底座上，如图 4-27 所示。ST_LINK 连接：PC 与超声波模块的 STM32 底座连接下载程序（例程中是插在 P5A 上）。

2）打开目录：在"超声波模块→超声波模块程序→USER"路径下，找到"HC-SR04. uvprojx"工程文件，如图 4-28 所示，双击启动工程。

3）编译工程，如图 4-29 所示，然后将程序下载到安装超声波模块的底座中。

4）任务结果及数据。程序下载完成后如图 4-30 所示，使用超声波测距，显示到数码管上的距离为 21 cm。

图 4-27　搭建实验硬件平台

16、超声波模块 › 超声波模块程序 › USER ›		～ ひ	搜索"USER"
名称 ^	修改日期	类型	大小
DebugConfig	2019/7/26 16:34	文件夹	
EventRecorderStub.scvd	2018/12/18 18:12	SCVD 文件	1 KB
HC-SR04.uvguix.Administrator	2019/7/24 10:04	ADMINISTRATO...	174 KB
HC-SR04.uvoptx	2019/3/19 9:51	UVOPTX 文件	19 KB
HC-SR04.uvprojx	2019/3/19 9:51	μision5 Project	20 KB
main.c	2019/6/28 11:55	C 文件	2 KB
main.h	2017/5/24 15:37	H 文件	3 KB
stm32f1xx.h	2016/4/25 17:17	H 文件	9 KB
stm32f1xx_hal_conf.h	2016/4/27 16:06	H 文件	15 KB
stm32f1xx_hal_msp.c	2016/4/27 16:06	C 文件	4 KB
stm32f1xx_it.c	2018/6/12 11:54	C 文件	8 KB
stm32f1xx_it.h	2016/4/27 16:06	H 文件	4 KB
stm32f103xe.h	2016/4/25 17:17	H 文件	990 KB
system_stm32f1xx.c	2018/6/1 10:04	C 文件	18 KB
system_stm32f1xx.h	2016/4/25 17:17	H 文件	4 KB

图 4-28　启动工程

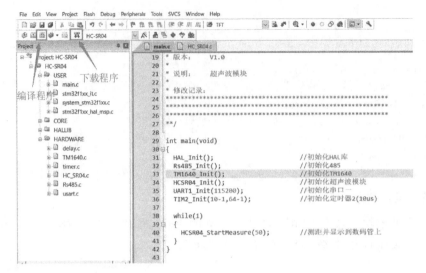

图 4-29　编译并下载程序

图 4-30　超声波测距显示

习题与练习

一、填空题

1. STM32 芯片内部集成的＿＿＿＿＿＿位 ADC 是一种逐次逼近型模拟/数字转换器，具有＿＿＿＿＿个通道，可测量＿＿＿＿＿个外部和＿＿＿＿＿个内部信号源。

2. 在 STM32 中，只有在＿＿＿＿＿的转换结束时才产生 DMA 请求，并将转换的数据从＿＿＿＿＿寄存器传输到用户指定的目的地址。

3. 在有两个 ADC 的 STM32 器件中，可以使用＿＿＿＿＿。

4. ADC 的校准模式通过设置＿＿＿＿＿寄存器的＿＿＿＿＿位来启动。

5. 在 STM32 中，＿＿＿＿＿寄存器的＿＿＿＿＿位选择转换后数据储存的对齐方式。

6. STM32 的＿＿＿＿＿为通用同步异步收发器，其可以与使用工业标准＿＿＿＿＿异步串行数据格式的外部设备之间进行全双工数据交换。

7. STM32 的 USART 可以利用＿＿＿＿＿发生器提供宽范围的波特率选择。

二、选择题

1. ADC 转换过程不含（　　　）。

A. 采样 　　　　　B. 量化 　　　　　C. 编码 　　　　　D. 逆采样

2. ADC 转换过程正确的是（　　　）。

A. 采样→量化→编码 　　　　　　　　B. 量化→采样→编码

C. 采样→编码→量化 　　　　　　　　D. 编码→采样→量化

3. （　　　）不是 ADC 转换器的主要技术指标。

A. 分辨率 　　　　B. 频率 　　　　　C. 转换速率 　　　　D. 量化误差

4. 以下对 STM32F107 集成 ADC 的特性描述不正确的是（　　　）。

A. 12 位精度 　　　　　　　　　　　B. 单一转换模式

C. 按通道配置采样时间 　　　　　　　D. 数据对齐方式与内建数据一致

5. 以下对 STM32F107 集成 ADC 的特性描述正确的是（　　　）。

A. 供电需求：2.6~3.8 V

B. 输入范围：VREF_ ≤ VIN ≤ VREF+

C. 性能线设备的转换时间：28 MHz 时为 1 μs

D. 访问线设备的转换时间：56 MHz 时为 1 μs

6. ADC 注入通道数据偏移寄存器有 4 个，其偏移地址为 14H~20H，JOFR1 的偏移地址为（　　　）。

A. 0x20 　　　　　B. 0x1c 　　　　　C. 0x18 　　　　　D. 0x14

7. ADC 注入通道数据偏移寄存器有 4 个，其偏移地址为 14H~20H，JOFR2 的偏移地址为（　　　）。

A. 0x14 　　　　　B. 0x18 　　　　　C. 0x1c 　　　　　D. 0x20

8. STM32 的 USART 根据（　　　）寄存器 M 位的状态，来选择发送 8 位或者 9 位的数据字。

A. USART_CR1 　　　　　　　　　　B. USART_CR2

C. USART_BRR 　　　　　　　　　　D. USART_CR3

9. 在 ADC 的扫描模式中，如果设置了 DMA 位，在每次 EOC 后，DMA 控制器把规则组通道的转换数据传输到（　　　）中。

A. SRAM 　　　　　B. Flash 　　　　　C. ADC_JDRx 　　　　D. ADC_CR1

三、判断题

1. ADC 主要完成模/数转换功能。　　　　　　　　　　　　　　　　　（　　　）

2. STM32 ADC 是一个 12 位的连续近似模拟到数字的转换器。　　　　　（　　　）

3. ADC 转换器在每次结束一次转换后触发一次 DMA 传输。　　　　　　（　　　）

4. 由 ADC 的有限分辨率而引起的误差称为量化误差。　　　　　　　　（　　　）

5. 转换速率是指完成一次从模拟到数字的转换所需的时间。　　　　　　（　　　）

6. STM32 ADC 只可以在单一模式下工作。　　　　　　　　　　　　　（　　　）

7. 如果规则转换已经在运行，为了注入转换后确保同步，所有的 ADC 的规则转换被停止，并在注入转换结束时同步恢复。　　　　　　　　　　　　　　　　　（　　　）

8. STM32 的串口既可以工作在全双工模式下，也可工作在半双工模式下。　（　　　）

9. STM32 的串口既可以工作在异步模式下，也可工作在同步模式下。　　（　　　）

<table>
<tr><td>项目 5</td><td>智慧农业——土壤及空气参
数采集系统单片机模块设计</td></tr>
</table>

项目目标

- 智慧农业的具体应用场景。
- 几种传感器的工作原理。
- STM32 单片机看门狗的工作原理。
- PM2.5 是如何进行参数测试的。
- 不同种类传感器在智慧农业中用单片机实现数据采集和处理。

随着物联网信息技术的发展与应用，农业中也采用了这些技术让整个产业更加智能化和智慧化。智慧农业是指现代科学技术与农业种植相结合，从而实现无人化、自动化、智能化管理。农业大棚就是智慧农业中典型的应用场景之一。在智慧大棚中，可以利用各种传感器实时采集棚内的土壤水分、土壤温度、空气温度、空气湿度、光照强度、植物养分含量等参数。然后再根据检测结果确定是否需要灌溉、施肥、除虫等操作。在本项目中，来了解智慧农业相关知识，以及学习使用 STM32 单片机进行模块设计来模拟智慧农业中典型场景应用。

任务 5.1 模拟智慧农业的温湿度模块设计

本任务要求选用合适的温湿度模块与单片机进行硬件电路设计及软件编程。该系统具备环境温湿度采集及显示功能。温湿度采集模块在智慧农业的大棚中经常使用。这也是智慧农业常见的应用场合之一。

🧭 任务描述

1. 任务目的及要求

- 了解温湿度模块的工作原理。
- 了解 STM32 单片机系统控制温湿度模块及数据采集。
- 熟练使用单片机开发平台及设备进行相关实验。
- 熟练使用仿真软件进行电路仿真实现。

2. 任务设备

- 硬件：PC、蜂鸣器、STM32 底座、温湿度模块、ST_LINK 下载器、ST_LINK 下载器连接线。

● 软件：Keil C51 软件、Proteus ISIS 软件。

相关知识

5.1.1　智慧农业应用场景

所谓"智慧农业"就是充分应用现代信息技术成果，集成应用计算机与网络技术、物联网技术、音视频技术、3S 技术、无线通信技术及专家智慧与知识，实现农业可视化远程诊断、远程控制、灾变预警等智能管理。

智慧农业是指现代科学技术与农业种植相结合，从而实现无人化、自动化、智能化管理。智慧农业就是将物联网技术运用到传统农业中去，运用传感器和软件通过移动平台或者计算机平台对农业生产进行控制，使传统农业更具有"智慧"。除了精准感知、控制与决策管理外，从广泛意义上讲，智慧农业还包括农业电子商务、食品溯源防伪、农业休闲旅游、农业信息服务等方面的内容。

智慧农业是农业生产的高级阶段，是集新兴的互联网、移动互联网、云计算和物联网技术为一体，依托部署在农业生产现场的各种传感节点（环境温湿度、土壤水分、二氧化碳、图像等）和无线通信网络，实现农业生产环境的智能感知、智能预警、智能决策、智能分析、专家在线指导，为农业生产提供精准化种植、可视化管理、智能化决策。

智慧农业是物联网技术在现代农业领域的应用，主要有监控功能系统、监测功能系统、实时图像与视频监控功能。

（1）监控功能系统　根据无线网络获取的植物生长环境信息，如监测土壤水分、土壤温度、空气温度、空气湿度、光照强度、植物养分含量等参数。其他参数也可以选配，如土壤中的 pH 酸碱度、电导率等。信息收集负责接收无线传感汇聚节点发来的数据、存储、显示和数据管理，实现所有基地测试点信息的获取、管理、动态显示和分析处理，以直观的图表和曲线的方式显示给用户，并根据以上各类信息的反馈对农业园区进行自动灌溉、自动降温、自动施肥、自动喷药等自动控制。智慧大棚典型应用场景如图 5-1 所示。

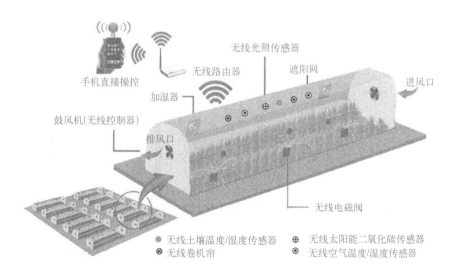

图 5-1　智慧大棚典型应用场景

（2）监测功能系统　在农业园区内实现自动信息检测与控制。太阳能供电系统、信息采集和信息路由设备配备无线传感传输系统，每个基点配置无线传感节点，每个无线传感节点可监测土壤水分、土壤温度、空气温度、空气湿度、光照强度、植物养分含量等参数。根据种植作物的需求提供各种声光报警信息和短信报警信息。

（3）实时图像与视频监控功能　农业物联网的基本概念是实现农业上作物与环境、土壤及肥力间的物物相联的关系网络，通过多维信息与多层次处理实现农作物的最佳生长环境调理及施肥管理。但是作为管理农业生产的人员而言，仅仅数值化的物—物相联并不能完全营造作物最佳生长条件。视频与图像监控为物与物之间的关联提供了更直观的表达方式。比如：哪块地缺水了，在物联网单层数据上看仅仅能看到水分数据偏低。应该灌溉到什么程度也不能仅仅根据这一个数据来做决策。因为农业生产环境的不均匀性决定了农业信息获取上的不足，而很难从单纯的技术手段上进行突破。视频监控的引用，能直观地反映农作物生产的实时状态。引入视频图像与图像处理，既可直观反映一些作物的生长长势，也可以侧面反映出作物生长的整体状态及营养水平。可以从整体上给农户提供更加科学的种植决策理论依据。

5.1.2　各类传感器工作原理

1. 温度传感器工作原理

温度传感器利用材料的物理特性会随着湿度变化的原理设计。比如利用金属膨胀原理设计的传感器，将双金属片由两片不同膨胀系数的金属贴在一起而组成，随着温度变化，材料 A 比材料 B 的金属膨胀程度要高，引起金属片弯曲。弯曲的曲率可以转换成一个输出信号，比如利用金属随着温度变化，其电阻值也发生变化，阻值的变化会导致电流、电压的变化，通过测量电流、电压便可知道温度的变化。双金属测温原理如图 5-2 所示。

2. 湿度传感器工作原理

湿敏元件是最简单的湿度传感器。湿敏元件主要有电阻式、电容式两大类。湿敏电阻的特点是在基片上覆盖一层用感湿材料制成的膜，当空气中的水蒸气吸附在感湿膜上时，元件的电阻率和电阻值都发生变化，利用这一特性即可测量湿度。湿敏电容一般是用高分子薄膜电容制成的，常用的高分子材料有聚苯乙烯、聚酰亚胺、酪酸醋酸纤维等。当环境湿度发生改变时，湿敏电容的介电常数发生变化，使其电容量也发生变化，其电容变化量与相对湿度成正比。温湿度模块使用 STH20，采用的是电容式湿敏元件。湿敏电容的结构如图 5-3 所示。

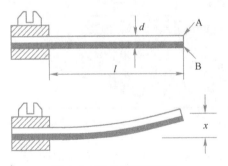

图 5-2　双金属测温原理

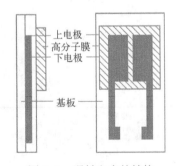

图 5-3　湿敏电容的结构

3. 光敏传感器工作原理

光敏传感器的工作原理是基于内光电效应。在半导体光敏材料两端装上电极引线，将其封装在带有透明窗的管壳里就构成光敏电阻，为了增加灵敏度，两电极常做成梳状，当受到一定波长的光线照射时，电阻会随着光照强度的增大而减小，电流也会随电阻的减小而增大，从而实现光电转换。当光照强度减小后光敏电阻值增大。光电传感器中的光电耦合器原理如图 5-4 所示。

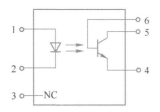

图 5-4　光电耦合器原理

1—阳极　2—阴极　3—NC　4—发射极　5—集电极　6—基极

⚙️ **任务实施**

任务 5.1　任务实施——温湿度模块

1. 硬件电路设计

任务中采用 SHT20 模块作为温湿度采集模块电路。温湿度模块电路如图 5-5 所示。

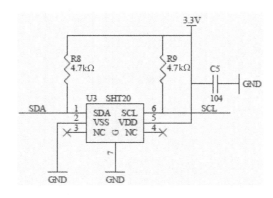

图 5-5　温湿度模块电路

采集的温湿度数据用数码管显示。数码管显示模块电路如图 5-6 所示。

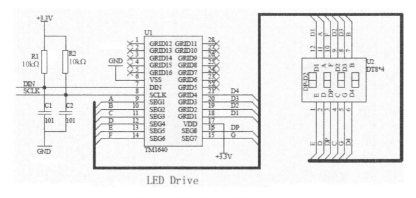

图 5-6　数码管显示模块电路

2. 软件设计

软件流程图如图 5-7 所示。

main. c 主程序里面初始化 I^2C、ADC、串口、RS-485、定时器和数码管驱动芯片，在 while
（1）循环体里面获取温湿度并显示到数码管上。

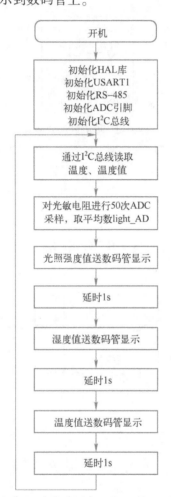

图 5-7　软件流程图

```
#include "stm32f1xx_hal. h"
#include "stm32f1xx. h"
#include "TM1640. h"
#include "SHT20. h"
#include "delay. h"
#include "timer. h"
#include "Usart. h"
#include "ADC. h"
/ **
**************************************************************
*　　说明：　　　　　温湿度模块
*　　修改记录：
```

```
*********************************************************************
**/

int main(void)
{
    HAL_Init();                          //初始化 HAL 库
    ADC_Init();                          //初始化 ADC
    SHT2x_Init();                        //初始化 SHT20
    TM1640_Init();                       //初始化 TM1640
    TIM3_Init(2000-1,640-1);             //初始化定时器 3(20 ms)
    while(1)
    {
        Display_Data();                  //获取温湿度并显示到数码管上
    }
}
```

在 Display_Data( )函数中获取并显示温湿度、光强数据。

```
//========================================================
//      函数名称:      Display_Data
//      函数功能:      获取温湿度数据并显示到数码管
//      入口参数:      时间
//      返回参数:      无
//      说明:
//========================================================
void Display_Data(void)
{
static uint8_t Display_Flag = 0;                          //显示标志位

    SHT2x_GetTempHumi();                                 //获取温湿度值
    LDR_Data = Get_Adc_Average(ADC_CHANNEL_0,50);       //获取光照强度

    if(Display_Count>=80 && Display_Flag == 0)          //1600 ms 显示温度
    {
        Display_Flag = 1;
        send_LED_Display(0xC0,g_sht2x_param. TEMP_HM,1);
    }
        else if(Display_Count>=160 && Display_Flag == 1)   //3200 ms 显示湿度
    {
        Display_Flag = 2;
        send_LED_Display(0xC0,g_sht2x_param. HUMI_HM,2);
    }
    else if(Display_Count>=240 && Display_Flag == 2)    //4800 ms 显示光强
    {
        send_LED_Display(0xC0,LDR_Data,3);
        Display_Count = 0;
        Display_Flag = 0;
    }
}
```

在定时器中计数，在 Display_Data( ) 函数调用计数值进行分时显示温湿度以及光照强度的数据。

3. 任务结果及数据

1）将温湿度模块安装在 STM32 底座上，如图 5-8 所示。ST_LINK 连接：PC 与温湿度模块的 STM32 底座连接下载程序。

2）打开目录：在"温湿度模块→温湿度模块程序→USER"路径下，找到"SHT20. uvprojx"工程文件，如图 5-9 所示，双击启动工程。

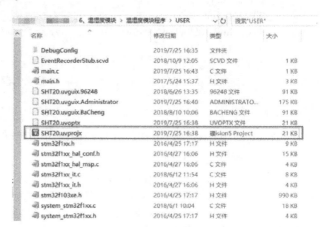

图 5-8　搭建实验硬件平台　　　　　　　　　　　　图 5-9　启动工程

3）编译工程，然后将程序下载到安装温湿度模块的底座中，如图 5-10 所示。

图 5-10　编译并下载程序

4）观察数码管上显示的数据值。最右边数码管显示末端字母"H"表示湿度值，如图 5-11 所示。最右边数码管显示末端字母"C"表示温度值，如图 5-12 所示。

5）用手轻按温湿传感器，观察温度和湿度的变化。

图 5-11　显示湿度值

图 5-12　显示温度值

 小知识： 土壤对农作物的生长究竟起着怎样的作用呢？

　　土壤是植物生长发育的基础。土壤供给植物正常生长发育所需要的水、肥、气、热的能力，称土壤肥力。土壤的这些条件互相影响，互相制约，如水分过多，土壤的通气性就差，有机质分解慢，有效养分少，而且容易流失；相反，土壤水分不足，又不能满足植物所需要的水分，同时由于好气菌活动强烈，土壤的有机质分解过快，也会造成养分不足。植物生长发育需要有营养保证，需从土壤中吸收氮、磷、钾、钙、镁、硫、铁、锰、硼、锌、钼等养分。在栽培过程中应注意平衡施肥，通过一定的方式监测土壤条件，以便不断完善和改良条件以适合农作物的生长，这样才能助推智慧农业的发展。

任务5.2　模拟智慧农业大气压力模块设计

　　本任务要求选用合适的大气压力传感器模块与单片机进行硬件电路设计及软件编程。该系统具备环境气压检测及串口打印气压数据功能。气压检测模块在智慧农业中的大棚经常使用。当出现气压过高或过低时，进行主动干预，以保证正常的气压。

任务描述

1. 任务目的及要求

- 了解大气压力模块的工作原理。
- 了解 STM32 单片机系统控制大气压力模块及数据采集。
- 熟练使用单片机开发平台及设备进行相关实验。
- 熟练使用仿真软件进行电路仿真实现。

2. 任务设备

- 硬件：PC、蜂鸣器、STM32 底座、大气压力传感器模块、ST_LINK 下载器、ST_LINK 下载器连接线。
- 软件：Keil C51 软件、Proteus ISIS 软件。

相关知识

5.2.1 压力传感器介绍

空气压力传感器是基于空气压力为传导对象，实现感应控制的控制感应器。在空气压力传感器的内部，设置有能够使空气进入的进气管，一旦通电之后就能够将空气转入传感器的内部，当空气进入之后，就会产生挤压感应器的压力，通过捕捉电路内部的电流的大小，就能够间接地通过压力大小来传导电子信号，从而对空气压力传感器所控制的装置发出工作信号，使其有所动作，完成一整套的工作。

空气压力传感器的内部有着进气管和真空管，进气管主要负责空气的进入，当空气进入到传感器内部的时候，就会对真空管产生压力，而压力的大小会随着空气的进入量不断增加而变大，而真空管的另一边安装有压敏式电阻。

压敏式电阻是一种能够基于压力的大小而不断变更电阻大小的变阻器。而电阻的大小变化能够对电路中的电流大小产生影响，从而发出不同的电信号，对电路产生不同的控制效果。这就是空气压力传感器的工作原理。压敏电阻式压力传感器结构如图 5-13 所示。

空气压力传感器在使用的过程中，一定要注意到使用环境中空气质量的问题，如果空气中的杂质与尘埃过多，就会使尘埃涌入传感器内部，影响传感器的使用效果。空气中的水汽也会影响着空气压力传感器的使用效果，如果水汽过多的话，就会使传感器的一些部位生锈，从而影响使用的效果。

常见大气压力传感器是在单晶硅片上扩散上一个惠斯通电桥，电压阻效应使桥臂电阻值发生变化，产生一个差动电压信号。此信号经专用放大器，再经电压电流变换，将量程相对应的信号转化成标准 $4\sim20\ \mathrm{mA}/1\sim5\ \mathrm{V\ DC}$。惠斯通电桥结构如图 5-14 所示。

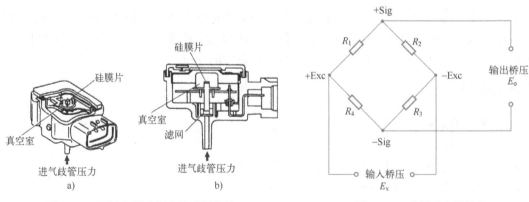

图 5-13　压敏电阻式压力传感器结构　　　　　图 5-14　惠斯通电桥结构
　　　　a）外形图　b）结构图

5.2.2 STM32 看门狗模块

1. 看门狗模块简介

STM32 自带两个看门狗模块，独立看门狗 IWDG 和窗口看门狗 WWDG，提供了更高的安全性、时间的精确性和使用的灵活性。看门狗主要用来检测和解决由软件错误引起的故障；当计数器达到给定的超时值时，触发一个中断（仅适用于窗口型看门狗）或产生系统复位。

独立看门狗的特点是：由内部专门的 40 kHz 低速时钟驱动，即使主时钟发生故障，它也仍然有效。但 40 kHz 低速时钟并不是一个精确的值，而是在 30～60 kHz 变化的。它的优点是：既使 CPU 主晶振停止工作，或者 CPU 进入了休眠模式，看门狗也可以生效。当 CPU 进入休眠模式并且是深度休眠的时候，看门狗可以作为一个 CPU 的定时唤醒闹钟，以达到超低功耗的同时还能定时醒来。看门狗由于最大可以分频到 256，看门狗定时器最大可以设置到 0xFFF，所以最长的喂狗时间是 26 s。独立看门狗限制喂狗时间在 0～x 内，x 由相关寄存器决定。喂狗的时间不能过晚。

独立看门狗工作原理：在键值寄存器（IWDG_KR）中写入 0xCCCC，开始启用独立看门狗，此时计数器开始从其复位值 0xFFF 递减计数，当计数器计数到末尾 0x000 的时候，会产生一个复位信号（IWDG_RESET），无论何时，只要寄存器 IWDG_KR 中被写入 0xAAAA，IWDG_RLR 中的值就会被重新加载到计数器中从而避免产生看门狗复位。

2. 看门狗模块启动过程

独立看门狗启动过程如下：

（1）向 IWDG_KR 中写入 0X5555，取消寄存器写保护　这一步取消了 IWDG_PR 和 IWDG_RLR 的写保护，下一步设置它们的初值：

看门狗的喂狗时间（看门狗溢出时间）计算公式为

$$Tout = \frac{4 \times 2^{prer} \times rlr}{40}$$

式中，Tout 是看门狗溢出时间（单位为 ms）；prer 是看门狗时钟预分频值（IWDG_PR 值），范围为 0～7；rlr 为看门狗重载值（IWDG_RLR）。

比如设置 prer 为 4，rlr 的值为 625，就可以计算得到 Tout = 64×625/40 = 1000（ms），这样，看门狗的溢出时间就是 1 s，只要在这一秒钟内，有一次写入 0xAAAA 到 IWDG_KR，就不会导致看门狗复位（写入多次也是可以的）（由于看门狗的时钟不是准确的 40 kHz，所以喂狗不要太迟，以免发生看门狗复位）。

（2）向 IWDG_KR 中写入 0xAAAA，重载计数值喂狗　通过这步可以将重载寄存器（IWDG_RLR）中的计数初值载入到看门狗计数器中（也可以使用该命令喂狗）。

（3）向 IWDG_KR 中写入 0xCCCC，启动看门狗　通过这步就启动 STM32 的看门狗了。启动了看门狗，在程序里面就必须间隔一定的时间喂狗，否则导致程序复位。

3. 看门狗模块应用实例

本实例用到如下资源：LED1～LED4、KEY1～KEY3 按键。本实验主要是设置 STM32 的内部资源，和外围电路没有联系。为观察现象，本实验通过 LED1～LED4 的闪烁以及 KEY1～KEY3 按键的喂狗动作来实现实验的展示。

打开独立看门狗实验工程（实验：独立看门狗），在工程中新增看门狗的 iwdg. c 及其相关 HAL 库函数。具体代码如下：

```
#include "iwdg. h"
IWDG_HandleTypeDef IWDG_Handler; //独立看门狗句柄
//===================================================
//      函数名称：    IWDG_Init
//
//      函数功能：    初始化独立看门狗
//
//      入口参数：
//        prer:预分频值:IWDG_PRESCALER_4~IWDG_PRESCALER_256
//        rlr:自动重载值,0~0XFFF
//
//      返回参数：    无
//
//      说明：        时间计算(大概):Tout=((4*2^prer)*rlr)/32（ms)
//===================================================
void IWDG_Init( unsigned char prer,unsigned int rlr)
{
    IWDG_Handler. Instance=IWDG;
    IWDG_Handler. Init. Prescaler=prer;        //设置 IWDG 分频系数
    IWDG_Handler. Init. Reload=rlr;            //重装载值
    HAL_IWDG_Init(&IWDG_Handler);             //初始化 IWDG,默认会开启独立看门狗
    HAL_IWDG_Start(&IWDG_Handler);            //启动独立看门狗
}
//===================================================
//      函数名称：    IWDG_Feed
//
//      函数功能：    喂独立看门狗
//
//      入口参数：    无
//
//      返回参数：    无
//
//      说明：
//===================================================
void IWDG_Feed(void)
{
    HAL_IWDG_Refresh(&IWDG_Handler);        //喂狗
}
```

该文件有两个函数，void IWDG_Init（unsigned char prer，unsigned int rlr）是独立看门狗初始化函数，即按照上面介绍的步骤来初始化独立看门狗。该函数有两个参数，分别用来设置预分频值与重装寄存器的值的。通过这两个参数，就可以大概知道看门狗复位的时间周期。

void IWDG_Feed(void)函数用来喂狗，向键值寄存器写入 0xAAAA 即可。

在 main()主程序里，先初始化系统变量，然后启动按键输入和看门狗，在看门狗开启后延时点亮 LED1~LED4，并进入死循环等待按键的输入，一旦 KEY1~KEY3 有按下动作，则喂狗，否则等待 IWDG 复位的到来。程序如下：

```
int main( void)
{
    HAL_Init( );                              //初始化 HAL 库
    Key_Init( );                              //初始化按键
    LED_Init( );                              //初始化 LED
    IWDG_Init( IWDG_PRESCALER_64,500);        //预分频值为 64,重载值为 500,溢出时间为 1 s
    while(1)
    {
        delay_ms(500);
        LED1_ON( );LED2_ON( );LED3_ON( );LED4_ON( );  //打开 4 个 LED 灯
        Key_SET_LED( );                       //按键喂狗
    }
}
```

任务实施

1. 硬件电路设计

本任务中采用大气压力传感器模块如图 5-15 所示。该模块可检测大气压力值，通过 I^2C 读取该值。

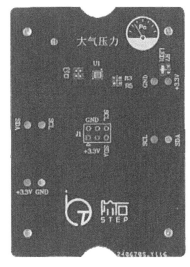

图 5-15　大气压力传感器模块

2. 软件设计

主函数中初始化完成后，在 while（1）循环体中读取大气压力数据并打印到串口 2 中。

```
#include " FlameSensor. h"
#include " Atmosphere. h"
#include " stm32f1xx. h"
#include " string. h"
#include " delay. h"
#include " RS485. h"
#include " usart. h"
/ **
```

```
    ************************************************************
    *      说明：    大气压力模块实验
    *      修改记录：
    ************************************************************
    **/
    int main(void)
    {
    HAL_Init();                        //初始化 HAL 库
    Rs485_Init();                      //初始化 RS-485
    Atmosphere_Init();                 //初始化大气压力传感器
    UART1_Init(115200);                //初始化串口 1
    UART2_Init(115200);                //初始化串口 2
    while(1)
    {
            delay_ms(1000);
            Atmosphere_TestFunc();     //检测大气压力数据并输出到串口 2 中
    }
    }
```

在 Atmosphere_TestFunc() 函数中获取大气压力数据并将数据打印到串口 2 中。

```
    //=========================================================
    //    函数名称：    Atmosphere_TestFunc
    //
    //    函数功能：    测试程序
    //
    //    入口参数：    无
    //    返回值：      无
    //
    //    说明：
    //=========================================================
    uint8_t Atmosphere_TestFunc(void)
    {
        float temp_act = 0.0, press_act = 0.0, hum_act = 0.0;

        readData(&pres_raw,&temp_raw,&hum_raw);          //从寄存器读出温度、湿度、压力

        temp_act   = (float)calibration_T(temp_raw) / 100.0;
        press_act  = (float)calibration_P(pres_raw) / 100.0;
        hum_act    = (float)calibration_H(hum_raw) / 1024.0;

        printf("TEMP : %fDegC\r\n",temp_act);
        printf("PRESS : %fhPa\r\n",press_act);
        printf(" HUM :%f\r\n ",hum_act);
    }
```

3. 任务结果及数据

1）将大气压力传感器模块安装在 STM32 底座上，如图 5-16 所示。ST_LINK 连接：PC 与大气压力传感器模块的 STM32 底座下载程序。

2）打开目录：在"大气压力模块→大气压力传感器模块程序→USER"路径下，找到

"Atmosphere. uvprojx" 工程文件，如图 5-17 所示，双击启动工程。

图 5-16　搭建实验硬件平台

图 5-17　启动工程

3）编译工程，然后将程序下载到安装大气压力传感器模块的底座中。如图 5-18 所示。

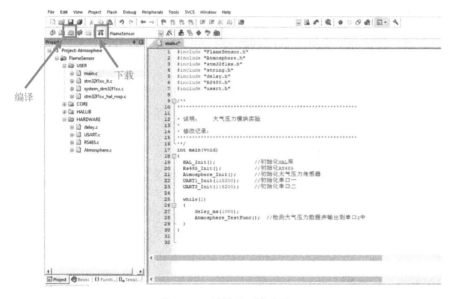

图 5-18　编译并下载程序

4）将大气压力模块读取到的数据由串口打印出来。

 小知识：你知道温度对农作物生长有着巨大的影响吗？

温度对农作物的生长有着重要的影响。常见的农作物生长都具有三个基点温度，即最适温度、最低温度和最高温度。

在最高温度和最低温度时，农作物生长发育停止；在最适温度时，农作物生长速度最快。在最高温度和最低温度时再升高或降低，农作物开始出现伤害甚至致死。

在农业生产中，农作物播种期一般不要盲目提前，因为在气温低于农作物生长最低温度时播种最易引起烂种、烂秧，提前播种反而造成减产（温室栽培的农作物除外）。采用地膜或薄膜覆盖的可适当提前，因为薄膜或地膜覆盖可提高一定的温度。

任务 5.3　模拟智慧农业 PM2.5 模块设计

本任务要求选用合适的 PM2.5 传感器模块与单片机进行硬件电路设计及软件编程。该系统具备检测环境 PM2.5 指数功能。PM2.5 指数在一定程度上可以反映出大气环境质量。大气环境质量对于植物的生长也有影响。实时检测空气质量是智慧农业常见的应用场景。

任务描述

1. 任务目的及要求

- 了解 PM2.5 传感器模块工作原理。
- 了解单片机控制 PM2.5 传感器模块工作应用。
- 熟练使用单片机开发平台及设备进行相关实验。
- 熟练使用仿真软件进行电路仿真实现。

2. 任务设备

- 硬件：PC、液晶显示模块、STM32 底座、PM2.5 模块、TFT 显示屏模块、ST_LINK 下载器、ST_LINK 下载器连接线。
- 软件：Keil C51 软件、Proteus ISIS 软件。

相关知识

5.3.1　认识 PM2.5

1. PM2.5 的简介

细颗粒物又称细粒、细颗粒、PM2.5。细颗粒物指环境空气中空气动力学当量直径小于等于 2.5 μm 的颗粒物。它能较长时间悬浮于空气中，其在空气中含量浓度越高，就代表空气污染越严重。虽然 PM2.5 只是地球大气成分中含量很少的组分，但它对空气质量和能见度等有重要的影响。与较粗的大气颗粒物相比，PM2.5 粒径小，面积大，活性强，易附带有毒、有害物质（例如，重金属、微生物等），且在大气中的停留时间长、输送距离远，因而对人体健康和大气环境质量的影响更大。

2. PM2.5 指数与空气质量的关系

根据《环境空气质量指数（AQI）技术规定（试行）》（HJ 633—2012）规定：空气污染指数划分为 0~50、51~100、101~150、151~200、201~300 和大于 300 六档，对应空气质量的六个级别，指数越大，级别越高，说明污染越严重，对人体健康的影响也越明显。

空气质量按照空气污染指数分为六个类别，指数越大、级别越高说明污染的情况越严重，对人体的健康危害也就越大。一级为优，二级为良，三级为轻度污染，四级为中度污染，五级为重度污染，六级为严重污染。

5.3.2　PM2.5 检测方法

目前检测 PM2.5 的方法主要有以下五种。

（1）浊度法　所谓浊度法，就是一边发射光线，另一边接收光线，空气越浑浊，光线损

失掉的能量就越大，由此来判定目前的空气浊度。实际上这种方法是不能够准确测量 PM2.5
的，甚至光线的发射、接收部分一旦被静电吸附的粉尘覆盖，就会直接导致测量不精准。利用这种方法制作的传感器只能定性测量（可以测出相对多少），不能定量测量。所以用这种传感器的性能都相对要差一些。浊度法检测原理如图 5-19 所示。

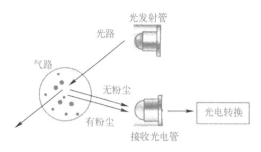

图 5-19　浊度法检测原理

（2）激光法　就是激光散射，而不是直接测量浊度，这一类的传感器共同的特点是离不开风扇（或者用泵吸），因为这种方法空气如果不流动是测量不到空气中的悬浮颗粒物的，而且通过数学模型可以大致推算出经过传感器气体的粒子大小、空气流量等，经过复杂的数学算法，最终得到比较真实的 PM2.5 数值。激光法检测原理如图 5-20 所示。

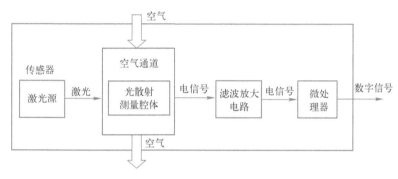

图 5-20　激光法检测原理

（3）β 射线法　β 射线仪是利用 β 射线衰减的原理，环境空气由采样泵吸入采样管，经过滤膜后排出，颗粒物沉淀在滤膜上，当 β 射线通过沉积着颗粒物的滤膜时，β 射线的能量衰减，通过对衰减量的测定便可计算出颗粒物的浓度。

流量为 1 m^3/h 的环境空气样品经过采样头和切割器后成为符合技术要求的颗粒物样品气体。在样品动态加热系统中，样品气体的相对湿度被调整到 35% 以下，样品进入仪器主机后颗粒物被收集在可以自动更换的滤膜上。在仪器中滤膜的两侧分别设置了 β 射线源和 β 射线检测器。随着样品采集的进行，在滤膜上收集的颗粒物越来越多，颗粒物质量也随之增加，此时 β 射线检测器检测到的 β 射线强度会相应地减弱。由于 β 射线检测器的输出信号能直接反映颗粒物的质量变化，仪器通过分析 β 射线检测器的颗粒物质量数值，结合相同时段内采集的样品体积，最终得出采样时段的颗粒物浓度。β 射线法检测原理如图 5-21 所示。

（4）微量振荡天平法　微量振荡天平法是在质量传感器内使用一个振荡空心锥形管，在其振荡端安装可更换的滤膜，振荡频率取决于锥形管特征和其质量。当采样气流通过滤膜，其中的颗粒物沉积在滤膜上，滤膜的质量变化导致振荡频率的变化，通过振荡频率变化计算出沉积在滤膜上颗粒物的质量，再根据流量、现场环境温度和气压计算出该时段颗粒物标志的质量浓度。

常见微量天平如图 5-22 所示。

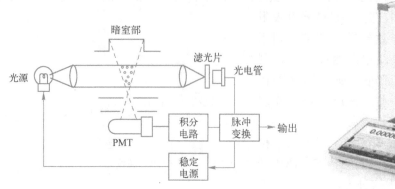

图 5-21　β 射线法检测原理

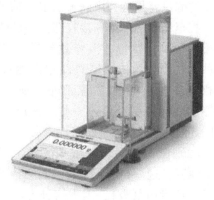

图 5-22　常见微量天平

（5）重量法　我国目前对大气颗粒物的测定主要采用重量法。其原理是分别通过一定切割特征的采样器，以恒速抽取定量体积空气，使环境空气中的 PM2.5 和 PM10 被截留在已知质量的滤膜上，根据采样前后滤膜的质量差和采样体积，计算出 PM2.5 和 PM10 的浓度。必须注意的是，计量颗粒物的单位 $\mu g/m^3$ 中，分母的体积应该是标准状况下（0℃、101.3 kPa）的体积，对实测温度、压力下的体积均应换算成标准状况下的体积。重量法检测原理如图 5-23 所示。

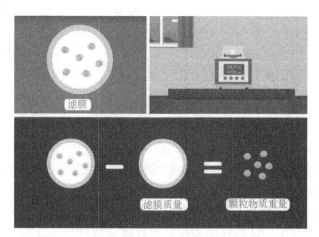

图 5-23　重量法检测原理

由于浊度法测量 PM2.5 的传感器性能较差，且 β 射线法、微量振荡天平法、重量法三种方法的原理应用比较困难且价格较高，所以市面上比较多的是采用激光散射原理来测量 PM2.5 浓度的 PM2.5 传感器。

采用激光散射测量原理，通过独有的数据双频采集技术进行筛分，得出单位体积内等效粒径的颗粒物粒子个数，并以科学的算法计算出单位体积内等效粒径的颗粒物质量浓度，并以 485 接口通过 ModBus-RTU 协议进行数据输出。它可用于室外气象站、扬尘监测、图书馆、档案馆、工业厂房等需要 PM2.5 或 PM10 浓度监测的场所。

5.3.3　激光散射 PM2.5 模块简介

PM2.5 模块是检测大气中粒径小于 2.5 μm 细颗粒物质量的检测仪。虽然细颗粒物只是地球大气成分中含量很少的组分，但它对空气质量和能见度等有重要的影响。细颗粒物粒径小，有些细颗粒物富含大量的有毒、有害物质且在大气中的停留时间长、输送距离远，因而对人体健康和大气环境质量的影响很大。激光散射模块工作原理如图5-24所示。

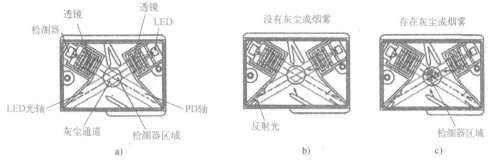

图5-24 激光散射模块工作原理

由专用的激光模块产生一束特定的激光，当颗粒物经过时，其信号会被超高灵敏的数字电路模块检测到，通过对信号数据进行智能识别，分析得到颗粒计数和颗粒大小，根据专业的标定技术得到粒径分布与质量浓度转换公式，最终得到质量浓度。

任务5.3 任务实施——PM2.5模块

任务实施

1. 硬件电路设计

在本任务中，采用的PM2.5模块由一个红外发光二极管和光电晶体管对角布置而成，允许其检测到在空气中的灰尘反射光。传感器中心有个洞可以让空气自由流过，定向发射LED光，通过检测经过空气中灰尘折射过后的光线来判断灰尘的含量。本任务要求编写程序检测当前环境的PM2.5值并将数据传输到LCD显示屏模块上显示。PM2.5模块如图5-25所示。

2. 软件设计

软件程序如下。

图5-25 PM2.5模块

```
#include "stm32f1xx_hal. h"
#include "stm32f1xx. h"
#include "delay. h"
#include "Rs485. h"
#include "usart. h"
#include "ADC. h"
#include "pwm. h"
/**
*****************************************************************
*    说明：    PM2.5模块
*****************************************************************
**/
uint16_t Data = 0;
uint8_t PM_Data[10];
```

```
int main(void)
{
    HAL_Init();                            //初始化 HAL 库
    ADC_Init();                            //初始化 ADC
    Rs485_Init();                          //初始化 RS-485
    UART1_Init(115200);                    //初始化串口 1
    TIM2_PWM_Init(64-1,10000-1);           //初始化定时器(10 ms)
while(1)
{
        Data = Get_Adc_Average(ADC_CHANNEL_0,50);
        PM_Data[0] = Data>>8;PM_Data[1] = Data;
        Rs485_Send(Addr_PM2_5,Addr_LCD,PM2_5_Conc,2,PM_Data);//发送数据到显示器
        memset(PM_Data,0,10);
        delay_ms(1000);
}
}
```

其中初始化定时器的 TIM2_PWM_Init 程序如下：

```
#include "pwm.h"
TIM_HandleTypeDef TIM2_Handler;                            //定时器句柄
TIM_OC_InitTypeDef TIM2_CH2Handler;                        //定时器 2 通道 2 句柄
//==================================================
//      函数名称：     TIM2_PWM_Init
//      函数功能：     TIM2 PWM 部分初始化
//      入口参数：     arr:自动重载值
//      psc：      时钟预分频值
//      定时器溢出时间计算方法：Tout=((arr+1)*(psc+1))/Ft,单位为 s。
//      Ft=定时器工作频率,单位:MHz
//      返回参数：       无
//==================================================
void TIM2_PWM_Init(uint16_t psc,uint16_t arr)
{
    TIM2_Handler.Instance=TIM2;                            //定时器 2
    TIM2_Handler.Init.Prescaler=psc;                       //定时器分频
    TIM2_Handler.Init.CounterMode=TIM_COUNTERMODE_UP;      //向上计数模式
    TIM2_Handler.Init.Period=arr;                          //自动重载值
    TIM2_Handler.Init.ClockDivision=TIM_CLOCKDIVISION_DIV1;
    HAL_TIM_PWM_Init(&TIM2_Handler);                       //初始化 PWM
    TIM2_CH2Handler.OCMode=TIM_OCMODE_PWM1;                //模式选择 PWM1
    TIM2_CH2Handler.Pulse=0;      //设置比较值,此值用来确定占空比,默认比较值为自动重装
                                  //载值的一半,即占空比为 50%
    TIM2_CH2Handler.OCPolarity=TIM_OCPOLARITY_LOW;         //输出比较极性为低
    HAL_TIM_PWM_ConfigChannel(&TIM2_Handler,&TIM2_CH2Handler,TIM_CHANNEL_2);
//配置 TIM2 通道 2
    HAL_TIM_PWM_Start(&TIM2_Handler,TIM_CHANNEL_2);  //开启 PWM 通道 2
    TIM2->CCR2=9680;                                 //开始测量 PM2.5
}
//==================================================
//      函数名称：     HAL_TIM_PWM_MspInit
```

```
//      函数功能：  定时器底层驱动,时钟使能,引脚配置此函数会被 HAL_TIM_PWM_Init() 调用
//      入口参数：  htim 为定时器句柄
//      返回参数：  无
//========================================================
void HAL_TIM_PWM_MspInit(TIM_HandleTypeDef ∗ htim)
{
GPIO_InitTypeDef GPIO_Initure;
  if(htim->Instance==TIM2)
  {
      __HAL_RCC_TIM2_CLK_ENABLE();                       //使能定时器 2
      __HAL_RCC_GPIOA_CLK_ENABLE();                      //开启 GPIOA 时钟
      GPIO_Initure. Pin=GPIO_PIN_1;                      //PA1
      GPIO_Initure. Mode=GPIO_MODE_AF_PP;                //复用推挽输出
      GPIO_Initure. Speed=GPIO_SPEED_FREQ_LOW;           //高速
      HAL_GPIO_Init(GPIOA,&GPIO_Initure);
  }
}
//========================================================
//      函数名称：    TIM_SetTIM2Compare2
//      函数功能：    设置 TIM2 通道 2 的占空比
//      入口参数：    compare 为比较值
//      返回参数：    无
//========================================================
void TIM_SetTIM2Compare2(uint32_t compare)
{
TIM2->CCR2=compare;
}
```

3. 任务数据与结果

1）将 PM2.5 模块安装在 STM32 底座上，如图 5-26 所示。ST_LINK 连接：PC 与 TFT 屏的 STM32 底座连接下载程序。

图 5-26　搭建实验硬件平台

2）打开目录：在 "PM2.5 模块→PM2.5 模块程序→USER" 路径下，找到 "PM2.5.uvprojx" 工程文件，如图 5-27 所示，双击启动工程。

3）编译工程，然后将程序下载到安装 PM2.5 传感器模块的底座中，如图 5-28 所示。

4）打开目录：在 "PM2.5 模块→TFT 显示屏模块程序→USER" 路径下，找到 "TFT.uvprojx" 工程文件，如图 5-29 所示，双击启动工程。

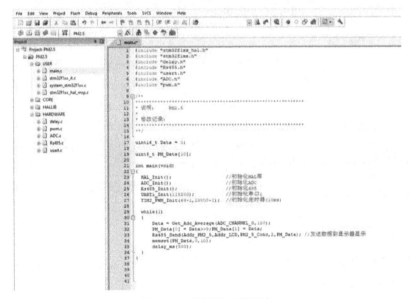

图 5-27 启动工程

图 5-28 编译并下载程序

图 5-29 启动工程

5）编译工程，然后将程序下载到安装 TFT 显示屏模块的底座中，如图 5-30 所示。

图 5-30　编译并下载程序

6）任务结果及数据

程序下载完成后，将两个底座拼接在一起，然后重新上电，可以看到 TFT 显示屏上显示的 PM2.5 数据，如图 5-31 所示。

图 5-31　实验结果

习题与练习

一、填空题

1. STM32 的所有端口都有外部中断能力。当使用_____时，相应的引脚必须配置成_____。

2. STM32 具有单独的位设置或位清除能力。这是通过_____ 和_____寄存器来实现的。

3. STM32 的外部中断/事件控制器（EXTI）由_____个产生事件/中断要求的边沿检测器组成。

4. STM32 的 EXTI 线 16 连接到_____。

5. STM32 的 EXTI 线 17 连接到_____。

6. STM32 的 EXTI 线 18 连接到_____。

7. STM32 系列 ARM Cortex-M3 芯片支持三种复位形式，分别为_____ 复位、_____复位和_____复位。

8. STM32 还提供了用户可通过多个预分频器，可用来进一步配置_____、高速_____和低速_____域的频率。

二、选择题

1. （　　）不是 RealView MDK 开发环境的特点。

A. Windows 风格　　　　　　　　　　B. 兼容的 Keil μVision 界面

C. 全面的 ARM 处理器支持　　　　　　D. 体积庞大

2. （　　）方法可以对 STM32 进行程序下载。（多选）

A. Keil ULink　　　　　　　　　　　　B. J-Link

C. 在应用编程　　　　　　　　　　　　D. 以上都可以

3. 每个通用 I/O 端口有（　　）个 32 位的配置寄存器，（　　）个 32 位的数据寄存器，（　　）个 32 位的置位/复位寄存器，（　　）个 16 位的复位寄存器，（　　）个 32 位的锁定寄存器。

A. 2, 1, 2, 1, 1　　　　　　　　　　　B. 2, 2, 1, 1, 1

C. 2, 2, 2, 1, 1　　　　　　　　　　　D. 2, 2, 1, 2, 1

4. （　　）寄存器的目的就是用来允许对 GPIO 寄存器进行读/写操作。

A. GPIOX_BSRR 和 GPIOX_BRR　　　B. GPIOX_CRL 和 GPIOX_CRH

C. GPIOX_BSRR 和 GPIOX_LCKR　　　D. GPIOX_IDR 和 GPIOX_ODR

5. 所有的 GPIO 引脚有一个内部微弱的上拉和下拉，当它们被配置为（　　）时可以是激活的或者非激活的。

A. 输入　　　　　　B. 输出　　　　　　C. 推挽　　　　　　D. 开漏

6. 端口输入数据寄存器的地址偏移为（　　）。

A. 00H　　　　　　B. 08H　　　　　　C. 0CH　　　　　　D. 04H

7. STM32F107V 有（　　）个可屏蔽中断通道。

A. 40　　　　　　　B. 50　　　　　　　C. 60　　　　　　　D. 70

8. STM32F107V 采用（　　）位来编辑中断的优先级。

A. 4　　　　　　　　B. 8　　　　　　　　C. 16　　　　　　　D. 32

9. 向量中断控制器最多可支持（　　）个 IRQ 中断。

A. 127　　　　　　B. 128　　　　　　C. 240　　　　　　D. 255

10. 系统控制寄存器 NVIC 和处理器内核接口紧密耦合，主要目的是（　　）。

A. 结构更紧凑，减小芯片的尺寸

B. 连接更可靠，减小出错的概率

C. 减小延时，高效处理最近发生的中断

D. 以上选项都不对

11. 关于中断嵌套说法正确的是 (　　)。

A. 只要响应优先级不一样就有可能发生中断嵌套

B. 只要抢占式优先级不一样就有可能发生中断嵌套

C. 只有抢占式优先级和响应优先级都不一才有可能发生中断嵌套

D. 以上说法都不对

12. 在 STM32107 向量中断控制器管理下，可将中断分为 (　　) 组。

A. 4　　　　　　　　B. 5　　　　　　　　C. 6　　　　　　　　D. 7

13. 中断屏蔽器能屏蔽 (　　)。

A. 所有中断和异常　　　　　　　　B. 除了 NMI 外所有异常和中断

C. NMI、所有异常中断　　　　　　D. 部分中断

智慧医疗——人体生理信息采集系统单片机模块设计

项目目标

- 智慧医疗的具体应用场景。
- 对人体的温度传感器的种类。
- 血氧传感器的工作原理。
- 心率传感器工作原理。
- 菲涅耳透镜在医疗中应用的工作原理。

任务 6.1 非接触温度传感器模块设计

本任务要求选用合适的非接触温度传感器模块与单片机进行硬件电路设计及软件编程。该系统具备检测环境温度的功能。在智慧医疗系统中非接触检测具有重要的意义。

任务描述

1. 任务目的及要求

- 了解非接触温度传感器模块的工作原理。
- 了解单片机控制非接触温度传感器的工作应用。
- 熟练使用单片机开发平台及设备进行相关实验。
- 熟练使用仿真软件进行电路仿真实现。

2. 任务设备

- 硬件：PC、蜂鸣器 STM32 底座、非接触温度检测模块、ST_LINK 下载器、ST_LINK 下载器连接线。
- 软件：Keil C51 软件、Proteus ISIS 软件。

相关知识

6.1.1 智慧医疗应用场景

智慧医疗（WITMED）是一套融合物联网、云计算等技术，以患者数据为中心的医疗服务模式。智慧医疗将新型传感器、物联网、通信等技术与现代医学理念相结合，构建出以电子健康档案为中心的区域医疗信息平台，将医院之间的业务流程进行整合，优化了区域医疗资源，实现跨医疗机构的在线预约和双向转诊，缩短病患就诊流程、缩减相关手续，使得医疗资源合理化分配。在不久的将来医疗行业将融入更多人工智能、传感技术等高科技，使医疗服务走向真正意义的智能化，推动医疗事业的繁荣发展。智慧医疗典型应用场景如图6-1所示。

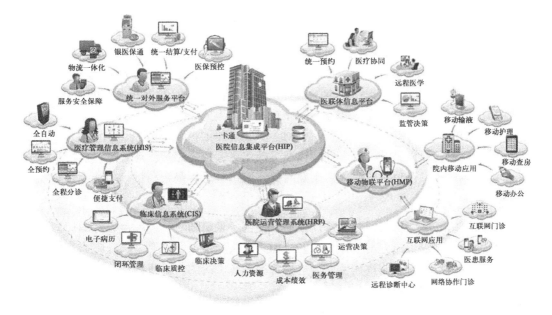

图6-1　智慧医疗典型应用场景

1. 智慧医疗的组成

智慧医疗由三部分组成，分别为智慧医院系统、区域卫生系统以及家庭健康系统，如图6-2所示。

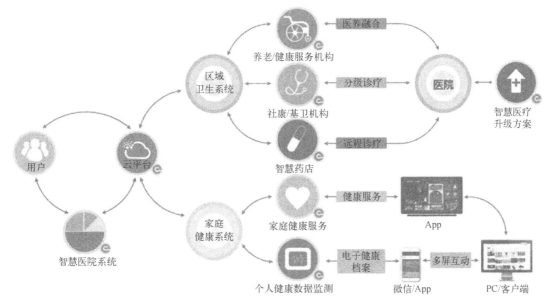

图6-2　智慧医疗系统的组成

1）智慧医院系统，由数字医院和提升应用两部分组成。医生工作站的核心工作是采集、存储、传输、处理和利用病人健康状况和医疗信息。医生工作站包括门诊和住院诊疗的接诊、检查、诊断、治疗、处方和医疗医嘱、病程记录、会诊、转科、手术、出院、病案生成等全部医疗过程的工作平台。

2）区域卫生系统，由区域卫生平台和公共卫生系统两部分组成。区域卫生平台包括收集、处理、传输社区、医院、医疗科研机构、卫生监管部门记录的所有信息的区域卫生信息平台；帮助医疗单位以及其他有关组织开展疾病危险度的评价，运用先进的科学技术，制定定制性的危险因素干预计划，减少医疗成本，制定预防和控制疾病的发生和发展的电子健康档案。公共卫生系统由卫生监督管理系统和疫情发布控制系统组成。

3）家庭健康系统。家庭健康系统是最贴近市民的健康保障，包括针对行动不便无法送往医院进行救治病患的视讯医疗，对慢性病以及老幼病患远程的照护，对智障、残疾、传染病等特殊人群的健康监测，还包括自动提示用药时间、服用禁忌、剩余药量等的智能服药系统。

2. 智慧医疗的特点

通过无线网络，便捷地联通各种诊疗仪器，使医务人员随时掌握每个患者的病案信息和最新诊疗报告，快速制定诊疗方案；患者的转诊信息及病历可以在任意一家医院通过医疗联网方式调阅……随着医疗信息化的快速发展，这样的场景在不久的将来将日渐普及，智慧医疗正日渐走入人们的生活。智慧医疗具有以下特点。

1）互联性。经授权的医生能够查阅患者的病历、患史、治疗措施等。

2）协作性。把信息仓库变成可分享的记录，整合并共享医疗信息和记录，以期构建一个综合的、专业的医疗网络。

3）预防性。实时感知、处理和分析重大的医疗事件，从而快速、有效地做出响应。

4）普及性。支持乡镇医院和社区医院无缝地连接到中心医院，以便可以实时地获取专家建议、安排转诊和接受培训。

5）创新性。提升知识和过程处理能力，进一步推动临床创新和研究。

6）可靠性。使从业医生能够搜索、分析和引用大量科学证据来支持他们的诊断。

3. 智慧医疗优势

与传统的医疗服务模式相比，智慧医疗具备多个优势。

1）利用多种传感器设备和适合家庭使用的医疗仪器，自动或自助采集人体生命各类体征数据，在减轻医务人员负担的同时，能够获取更丰富的数据。

2）采集的数据通过无线网络自动传输至医院数据中心，医务人员利用数据提供远程医疗服务，能够提高服务效率，缓解排队问题。

3）数据集中存放管理，可以实现数据的广泛共享和深度利用，有助于解决关键病例和疑难杂症，能够以较低的成本对亚健康人群、老年人和慢性病患者提供长期、快速、稳定的健康监控和诊疗服务，降低发病风险。

6.1.2 非接触温度传感器

非接触温度传感器的敏感元件与被测对象互不接触，又称非接触测温仪表。这种仪表可用来测量运动物体、小目标和热容量小或温度变化迅速（瞬变）对象的表面温度，也可用于测量温度场的温度分布。

1. 工作原理

最常用的非接触温度传感器是基于黑体辐射基本定律研发的仪表，也称为辐射测温仪表。在自动化生产中往往需要利用辐射测温法来测量或控制某些物体的表面温度，如冶金中的钢带轧制温度、轧辊温度、锻件温度和各种熔融金属在冶炼炉或坩埚中的温度。对于固体表面温度自动测量和控制，可以采用附加的反射镜使与被测表面一起组成黑体空腔。附加辐射的影响能提高被测表面的有效辐射和有效发射系数。利用有效发射系数通过仪表对实测温度进行相应的修正，最终可得到被测表面的真实温度。最为典型的附加反射镜是半球反射镜。至于气体和液体介质真实温度的辐射测量，则可以用插入耐热材料管至一定深度以形成黑体空腔的方法。通过计算求出与介质达到热平衡后的圆筒空腔的有效发射系数。在自动测量和控制中就可以用此值对所测腔底温度（即介质温度）进行修正而得到介质的真实温度。非接触式红外人体测温仪的核心器件是热释电红外传感器，它在结构上引入场效应晶体管，其目的在于完成阻抗变换。其结构如图6-3所示。

2. 非接触测温优点

测量上限不受感温元件耐温程度的限制，因而对最高可测温度原则上没有限制。对于1800℃以上的高温，主要采用非接触测温方法。

随着红外技术的发展，辐射测温温度传感器逐渐由可见光向红外线扩展，700℃以下直至常温都已采用，且分辨率很高。一般场合下的非接触测温都采用红外测温的形式。

3. MLX90615 传感器

（1）MLX90615 传感器简介　MLX90615 内部有两颗芯片，红外热电堆探测器、信号处理 ASSP MLX90325 和处理 IR 传感器输出的芯片组成。器件有工业标准 TO-46 封装形式，得以实现高度集成和高精度的温度计。所测物体温度分辨率为可达 0.02℃。MLX90615 出厂校准的标准温度范围为：环境温度为 -40~85℃，物体温度为 -40~115℃。MLX90615 可用电池供电。封装中集成了可以滤除可见光和近红外辐射通量的光学滤波器（可通过长波）以提供日光免疫。MLX90615 用 5.5~15 μm 的波长范围，如图6-4所示。

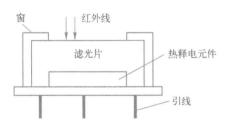

图6-3　热释电红外传感器结构示意图　　　　图6-4　常见 MLX90615 模块

（2）信号处理原理　嵌入式 MLX90615 DSP 控制测量量度，计算物体和环境温度并且进行温度的后处理，将它们通过 SMBus 兼容接口或是 PWM 模式输出。

IR 传感器的输出被增益可编程的低噪声低失调电压消除放大器所放大，被 Sigma Delta 调制器转换为单一比特流并反馈给 DSP 做后续的处理。信号通过 FIR 低通滤波器。FIR 滤波器的输出为测量结果并存于内部的 RAM 中。基于以上的测量结果，对应的环境温度 T_a 和物体温度 T_o 被计算出。两者都有 0.02℃ 的分辨率。

E²PROM 的可编程附加 IIR 低通滤波器允许噪声和测量速度之间的折中。IIR 也可以限制在视场中的假物体的影响。

PWM 输出可以在 E²PROM 里激活，正如 POR 默认的。线性化的温度（To 或 Ta，在 E²PROM 里选择）可通过自由运行的 PWM 输出得到。

（3）读写数据　MLX90615 的 SDA 引脚可以以 PWM 格式输出，取决于 E²PROM 的设置。如果 PWM 使能，在上电复位（POR）之后，SDA 引脚被直接配置为 PWM 输出。可以回避掉 PWM 模式并且引脚可以通过分配 SMBus 请求状态恢复到串行数据功能。如果 SMBus 是 POR 默认的模式，请求是不需要发送的，如图 6-5 所示。

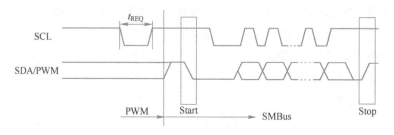

图 6-5　SMBus 请求，开始和结束状态

重复开始状态是和开始状态相同的。在 SCL 和 SDA/PWM 线上的所有状态在后面详细描述。

（4）总线协议　在 SD 接收到每 8 位数据之后，ACK/NACK 取代之。当 MD 初始化通信，它首先发送受控地址，只有认出该地址的 SD 会确认而其他的则保持沉默。如果 SD 未确认其中一个字节，MD 应该停止通信并重新发送信息。NACK 应该在 PEC 之后接收。这意味着在接收信息里有错误并且 MD 应该重新发送信息。PEC 计算结果包括除过 START、REPEATED START、STOP、ACK 和 NACK 位的所有位。PEC 是多项式为 X8+X2+X1+1 的 CRC-8。每个字节的最高有效位应该首先传送，如图 6-6 所示。

图 6-6　SMBus 包裹元件

读取数据（取决于命令-RAM 或 E²PROM），如图 6-7a 所示。

写入数据（只有 E²PROM），如图 6-7b 所示。

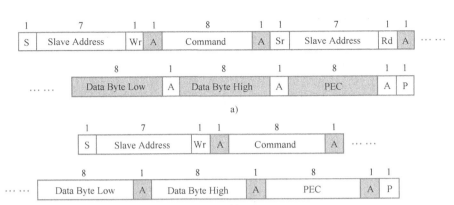

图 6-7 SMBus 读取和写入数据格式

a) SMBus 读取数据格式　b) SMBus 写入数据格式

 注意：在对 E^2PROM 写入操作之前，单元要先清除。清除操作就是简单地在 E^2PROM 地址里写入 0000h。注意不要更改出厂校准数值。（E^2PROM 地址为 4 … Dh）。

任务实施

1. 硬件电路设计

本任务采用 MLX90615 传感器与 STM32 单片机进行设计。要求该系统能够实现读取非接触温度检测模块检测到的温度数据，并打印到串口的功能。

非接触温度传感器模块采用 MLX90615 红外温度计传感器，集成了红外探测热电堆芯片与信号处理专用集成芯片。低噪声放大器、16 位 ADC 和强大的 DSP 处理单元的合成，使传感器实现了高精度、高分辨率的测量，可用于医疗领域，在所需的温度范围精度为 0.5℃。非接触温度检测模块如图 6-8 所示。

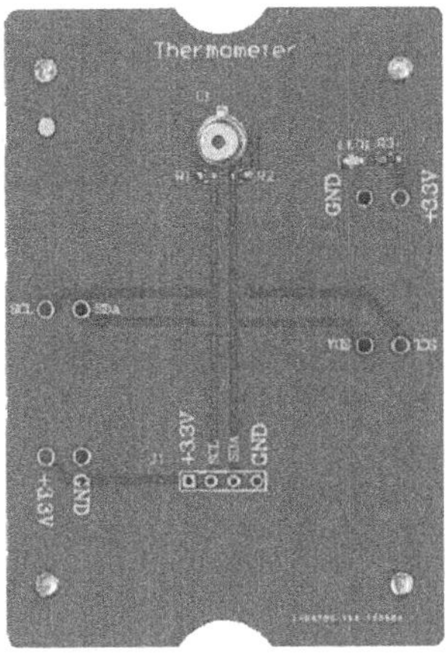

2. 软件设计

图 6-8 非接触温度检测模块

main.c 主程序里面初始化传感器芯片，在 while（1）循环体里面获取温度并打印到串口上位机上。

```
#include " Noncontact_Temp. h"
#include " stm32f1xx_hal. h"
#include " stm32f1xx. h"
#include " Rs485. h"
#include " delay. h"
#include " timer. h"
#include " Usart. h"
/ **
 ***********************************************************
 *    说明：    非接触温度模块
 ***********************************************************
 **/
```

```
int main( void)
{
    unsigned charSlaveAddress;            //Contains device address
    unsigned charcommand;                 //Contains the access command
    unsigned intdata;                     //Contains data value
    float temp;
    SlaveAddress = SA<<1;                 //Set device address
    command = RAM_Access|RAM_To;

    HAL_Init();                           //初始化 HAL 库
    Rs485_Init();                         //初始化 485
    MLX90615_init();                      //初始化非接触温度传感器
    UART1_Init(115200);                   //初始化串口 1
    UART2_Init(115200);                   //初始化串口 2
    TIM3_Init(2000-1,640-1);              //初始化定时器 3(20 ms)
    while(1)
    {
        data = MemRead(SlaveAddress,command); //Read memory
        temp = CalcTemp(data);
        sprintf((char *)buf," tmp:%0. 2f          ",temp);

        printf("tmp:%0. 2f\r\n",temp);
        delay_ms(1000);
    }
}
```

在 MemRead( )函数中获取并显示温度数据。

```
//==================================================================
//      函数名称：     MemRead
//      函数功能：     从框架/EEPROM 读取数据
//      入口参数：     SlaveAddress:读取地址
//      command:       命令
//      返回参数：     温度值
//      说明：
//==================================================================
unsigned int MemRead(unsigned char SlaveAddress,unsigned char command)
{
    unsigned int   data;                  //定义数据存储(高位:低位)
    unsigned char Pec;                    //定义外设设备控制器的中断过程 PEC 变量
    unsigned char DataL;                  //定义低位数据存储变量
    unsigned char DataH;                  //定义高位数据存储变量
    unsigned char arr[6];                 //定义发送字节的缓冲区
    unsigned char PecReg;                 //定义计算 PEC 存储单元
    unsigned char ErrorCounter;           //定义与 MLX90614 进行通信的次数
    ErrorCounter = 0x00;                  //初始化差错计数器
    do{
    repeat:
        STOP_bit();                       //从机发送"否应答位"停止通信
        --ErrorCounter;                   //差错计数器减 1 操作
```

```
        if( !ErrorCounter) {//ErrorCounter=0?
            printf("break 1\r\n");
            break;                              //条件满足,退出 do-while 循环
        }
        START_bit();                            //发送起始位

        if(TX_byte(SlaveAddress)){              //发送从机地址
            printf("repeat 1\r\n");
            goto repeat;                        //重复通信
        }

        if(TX_byte(command)){                   //发送命令
            printf("repeat 2\r\n");
            goto repeat;                        //重复通信
        }

        START_bit();                            //重复发送起始位

        if(TX_byte(SlaveAddress)){              //发送从机地址
            printf("repeat 3\r\n");
            goto repeat;                        //重复通信
        }

        DataL=RX_byte(ACK);                     //主机发送应答位,然后读取低位数据
        DataH=RX_byte(ACK);                     //主机发送应答位,然后读取高位数据
        Pec=RX_byte(NACK);                      //主机发送应答位,然后读取 PEC 字节数据
        STOP_bit();                             //发送停止位

        arr[5]=SlaveAddress;
        arr[4]=command;
        arr[3]=SlaveAddress;                    //下载从机地址到 arr[3]数组
        arr[2]=DataL;
        arr[1]=DataH;
        arr[0]=0;
        PecReg=PEC_calculation(arr);            //计算冗余校验值

        printf("DataL:%d\tDataH:%d\r\n",DataL,DataH);

    }while(PecReg != Pec);        //如果收到的数值与计算出的冗余校验值相等则退出 do-while 循环

    *((unsigned char * )(&data))=DataL;
    *((unsigned char * )(&data)+1)=DataH;       //数据等于高位:低位

    return data;
}
```

3. 任务结果及数据

1）将非接触温度检测模块安装在 STM32 底座上，如图 6-9 所示。ST_LINK 连接：PC 与非接触温度模块的 STM32 底座连接下载程序。

2）打开目录：在"非接触温度检测模块程序\USER"路径下，找到"Noncontact_Temp. uvprojx"工程文件，如图 6-10 所示，双击启动工程。

图 6-9　搭建实验硬件平台　　　　　　　　　　　图 6-10　启动工程

3）编译工程，然后将程序下载到安装非接触温度检测模块的底座中，如图 6-11 所示。

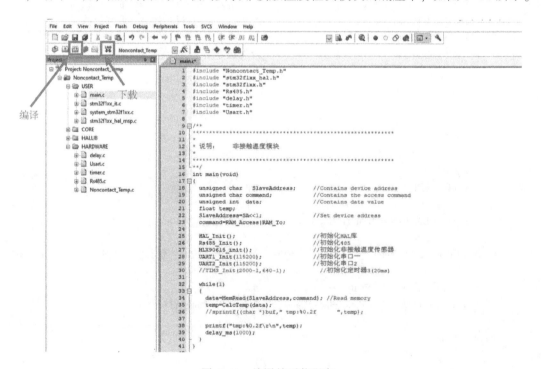

图 6-11　编译并下载程序

4）任务结果及数据。用手靠近传感器，观察检测的温度变化，如图 6-12 所示。

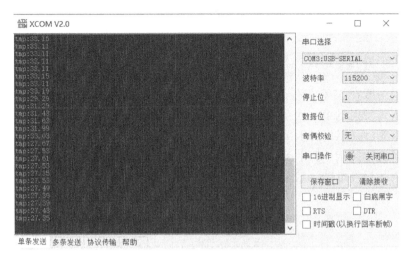

图 6-12　串口打印检测到的温度值

📝 **小知识**：智慧医疗

　　智慧医疗 WITMED，是最近兴起的专有医疗名词，通过打造健康档案区域医疗信息平台，利用先进的物联网技术，实现患者与医务人员、医疗机构、医疗设备之间的互动，逐步达到信息化。

　　利用物联网技术构建"智慧电子"服务体系，可以为医疗服务领域带来四大便利：一是把现有的医疗监护设备无线化，进而大大降低公众医疗负担；二是通过信息化手段实现远程医疗和自助医疗，有利于缓解医疗资源紧缺的压力；三是信息在医疗卫生领域各参与主体间共享互通，将有利于医疗信息充分共享；四是有利于我国医疗服务的现代化，提升医疗服务水平。

任务6.2　人体红外传感器模块设计

　　本任务要求选用合适的人体红外传感器模块与单片机进行硬件电路设计及软件编程。该系统检测到人体活动后，底座的 LED 灯会闪烁红色，未检测到人体活动 LED 灯熄灭。人体活动数据的采集也是智慧医疗中远程监护重要组成部分。

🧭 **任务描述**

1. 任务目的及要求

- 了解红外传感器模块的工作原理。
- 了解单片机对红外传感器模块控制的应用。
- 熟练使用单片机开发平台及设备进行相关实验。
- 熟练使用仿真软件进行电路仿真实现。

2. 任务设备

- 硬件：PC、红外传感器模块、STM32 底座、ST_LINK 下载器、ST_LINK 下载器连接线。
- 软件：Keil C51 软件、Proteus ISIS 软件。

相关知识

6.2.1 人体红外传感器

人体的体温一般在 37℃左右，所以会发出特定波长 10 μm 左右的红外线。被动式红外探头就是靠探测人体发射的 10 μm 左右的红外线而进行工作的。人体发射的红外线可通过菲涅耳透镜增强后聚集到红外感应源上。

红外感应源通常采用热释电元件，这种元件在接收到人体红外辐射温度发生变化时就会失去电荷平衡，向外释放电荷，后续电路经检测处理后就能产生报警信号。红外探测器的工作原理如图 6-13 所示。

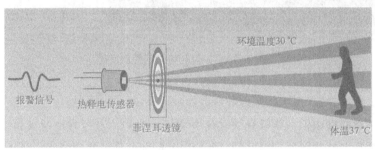

图 6-13　红外探测器的工作原理

6.2.2 认识菲涅耳透镜

1. 菲涅耳透镜

菲涅耳透镜（Fresnel lens）又名螺纹透镜，多是由聚烯烃材料注压而成的薄片，也有玻璃制作的，镜片表面一面为光面，另一面刻录了由小到大的同心圆，它的纹理是根据光的干涉及衍射以及相对灵敏度和接收角度要求来设计的。

菲涅耳透镜广泛使用于在整个被动红外探测器中，其所起的作用是，当有人进入探测的范围，菲涅耳透镜将人体释放的红外光透过镜片被聚集在远距离 A 区或中距离 B 区或近距离 C 区的同一焦点。而这个焦点位置就是传感器接收的面区。菲涅耳透镜能使人体红外传感器的工作角度更广，工作距离更远，如图 6-14 所示。

2. 人体红外传感器 RE200B

RE200B 采用热释电材料极化，可随温度变化的特性探测红外辐射，并配合双灵敏元互补方法，抑制温度变化而产生的干扰，提高了传感器的工作稳定性。RE200B 如图 6-15 所示。

图 6-14　菲涅耳透镜

图 6-15　常见的 RE200B

RE200B 的主要参数如下：

1）灵敏元面积为 2.0 mm×1.0 mm。

2）输出信号>2.5 V。

3）420K 黑体，1 Hz 调制频率 0.3~3.0 Hz 带宽 72.5 dB 增益（噪声 200 mV，25℃）。

4）平衡度<20%。

5）工作电压：2.2~15 V。

6）工作电流：8.5~24 μA（V_D = 10 V，Rs = 47 kΩ，25℃）。

7）源极电压：0.4~1.1 V（V_D = 10 V，Rs = 47 kΩ，25℃）。

8）工作温度：-20~70℃。

9）保存温度：-35~80℃。

10）视场：139°×126°。

任务 6.2　任务实施——人体红外传感器模块

任务实施

1. 硬件电路设计

在本任务中，采用 RE200B 人体红外传感器与 STM32 单片机进行设计。要求该系统能够检测人体活动，并且用底座的 LED 灯来指示是否有人体活动的情况。

传感器外围使用菲涅耳透镜罩着，使得传感器检测范围，角度更广。用户可以通过调节模块上的可调电阻，设置传感器的检测灵敏度，如图 6-16 所示。采用人体红外模块 RE200B 设计而成的人体红外感应模块电路如图 6-17 所示。

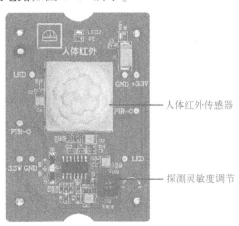

图 6-16　人体红外传感器模块

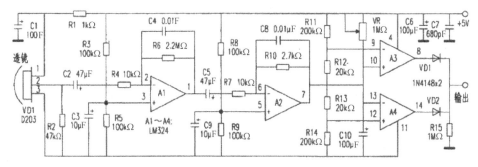

图 6-17　人体红外感应模块电路

U2 是人体红外传感器的接口，后级信号检测电路由两级运算放大器组成，完成信号放大，最后一级完成信号调理功能。

2. 软件设计

在主函数中初始化 ADC 采样，用于采集人体红外传感器检测信号。

```
#include "stm32f1xx_hal. h"
#include "stm32f1xx. h"
#include "delay. h"
#include "ADC. h"
/ **
 *****************************************************
 *
 *     说明：     人体红外库函数操作实验-HAL 库版本
 *
 *****************************************************
 ** /


uint32_t Light_AD = 0;                                //存放 AD 采样值

int main( void)
{
  HAL_Init( );                                        //初始化 HAL 库
ADC_Init( );                                          //初始化 ADC1 通道 1
while(1)
{
    Light_AD = Get_Adc_Average( ADC_CHANNEL_0,50) ;    //获取通道 0 的转换值,50 次取平均
    if( Light_AD> = 1800)
    {
        HAL_GPIO_WritePin( GPIOB,GPIO_PIN_4,GPIO_PIN_RESET) ;
        HAL_GPIO_WritePin( GPIOB,GPIO_PIN_3,GPIO_PIN_SET) ;
        HAL_GPIO_WritePin( GPIOA,GPIO_PIN_15,GPIO_PIN_SET) ;
    }
    else
    {
        HAL_GPIO_WritePin( GPIOB,GPIO_PIN_4,GPIO_PIN_SET) ;
        HAL_GPIO_WritePin( GPIOB,GPIO_PIN_3,GPIO_PIN_SET) ;
        HAL_GPIO_WritePin( GPIOA,GPIO_PIN_15,GPIO_PIN_SET) ;
    }
}
}
```

Get_Adc_Average( )函数中获取 ADC1 通道 0 的 AD 值。

```
//===================================================
//     函数名称：   Get_Adc_Average
//
//     函数功能：   获取指定通道的转换值,取 times 次,然后平均
//
//     入口参数：   times:获取次数
```

```
//
//      返回参数：    通道 ch 的 times 次转换结果平均值
//
//===============================================================
uint32_t temp_val=0;              //存放获取到的 AD 值
uint8_t t;

uint16_t Get_Adc_Average(uint32_t ch,uint8_t times)
{
  temp_val=0;

  for(t=0;t<times;t++)
  {
      temp_val+=Get_Adc(ch);
  }
  if(temp_val/times >5)
      return (temp_val/times-5);
  else
      return 0;
}
```

3. 任务结果及数据

1）将人体红外模块安装在 STM32 底座上，如图 6-18 所示，ST_LINK 连接：PC 与人体红外模块底座连接。

2）打开目录：在"人体红外模块→人体红外模块程序→USER"路径下，找到"PIR.uvprojx"工程文件，如图 6-19 所示，双击启动工程。

图6-18　搭建实验硬件平台　　　　　　　　　图6-19　启动工程

3）编译工程，然后将程序下载到安装人体红外模块的底座中，如图 6-20 所示。

4）任务结果及数据。检测到人体活动以后，底座红色 LED 灯亮起，如图 6-21 所示，未检测到人体活动时熄灭。

图 6-20　编译并下载程序　　　　　　　　　　　　图 6-21　实验效果

小知识：红外传感器的分类

红外技术已经在现代科技、国防和工农业等领域获得了广泛的应用。红外传感系统是用红外线为介质的测量系统，按照功能能够分成 5 类：

1）辐射计：用于辐射和光谱测量。

2）搜索和跟踪系统：用于搜索和跟踪红外目标，确定其空间位置并对它的运动进行跟踪。

3）热成像系统：可产生整个目标红外辐射的分布图像。

4）红外测距和通信系统。

5）混合系统：是指以上各类系统中的两个或者多个的组合。

任务6.3　心率血氧传感器模块设计

本任务要求采用 STM32 单片机与心率血氧传感器相配合，进行人体心率血氧相关参数的采集和显示，重点在于：认识心率血压传感器、了解心率血压传感器工作原理和掌握心率血压传感器配合其他模块使用技巧。

任务描述

1. 任务目的及要求

● 了解心率血氧传感器的工作原理。

● 了解单片机对心率血氧传感器控制的应用。

● 熟练使用单片机开发平台及设备进行相关实验。

● 熟练使用仿真软件进行电路仿真实现。

2. 任务设备

● 硬件：PC、心率血氧传感器模块、STM32 底座、ST_LINK 下载器、ST_LINK 下载器连接线。

● 软件：Keil C51 软件、Proteus ISIS 软件。

相关知识

6.3.1 心率和血氧相关知识

1. 心率

心率（Heart Rate）：用来描述心动周期的专业术语，是指心脏每分钟跳动的次数，以第一声音为准。

1）正常成年人安静时的心率有显著的个体差异，平均在75次/min左右（60~100次/min之间）。心率可因年龄、性别及其他生理情况而不同。初生儿的心率很快，可达130次/min以上。在成年人中，女性的心率一般比男性稍快。同一个人，在安静或睡眠时心率减慢，运动时或情绪激动时心率加快，在某些药物或神经体液因素的影响下，会使心率发生加快或减慢。经常进行体力劳动和体育锻炼的人，心率较慢。正常心电图如图6-22所示。

2）健康成人的心率为60~100次/min，大多数为60~80次/min，女性稍快；3岁以下的小儿常在100次/min以上；老年人偏慢。成人每分钟心率超过100次（一般不超过160次/min）或婴幼儿超过150次/min者，称为窦性心动过速。如果心率在160~220次/min，常称为阵发性心动过速。心率低于60次/min者（一般在40次/min以上），称为窦性心动过缓。可见于长期从事重体力劳动和运动员；病理性的见于甲状腺机能低

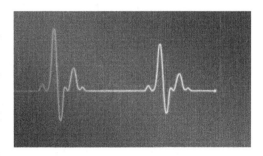

图6-22　正常心电图

下、颅内压增高、阻塞性黄疸以及洋地黄、奎尼丁或普萘洛尔类药物过量或中毒。如心率低于40次/min，应考虑有房室传导阻滞。心率过快超过160次/min，或低于40次/min，大多见于心脏病病人，病人常有心悸、胸闷、心前区不适，应及早进行详细检查，以便针对病因进行治疗。常见不正常心电图如图6-23所示。

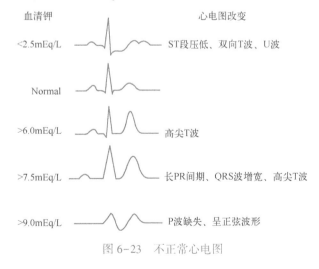

图6-23　不正常心电图

2. 血氧

血氧，是指血液中的氧气，人体正常血氧饱和度为95%以上。

人是靠氧气生存的，氧气从肺部吸入后氧就经毛细血管进入到血液中，由血液传送给身体各部位器官或细胞使用。血液中含氧量越高，人的新陈代谢就越好。

当然血氧含量过高并不是一个好的现象，人体内的血氧都是有一定的饱和度，过低会造成机体供氧不足，过高会导致体内细胞老化。

氧气和二氧化碳都以两种形式存在于血液：物理溶解的和化学结合。气体与血红蛋白以配合物形式存在，如果氧气浓度大，血红蛋白就与氧气配合，如果二氧化碳浓度大，血红蛋白就与二氧化碳配合。

6.3.2　心率血氧传感器

传统的脉搏测量方法主要有三种：一是从心电信号中提取；二是从测量血压时压力传感器测到的波动来计算脉率；三是光电容积法。前两种方法提取信号都会限制病人的活动，如果长时间使用会增加病人生理和心理上的不舒适感。而光电容积法脉搏测量作为监护测量中普遍的方法之一，具有方法简单、佩戴方便、可靠性高等特点。

光电容积法的基本原理是利用人体组织在血管搏动时造成透光率不同来进行脉搏和血氧饱和度测量的。其使用的传感器由光源和光电变换器两部分组成，通过绑带或夹子固定在患者的手指、手腕或耳垂上。光源一般采用对动脉血中氧合血红蛋白（HbO$_2$）和血红蛋白（Hb）有选择性的特定波长的发光二极管（一般选用 660 nm 附近的红光和 900 nm 附近的红外光）。当光束透过人体外周血管，由于动脉搏动充血容积变化导致这束光的透光率发生改变，此时由光电变换器接收经人体组织反射的光线，转变为电信号并将其放大和输出。由于脉搏是随心脏的搏动而周期性变化的信号，动脉血管容积也周期性变化，因此光电变换器的电信号变化周期就是脉搏率。同时根据血氧饱和度的定义，其表示为

$$SaO_2 = \frac{C_{HbO_2}}{C_{HbO_2} + C_{Hb}} \times 100\%$$

当光照透过皮肤组织然后再反射到光敏传感器时，光照有一定的衰减。像肌肉、骨骼、静脉和其他连接组织等对光的吸收是基本不变的（前提是测量部位没有大幅度的运动），但是血液不同，由于动脉里有血液的流动，因此对光的吸收自然也有所变化。当我们把光转换成电信号时，正是由于动脉对光的吸收有变化而其他组织对光的吸收基本不变，得到的信号就可以分为直流 DC 信号和交流 AC 信号，如图 6-24 所示。

提取其中的 AC 信号，就能反应出血液流动的特点。这种技术叫作光电容积脉搏波描记法（Photoelectric Plethysmography，PPG）。手指的 PPG 信号如图 6-25 所示。

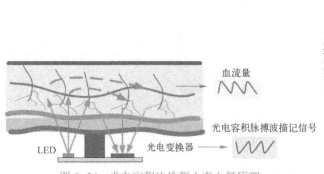

图 6-24　光电容积法检测心率血氧原理

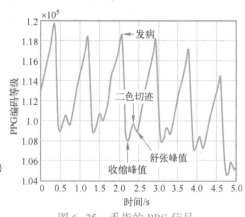

图 6-25　手指的 PPG 信号

所以，只要测得到的 PPG 信号比较理想算出心率也不算什么难事。但是事实总是残酷的，由于测量部位的移动、自然光、荧光灯等其他的干扰，最终测到的信号不准确，所以要通过很多方法进行滤波处理。信号处理芯片逻辑图如图 6-26 所示。

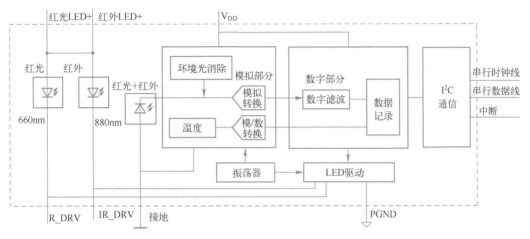

图 6-26 信号处理芯片逻辑图

任务实施

1. 硬件电路设计

本任务中采用的心率血氧传感器模块如图 6-27 所示。心率血氧模块有两个发光二极管和一个光检测器，目的是优化光学和低噪声的仿真信号处理，检测脉搏血氧饱和度和心脏速率信号。

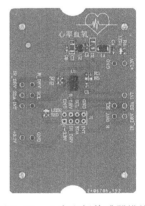

图 6-27 心率血氧传感器模块

2. 软件设计

主函数中初始化完成后，在 while（1）循环体中读取检测数据，并通过 RS-485 将数据传输到 TFT 显示屏显示。

```
#include "MAX30100_SpO2Calculator. h"
#include "MAX30100_PulseOximeter. h"
#include "MAX30100_Registers. h"
#include "MAX30100_Filters. h"
#include "stm32f1xx. h"
#include "HeartRate. h"
#include "string. h"
#include "delay. h"
#include "Rs485. h"
#include "usart. h"


/ **
 * * * * * * * * * * * * * * * * * * * * * * * * * * * * * * * * * * * * * * * * *
 *    说明：   心率血氧传感器模块
 * * * * * * * * * * * * * * * * * * * * * * * * * * * * * * * * * * * * * * * * *
 * * /
```

```
int main( void)
{
HAL_Init( );                    //初始化 HAL 库
Rs485_Init( );                  //初始化 RS485 控制 IO
HeartRate_Init( );
SPO2_Init( );
UART1_Init(115200);             //初始化串口 1
printf( "HeartRate test\r\n" );

while( 1)
{
        POupdate( );            //更新 FIFO 数据、血氧数据、心率数据
        delay_ms(10);
}
}
void checkSample( )
{
static uint32_t PrintDataCounter = 0;
    uint8_t beatDetected;
    float filteredPulseValue;
    float irACValue;
    float redACValue;
    signed shortHeartRate = 0;
    uint8_t  SPO2 = 0;
    if ( HAL_GetTick( ) - tsLastSample > 1. 0 / SAMPLING_FREQUENCY * 1000. 0)
    {
        tsLastSample = HAL_GetTick( );
        update( );
        irACValue = step( rawIRValue,&irDCRemover. alpha,&irDCRemover. dcw);
        redACValue = step( rawRedValue,&redDCRemover. alpha,&redDCRemover. dcw);
        printf( "irACValue = %f\r\n" ,irACValue);
        printf( "redACValue = %f\r\n" ,redACValue);
        filteredPulseValue = FBstep( -irACValue);//红外

        beatDetected = addSample( filteredPulseValue);//checkForBeat( sample);

    if ( getRate( ) > 0)
    {
        state = PULSEOXIMETER_STATE_DETECTING;
        SPO2update( irACValue, redACValue, beatDetected);

        HeartRate = getRate( );
        SPO2 = getSpO2( );
    }
    else if ( state = = PULSEOXIMETER_STATE_DETECTING)
    {
        state = PULSEOXIMETER_STATE_IDLE;
        reset( );
```

```
    }
    switch ( debuggingMode )
    {
        case PULSEOXIMETER_DEBUGGINGMODE_RAW_VALUES:

                    printf("R:");
                    printf("%d",rawIRValue);
                    printf(",");
                    printf("%d\r\n",rawRedValue);

            DisplayCurve(rawIRValue,rawRedValue);
            break;

        case PULSEOXIMETER_DEBUGGINGMODE_AC_VALUES:
    mpu6050_send_data(irACValue,redACValue,0,0,0,0);
        DisplayCurve(irACValue,redACValue);
        break;
        case PULSEOXIMETER_DEBUGGINGMODE_PULSEDETECT:

    DisplayCurve(filteredPulseValue,HeartRate*30);
    LCD_ShowNum(130,140,HeartRate,2,16);
    LCD_ShowNum(130,160,SPO2,2,16);
            if((++PrintDataCounter)>100)
            {
                PrintDataCounter = 0;
                //if(HAL_GetTick()>PrintDataCounter)
                {
                    printf("HeartRate:%d\r\n",HeartRate);
                    printf("SPO2:%d\r\n",SPO2);
                    printf("irACValue=%f\r\n",irACValue);
                    printf("redACValue=%f\r\n",redACValue);
                    printf("filteredPulseValue=%f\r\n",filteredPulseValue);
                }
            }
        break;

        default:
            break;
    }
    if ( beatDetected && onBeatDetected )
    {
        onBeatDetected1();
    }
    }
}
```

3. 任务结果及数据

1）将心率血氧传感器模块安装在 STM32 底座上，如图 6-28 所示。ST_LINK 连接：PC 与 TFT 模块的 STM32 底座连接，并分别下载程序。

2）打开目录：在"心率传感器→心率血氧传感器模块程序→USER"路径下，找到"He-artRate. uvprojx"工程文件，如图 6-29 所示，双击启动工程。

图 6-28　搭建实验硬件平台

图 6-29　启动工程

3）编译工程，然后将程序下载到安装心率感器模块的底座中，如图 6-30 所示。

图 6-30　编译并下载程序

4）任务结果及数据。将手指放在心率模块上可以看到串口上位机中打印的心率数据。

 小知识：家用血压计是如何测量血压的呢？

电子血压计主要是用于家庭。家庭医疗保健已成为现代人的医疗保健时尚。过去人们测量血压必须到医院才行，而今只要拥有了家用电子血压计，坐在家里便可随时监测血压的变化，如发现血压异常便可及时去医院治疗，起到了预防脑出血、心功能衰竭等疾病猝发的作用。电子血压计,通过血压计能够测得血液在血管内流动时的压力,通过外侧的压力给动脉进行施压而测得动脉在血管内壁的压力。血压计需要经常的校对,校对以后袖带血压计和电子血压计准确率相同。测量血压的原理主要是通过外界的仪器来监测血液在血管内的测压力,属于人体四大生命体征之一。

习题与练习

一、填空题

1. 用户可用通过_____,为系统提供更为精确的主时钟。在时钟控制寄存器_____中的 HSERDY 位用来指示高速外部振荡器是否稳定。

2. ST 公司还提供了完善的 RCC 接口库函数,其位于_____,对应的头文件为_____。

3. 当 STM32 复位后,_____将被选为系统时钟。

4. 在 STM32 中,备份寄存器是_____,共_____个,可以用来存储_____字节的用户应用程序数据。

5. STM32 的 DMA 控制器有_____个通道,每个通道专门用来管理来自于一个或多个外设对存储器访问的请求。还有一个_____来协调各个 DMA 请求的优先权。

6. 在 DMA 处理时,一个事件发生后,外设发送一个请求信号到_____。DMA 控制器根据通道的_____处理请求。

7. ST 公司还提供了完善的 DMA 接口库函数,其位于_____,对应的头文件为_____。

8. 在 STM32 内部还提供了_____温度传感器,可以用来测量器件周围的温度。温度传感器在内部和 ADC_IN16 输入通道相连接,此通道把传感器输出的电压转换成数字值。内部参考电压_____和_____相连接。

二、选择题

1. PWM 是 (   )。

A. 脉冲宽度调制　　　B. 脉冲频率调制　　　C. 脉冲幅度调制　　　D. 脉冲位置调制

2. STM32 处理器的 USB 接口可达 (   )。

A. 8 Mbit/s　　　B. 12 Mbit/s　　　C. 16 Mbit/s　　　D. 24 Mbit/s

3. Context-M3 处理器代码执行方式为 (   )。

A. 特权方式　　　B. 普通方式　　　C. Handle 方式　　　D. Thread 方式

4. Context-M3 处理器的工作模式为 (   )。

A. Thread 模式　　　B. Thumb 模式　　　C. Thumb-2 模式　　　D. Debug 模式

5. Cortex-M3 处理器可以使用 (   )。

A. 线程栈　　　B. 进程栈　　　C. 多线程栈　　　D. 空栈

6. 以下对于 STM32 ADC 描述正确的是 (   )。

A. STM32 ADC 是一个 12 位连续近似模拟到数字的转换器

B. STM32 ADC 是一个 8 位连续近似模拟到数字的转换器

C. STM32 ADC 是一个 12 位连续近似数字到模拟的转换器

D. STM32 ADC 是一个 8 位连续近似数字到模拟的转换器

7. 以下为 STM32 的 GPIO 端口配置寄存器的描述，在 GPIO 控制 LED 电路设计时，要使最大输出速度为 10 MHz，应该置（　　　）。

A. CNFy[1:0]

B. MODEy[1:0]

C. MODE

D. CNF

8. 以下为 GPIO 端口配置寄存器的描述，在 GPIO 控制 LED 电路设计时，要使最大输出速度为 2 MHz，应该设置 MODE[1:0]值为（　　　）。

A. 00

B. 01

C. 10

D. 11

9. SysTick 定时器校正值为（　　　）。

A. 9000

B. 10000

C. 12000

D. 15000

10. SysTick 定时器的中断号是（　　　）。

A. 4

B. 5

C. 6

D. 7

物联网通信——短距离通信单片机模块设计

项目目标

- 短距离无线通信在物联网中的场景。
- STM32 单片机控制无线通信进行数据传输。
- WiFi 的工作原理。
- 蓝牙的工作原理。
- RFID 技术的工作原理。

任务 7.1 模拟短距离通信 WiFi 模块设计

本任务要求使用 WiFi 模块、RS-485 总线进行数据通信，完成到 OneNET 云平台的连接。同时通过 WiFi 模块将温湿度数据传输到云平台，同时云平台可下发命令控制 LED 灯亮灭。在设计过程中，要求使用 AT 指令建立 SP 站点，完成 AP 与 SP 通信关键参数的配置。

任务描述

1. 任务目的及要求

- 了解 WiFi 模块的工作原理。
- 了解单片机控制 WiFi 模块的工作应用。
- 熟练使用单片机开发平台及设备进行相关实验。
- 熟练使用仿真软件进行电路仿真实现。

2. 任务设备

- 硬件：PC、STM32 底座、WiFi 模块、LED 模块、温湿度模块、ST_LINK 下载器、ST_LINK 下载器连接线。
- 软件：Keil C51 软件、Proteus ISIS 软件。

相关知识

7.1.1 智慧近距离通信应用场景

通信（Communication）就是信息的传递，是指由一地向另一地进行信息的传输与交换，其目的是传输消息。通信是人与人之间通过某种媒体进行的信息交流与传递。从广义上说，无论采用何种方法，使用何种媒质，只要将信息从一地传送到另一地，均可称为通信。古代的烽火台、击鼓、驿站快马接力、信鸽、旗语等都是通信方式。现代通信如电报、电话、快信、短信、E-MAIL 等，实现了即时通信。

近年来，短距离通信（Short Distance Communication）得到了极速的发展。短距离通信已经成为人们日常生活中必不可少的一部分。

1. 短距离通信

短距离通信是指通过无线 USB、IEEE802.ll 通信协议、Transfer Jet 或无线 HD 进行通信。

2. 短距离通信的实质

通常情况下，通信收发两方利用无线电波传输信息，且能够在几十米范围内传输，皆可叫作短距离无线通信，也可称为短距离通信技术。短距离通信技术具备多种共性，如对等性、成本低以及功耗低等。短距离通信技术实质指一般意义上的无线个人网络技术，主要有以下几种标准，ZigBee、IrDA 和 RFID 等；此外，短距离技术有各种不同接入技术，如无线局域网技术等。感应通信是以电磁感应原理进行通信，发话时，移动通信机的磁性天线与感应线很相似，同时有大尺寸的发射天线，但干扰噪声大且传输参数可靠性差，很少应用。短距离通信技术功耗、成本均相对比较低，网络铺设简单，便于操作。目前使用较广泛的短距离无线通信技术是蓝牙（Bluetooth），无线局域网 802.11（WiFi）和红外数据传输（IrDA）。

同时还有一些具有发展潜力的短距离无线技术标准，它们分别是：ZigBee、超宽频（Ultra WideBand）、短距离通信（NFC）、WiMedia、GPS、DECT 和专用无线系统等。短距离通信典型应用场景如图 7-1 所示。

图 7-1　短距离通信典型应用场景

3. 短距离通信的相关技术

短距离无线通信技术具备功耗相对较低的优势，因此对于"本安型"电路的相关设计十分符合。

（1）蓝牙技术　蓝牙技术诞生于 1994 年，Ericsson 当时决定开发一种低功耗、低成本的无线接口，以建立手机及其附件间的通信。能在近距离范围内实现相互通信或操作。其传输频段为全球通用的 2.4 GHz ISM 频段，提供 1 Mbit/s 的传输速率和 10 m 的传输距离。1998 年，蓝牙技术协议由 Ericsson、IBM、Intel、NOKIA、Toshiba 五家公司达成一致。蓝牙协议的标准版本为 802.15.1，由蓝牙小组（SIG）负责开发。802.15.1 的最初标准基于 1.1 实现，后者已构建到现行很多蓝牙设备中。新版 802.15.1a 基本等同于蓝牙 1.2 标准，具备一定的 QoS 特性，并完整保持后项兼容性。

蓝牙技术最大的缺点是传输范围受限，一般有效的范围在 10 m 左右，抗干扰能力不强、信息安全等问题也是制约其进一步发展和大规模应用的主要因素。

（2）IrDA 技术　IrDA 是一种利用红外线进行点对点通信的技术，是第一个实现无线个人局域网（PAN）的技术。目前它的软硬件技术都很成熟，可在小型移动设备，如：PDA、手机上广泛使用。起初，采用 IrDA 标准的无线设备仅能在 1 m 范围内以 115.2 kbit/s 速率传输数据，很快发展到 4 Mbit/s，以及 16 Mbit/s 的速率。

IrDA 的主要优点是无须申请频率的使用权，因而红外通信成本低廉。并且还具有移动通信所需的体积小、功能低、连接方便、简单易用的特点。此外，红外线发射角度较小，传输上安全性高。

IrDA 的不足在于它是一种视距传输，两个相互通信的设备之间必须对准，中间不能被其他物体阻隔，因而该技术只能用于两台设备之间的连接。而蓝牙就没有此限制，且不受墙壁的阻隔。IrDA 目前的研究方向是如何解决视距问题及提高数据传输率。

（3）WiFi 技术　WiFi 是以太网的一种无线扩展，也是一种无线通信协议，正式名称是 IEEE802.11b，与蓝牙一样，同属于短距离无线通信技术。WiFi 速率最高可达 11 Mbit/s。虽然在数据安全性方面比蓝牙技术要差一些，但在电波的覆盖范围方面却略胜一筹，可达 100 m。WiFi 是一种可以将个人计算机、手持设备（如 PDA、手机）等终端以无线方式互相连接的技术。无线网路通信技术的品牌，由 WiFi 联盟（WiFiAlliance）所持有。目的是改善基于 IEEE802.11 标准的无线网路产品之间的互通性。

WiFi 工作频率也是 2.4 GHz，与无绳电话、蓝牙等许多不需频率使用许可证的无线设备共享同一频段。随着 WiFi 协议新版本如 802.11a 和 802.11g 的先后推出，WiFi 的应用将越来越广泛。速度更快的 802.11g 使用与 802.11b 相同的正交频分多路复用调制技术。它工作在 2.4 GHz 频段，速率达 54 Mbit/s。

WiFi 模块有 AP 模式和 SP（STA）模式。

AP 模式：Access Point 提供无线接入服务，允许其他无线设备接入，提供数据访问，一般的无线路由/网桥工作在该模式下。AP 和 AP 之间允许相互连接。

SP 模式（STA 模式）：Station 类似于无线终端，SP 本身并不接受无线的接入，它可以连接到 AP，一般无线网卡即工作在该模式。两者的对照见表 7-1。

表 7-1　AP 模式和 SP 模式对照

分　类	AP 模式	SP 模式
接入网络	接受	不接受
网卡	需要	不需要
终端	有线	无线

（4）ZigBee 技术　在短距离通信技术中，ZigBee 技术是最有代表性的技术。ZigBee 技术以 IEEE802.15.4 为主要物理层标准，并以此将大量微小传感器间的通信进行协调。此类传感器无须巨大能量，经过无线电波且利用接力形式，实现两个传感器之间的数据传输，发挥高通信效率。ZigBee 技术拥有三个特点：①功耗低，即休眠状态下的耗电量为微瓦级，工作状态下的耗电量为毫瓦级；②超大网络容量，即 1 个 ZigBee 可支持的节点有 65000 个；③广泛的覆盖面积，网络覆盖范围可达 100~1000 m。ZigBee 技术具备双向性定位优势，将 ZigBee 技术应用于煤矿井下，有效实现井下与地面之间的信息交流，提高定位信息的规范性以及准确性。

与 IrDA 相比，ZigBee 有大的网络容量，每个 ZigBee 网络最多可支持 255 个设备，也就是说每个 ZigBee 设备可以与另外 254 台设备相连接。但有效范围小，有效覆盖范围 10~75 m 之间，具体依据实际发射功率的大小和各种不同的应用模式而定，基本上能够覆盖普通的家庭或办公室环境。

与 WiFi 相比，ZigBee 低功耗和低成本有非常大的优势，在低耗电待机模式下，两节普通

5 号干电池可使用 6 个月以上。这也是 ZigBee 的支持者所一直引以为豪的独特优势。因为 ZigBee 数据传输速率低，协议简单，所以大大降低了成本。

与蓝牙相比，ZigBee 更简单、速率更慢、功率及费用也更低。它的基本速率是 250 kbit/s，当降低到 28 kbit/s 时，传输范围可扩大到 134 m，并获得更高的可靠性。可以比蓝牙更好地支持游戏、消费电子、仪器和家庭自动化应用。人们期望能在工业监控、传感器网络、家庭监控、安全系统和玩具等领域拓展 ZigBee 的应用。

4. 短距离无线通信同长距离无线通信的区别

1）短距离无线通信的主要特点为通信距离短，覆盖距离一般在 100 m（200 m）之内。覆盖的范围响应也比较小。

2）无线发射器的发射功率较低，发射功率一般小于 100 mW。

3）自由地连接各种个人便携式电子设备、计算机外部设备和各种家用电器设备，实现信息共享和多业务的无线传输。

4）不用申请无线频道。区别于无线广播等长距离无线传输。

5）高频操作，工作频段一般以 GHz 为单位。

7.1.2　RS-485 总线标准

RS-485 采用平衡发送和差分接收方式实现通信：发送端将串行口的 TTL 电平信号转换成差分信号 a 和 b 两路输出，经过线缆传输之后在接收端将差分信号还原成 TTL 电平信号。由于传输线通常使用双绞线，又是差分传输，所以有极强的抗共模干扰的能力，总线收发器灵敏度很高，可以检测到低至 200 mV 电压。故传输信号在千米之外都是可以恢复。RS-485 最大的通信距离约为 1219 m，最大传输速率为 10 Mbit/s，传输速率与传输距离成反比，在 100 kbit/s 的传输速率下，才可以达到最大的通信距离，如果需传输更长的距离，需要加 RS-485 中继器。RS-485 采用半双工工作方式，支持多点数据通信。RS-485 总线网络拓扑一般采用终端匹配的总线型结构，即采用一条总线将各个节点串接起来，不支持环形或星型网络。如果需要使用星型结构，就必须使用 485 中继器或者 485 集线器才可以。RS-485 总线一般最大支持 32 个节点，如果使用特制的 485 芯片，可以达到 128 个或者 256 个节点，最大的可以支持 400 个节点。

1. RS-485 的性能

抗干扰性：RS-485 接口是采用平衡驱动器和差分接收器的组合，抗噪声干扰性好。RS-232 接口使用一根信号线和一根信号返回线而构成共地的传输形式，这种共地传输容易产生共模干扰。

传输距离：RS-485 接口的最大传输距离标准值为 1200 m（9600 bit/s 时），实际上可达 3000 m。RS-232 传输距离有限，最大传输距离标准值为 50 m，实际上也只有 15 m 左右。

通信能力：RS-485 接口在总线上是允许连接多达 128 个收发器，用户可以利用单一的 RS-485 接口方便地建立起设备网络。RS-232 只允许一对一通信。

传输速率：RS-232 传输速率较低，在异步传输时，比特率为 20 kbit/s。RS-485 的数据最高传输速率为 10 Mbit/s。

信号线：RS-485 接口组成的半双工网络，一般只需两根信号线。RS-232 口一般使用 RXD、TXD、GND 三条线。

电气电平值：RS-485 的逻辑"1"以两线间的电压差为+（2~6）V 表示；逻辑"0"以两线间的电压差为-（2~6）V 表示。在 RS-232-C 中任何一条信号线的电压均为负逻辑关系。即：逻辑"1"，-5~-15 V；逻辑"0"，5~15 V。

2. 实验底座 RS-485 总线原理

每个底座周边都有 RS-485 总线接口，有底座的 RS-485 信号由 MCU 的 UART 信号+MAX3485 485 总线转换芯片组成，如图 7-2 所示。

图 7-2　实验底座 RS-485 总线原理

⚙ 任务实施

1. 硬件电路设计

本任务中采用 WiFi 模块 ESP8266。该模块中的引脚、通信串口引脚已全部引出。WiFi 模块可以充当一个站点 SP，也可以是 AP 接入点，可以连接手机，路由器等 WiFi 设备。WiFi 模块如图 7-3 所示。

WiFi 模块硬件电路如图 7-4 所示，LED 模块基本电路如图 7-5 所示。

LED 全称为发光二极管，当加于正向电压时，发光二极管导通，发光。为防止电流过大造成 LED 灯损坏、寿命减小，通常使用限流电阻与 LED 灯串联，如图 7-5 中的 R5、R6、R7、R8 就是限流电阻。

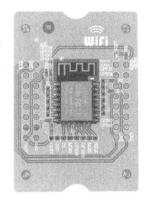

图 7-3　WiFi 模块

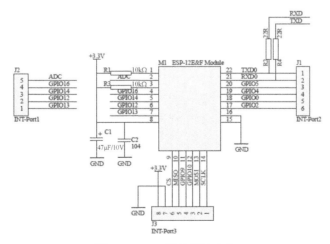

图 7-4　WiFi 模块硬件电路

以 LED1 为例，通过观察图 7-4 所示电路图可知，要点亮 LED1，PB0 必须输出低电平，熄灭 LED1，PB0 必须输出高电平。点亮或熄灭 LED2、LED3、LED4 同理。

LED 模块共有 4 个按键，4 个 LED 灯，可供完成流水灯、按键处理等相关实验。按键的触发为低电平，LED 灯为低电平点亮。

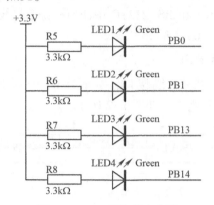

图 7-5 LED 模块基本电路

2. 软件设计

main. c 中对 RS-485、串口 1、串口 2、WiFi 以及定时器进行初始化。初始化 WiFi 时需要等待一段时间连接路由器，然后连接互联网。在 while(1) 循环体中对串口 1（RS-485）数据、串口 2（OneNET 平台）数据进行收发处理。

```
#include "stm32f1xx_hal. h"
#include "stm32f1xx. h"
#include "delay. h"
#include "RS-485. h"
#include "usart. h"
#include "timer. h"
#include "WiFi. h"
/ **
  *******************************************************
  *
  *      说明：             WiFi 控制
  *******************************************************
** /
int main( void)
{
  HAL_Init( );                 //初始化 HAL 库
RS-485_Init( );                //初始化 RS-485
UART1_Init(115200);            //初始化串口 1
UART2_Init(115200);            //初始化串口 2
WiFi_Init( );                  //初始化 WiFi
TIM2_Init(1000-1,64-1);        //初始化定时器 2(1 ms)
while(1)
{
    USART_Data_Send( );        //串口数据发送
    USART1_IRQHand( );         //串口 1 数据处理(RS-485 数据处理)
    USART2_IRQHand( );         //串口 2 数据接收处理(数据来自云平台)
}
}
```

USART_Data_Send( ) 函数通过定时器计时轮询向串口 1、串口 2 发送数据。

```
//==================================================
//    函数名称:      USART_Data_Send
//    函数功能:      串口数据发送函数
//    入口参数:      无
//    返回参数:      无
//==================================================
void USART_Data_Send(void)
{
staticuint8_t Send_Flag = 0;
if(Task_Count>=200 && Send_Flag == 0)              //200 ms 控制 LED 模块
{
    RS-485_Send(Addr_WiFi,Addr_LED,LED_Control,4,Command_LED);
    Send_Flag = 1;
}
else if(Task_Count>=300 && Send_Flag == 1)         //300 ms 获取温湿度数据
{
    RS-485_Send(Addr_WiFi,Addr_SHT20,SHT20_Get_All,0,"");
    Send_Flag = 0;
    Task_Count = 0;
}
if(Send_OneNET_Count>=1550)
{
    sprintf((char *)Send_OneNET,"%d%d%d",Temp,Humi,LDR_Data);
    HAL_UART_Transmit(&UART2_Handler,Send_OneNET,8,1000);   //发送数据到 OneNET
    Send_OneNET_Count = 0;
}
}
```

USART1_IRQHand()函数中处理 RS-485 中发送给 WiFi 模块的数据,本次实验中只有温湿度模块发送数据给 WiFi 模块,所以只需要将温湿度、光强数据接收并存入相应的变量中,然后再定时通过串口 2 发送给 OneNET 平台显示。

```
//==================================================
//    函数名称:      USART1_IRQHand
//    函数功能:      处理 RS-485 数据
//    入口参数:      无
//    返回参数:      无
//    说明:
//==================================================
void USART1_IRQHand(void)
{
if(! DataHandling_485(Addr_WiFi))                           //RS-485 数据处理
{
    if(Rx_Stack.Src_Adr == Addr_SHT20)                     //获取温湿度数据
    {
        Temp = Rx_Stack.Data[0];                           //温度数据
        Humi = Rx_Stack.Data[1];                           //湿度数据
        LDR_Data = Rx_Stack.Data[2]*256+Rx_Stack.Data[3]; //光强数据
    }
}
}
```

USART2_IRQHand( )函数中处理来自 OneNET 云平台的数据。

```
//===================================================
//      函数名称：      USART2_IRQHand
//      函数功能：      处理串口二数据
//      入口参数：      huart：串口句柄
//      返回参数：      无
//      说明：
//===================================================
void USART2_IRQHand(void)
{
    static uint16_t Command;                        //云平台下发命令

    if(USART2_RX_STA == 0x8000)
    {
        Command = ((USART2_RX_BUF[2]-0x30) * 1000)+((USART2_RX_BUF[3]-0x30) * 100)
        +((USART2_RX_BUF[4]-0x30) * 10)+(USART2_RX_BUF[5]-0x30);  //获取平台下发的命令码

        switch(Command)
        {
            case LED_ON1:
                Command_LED[0] = 1;                 //将命令码装载到 LED 命令码中
                break;
            case LED_OFF1:
                Command_LED[0] = 0;                 //将命令码装载到 LED 命令码中
                break;
            case LED_ON2:
                Command_LED[1] = 1;                 //将命令码装载到 LED 命令码中
                break;
            case LED_OFF2:
                Command_LED[1] = 0;                 //将命令码装载到 LED 命令码中
                break;
            case LED_ON3:
                Command_LED[2] = 1;                 //将命令码装载到 LED 命令码中
                break;
            case LED_OFF3:
                Command_LED[2] = 0;                 //将命令码装载到 LED 命令码中
                break;
            case LED_ON4:
                Command_LED[3] = 1;                 //将命令码装载到 LED 命令码中
                break;
            case LED_OFF4:
                Command_LED[3] = 0;                 //将命令码装载到 LED 命令码中
                break;
            default: break;
        }
        memset((void * )USART2_RX_BUF,0,10);  //清空数组
        USART2_RX_STA = 0;
    }
}
```

USART2_Receive( )函数用于串口 2 中断中处理 OneNET 下发的数据，判断简单的帧头（0x43 0x47）、帧尾（0x53 0x57）。

```
//=========================================================
//      函数名称：      USART2_Receive
//      函数功能：      串口 2 接收
//      入口参数：      data:串口 2 数据
//      返回参数：      无
//=========================================================
void USART2_Receive(uint8_t data)
{
staticuint8_t End_Flag = 0;            //帧尾标志位
staticuint8_t Header_Flag = 0;         //帧头标志位
staticuint8_t Receive_Flag = 0;        //接收标志位
/*
*                帧头接收
*/
/*帧头1  数据帧头中第一个字节*/
if(Header_Flag == 0 && data == 0x43)
{
    Header_Flag = 1;
}
/*帧头2  数据帧头中第二个字节*/
else if(Header_Flag == 1 && data == 0x47)
{
    USART2_RX_BUF[0] = 0x43;     //将缓存值存到接收数组中
    USART2_RX_STA = 1;            //存放数据数组下标清零
    Receive_Flag = 1;            //开始接收数据标志位
}
else Header_Flag = 0;


/*=========================================================
*数据+帧尾接收
=========================================================
*/
if(Receive_Flag)                    //帧头接收完成,准备接收帧尾
{
if(USART2_RX_STA>=(USART2_REC_LEN-1))
{
End_Flag = 0;
Receive_Flag = 0;
USART2_RX_STA = 0;
}
USART2_RX_BUF[USART2_RX_STA++] = data;  //数据接收

/*帧尾1  数据帧尾中第一个字节*/
if(! End_Flag && data == 0x53)
{
End_Flag = 1;
}
```

```
/*帧尾2  数据帧尾中第二个字节*/
else if(End_Flag && data == 0x57)
{
USART2_RX_STA = 0x8000;                    //接收完成
Receive_Flag = 0;
End_Flag = 0;
}
/*接收错误，重新接收*/
else End_Flag = 0;
}
}
```

WiFi. h 文件中存放 AT 指令宏定义，使用 WiFi 模块连接路由器或者进行其他操作都需要在这里进行修改，从左到右分别是"产品 ID""鉴权信息""脚本名称"，如图 7-6 所示。

图 7-6 WiFi 模块 WiFi. h 程序

3. 任务结果及数据

按照以下步骤进行实验。

1）将 WiFi 模块、LED 模块、温湿度模块分别安装在 STM32 底座上，并将 3 个底座拼接，如图 7-7 所示。ST_LINK 连接：PC 与 WiFi 模块的 STM32 底座连接下载程序，之后连接 WiFi 模块所在底座然后下载程序。

2）打开目录：在"WiFi 模块→WiFi 模块程序→USER"路径下，找到"WIFI. uvprojx"工程文件，如图 7-8 所示，双击启动工程。

3）打开 WiFi. h 文件，修改路由器名称和密码，然后修改 OneNET 个人识别信息，如图 7-9 所示。

4）编译工程，然后将程序下载到安装 WiFi 模块的底座中，如图 7-10 所示。

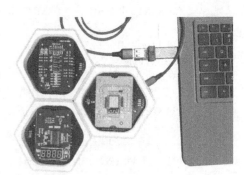

图 7-7 搭建实验硬件平台

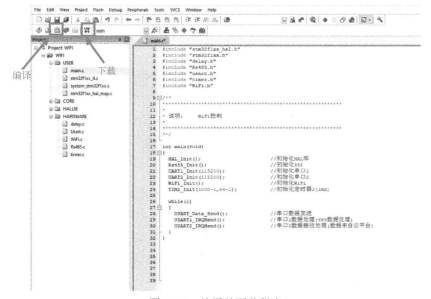

图 7-8　启动工程

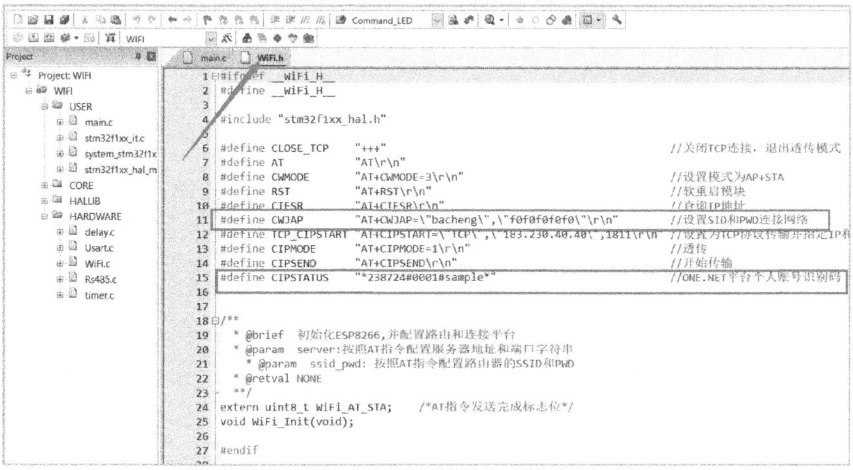

图 7-9　修改 WiFi 数据

图 7-10　编译并下载程序

5）打开目录：在"WiFi 模块→LED 模块程序→USER"路径下，找到"LED. uvprojx"工程文件，如图 7-11 所示，双击启动工程。

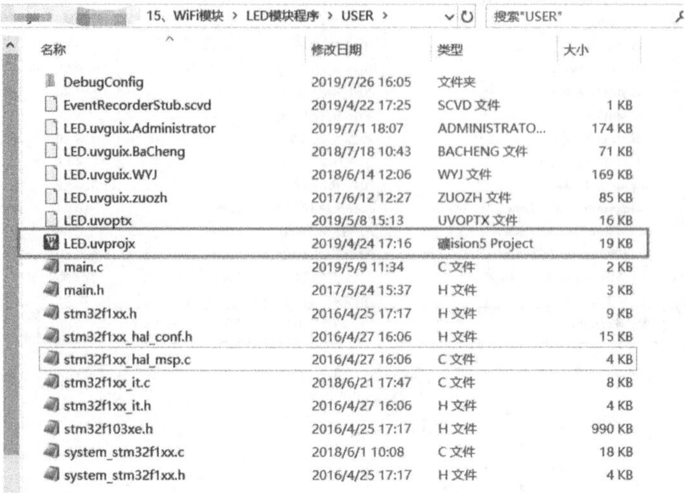

图 7-11　启动工程

6）编译工程，然后将程序下载到安装 LED 模块的底座中，如图 7-12 所示。

图 7-12　编译并下载程序

7）打开目录：在"WiFi 模块→温湿度模块程序→USER"路径下，找到"SHT20. uvprojx"工程文件，如图 7-13 所示，双击启动工程。

8）编译工程，然后将程序下载到安装温湿度模块的底座中。如图 7-14 所示。

9）显示温湿度数据时，需要选择相应的设备和数据流，如图 7-15 所示。

10）按键控制 LED 灯亮灭需根据数据传输协议设置按键值，如图 7-16 所示。

图 7-13　启动工程

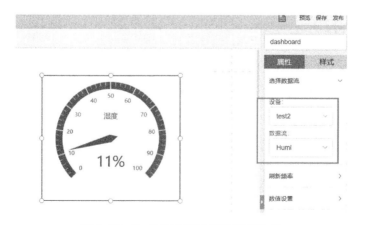

图 7-14　编译并下载程序

图 7-15　OneNET 云平台数据流的选择

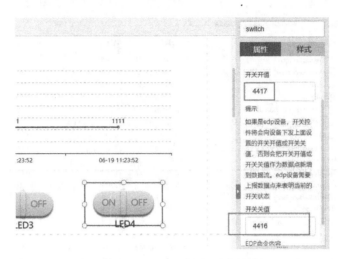

图 7-16　OneNET 云平台按键值的设置

11）WiFi 成功连接后，可在 OneNET 云平台上看到温湿度数据，也可以在上面下发控制命令控制 LED 灯亮灭，如图 7-17 所示。

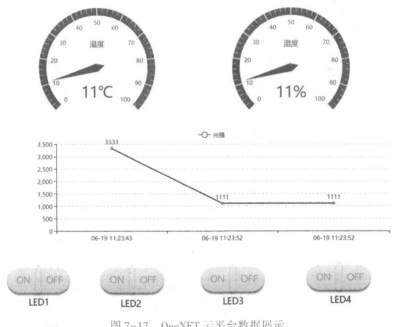

图 7-17　OneNET 云平台数据展示

✎ **小知识**：你知道吗？日常生活中的 WiFi、蓝牙还有红外通信等，它们都是短距离无线通信技术。

目前几种主流的短距离无线通信技术包括：高速 WPAN 技术、UWB 高速无线通信技术、WirelessUSB 技术（WirelessUSB 是一个全新无线传输标准，可提供简单、可靠的低成本无线解决方案，帮助用户实现无线功能）、低速 WPAN 技术和 IEEE802.15.4\ZigBee。ZigBee 是一种低速短距离无线通信技术。它的出发点是希望发展一种拓展性强、易建的低成本无线网络，强调低耗电、双向传输和感应功能等特色。

任务 7.2　模拟短距离通信蓝牙模块设计

本任务要求使用 STM32 单片机与蓝牙模块硬件设计与软件编程，使用蓝牙 AT 指令完成蓝牙通信过程。要求编写程序配置蓝牙模块为从机模式，使用手机连接蓝牙模块，蓝牙连接完成以后手机端发送数据到蓝牙模块，蓝牙模块会返回同样的数据。

任务描述

1. 任务目的及要求

- 了解蓝牙模块和 CCD 模块的工作原理。
- 了解单片机控制蓝牙模块的工作应用。
- 熟练使用单片机开发平台及设备进行相关设备。
- 熟练使用仿真软件进行电路仿真实现。

2. 任务设备

- 硬件：PC、STM32 底座、CC Debugger 下载器、CC Debugger 下载器连接线。
- 软件：Keil C51 软件、Proteus ISIS 软件。

相关知识

7.2.1　蓝牙技术

1. 蓝牙技术

蓝牙（Bluetooth）是一种无线技术标准，可实现固定设备、移动设备和楼宇个人域网之间的短距离数据交换（使用 2.4~2.485 GHz 的 ISM 波段的 UHF 无线电波）。蓝牙技术最初由爱立信公司于 1994 年开发，当时是作为 RS-232 数据线的替代方案。蓝牙可连接多个设备，克服了数据同步的难题。

蓝牙是基于数据包，有着主从架构的协议。一个主设备至多可和同一网中的七个从设备通信。因此，本实验中两个蓝牙模块一个为从设备，另一个为主设备。

2. 蓝牙配对

任何无线通信技术都存在被监听和破解的可能，蓝牙 SIG 为了保证通信的安全性，采用认证的方式进行数据交互。同时为了保证使用的方便性，以配对的形式完成两个蓝牙设备之间的首次通信认证，经配对之后，随后的通信连接就不必每次都进行确认。所以认证码的产生是从配对开始的，经过配对，设备之间以 PIN 码建立约定的链路密钥（link key）用于产生初始认证码，以用于以后建立的连接。

如果不配对，两个设备之间便无法建立认证关系，无法进行连接及其之后的操作，所以配对在一定程度上保证了蓝牙通信的安全，当然这个安全保证机制是比较容易被破解的，因为现在很多个人设备没有人机接口，所以 PIN 码都是固定的而且大都设置为通用的 0000 或者 1234 之类的，就很容易被猜到并进而建立配对和连接。

3. 蓝牙模块简介

CC2530（无线片上系统单片机）是用于 IEEE802.15.4、ZigBee 和 RF4CE 应用的一个片

上系统解决方案，它能够以非常低的成本建立起一个强大的无线网络。并且 CC530 还结合了领先的 2.4 GHz 的 RF 收发器的优良性能，是业界标准的增强型的 8051 单片机。CC2530 有四种不同的闪存版本：CC2530F32/64/128/256，分别具有 32/64/128/256 KB 的闪存。CC2530 具有不同的运行模式，使得它尤其适合超低功耗要求的系统。运行模式之间的转换时间很短，进一步确保了低能源消耗。

7.2.2　蓝牙通信的建立

蓝牙通信也是采用 Socket 机制，通信双方一方为服务器端，另一方为客户端，当通信双方都是一样的 Android 设备时，哪一方应该是服务器端，哪一方应该是客户端？答案是主动发起通信请求的一方为客户端，另一方自然为服务器端了。

1. 蓝牙通信的工作流程

1）服务端先建立一个服务端套接字 Socket，然后该套接字开始监听客户端的连接。

2）客户端也建立一个 Socket，然后向服务端发起连接，这时候如果没有异常就算两个设备连接成功了。

3）这时候客户端和服务端都会持有一个 Socket，利用该 Socket 可以发送和接收消息。

2. 蓝牙通信涉及的类

BluetoothAdapter：该类是提供蓝牙服务的接口，普通的用户 App 可以利用该类使用系统的蓝牙服务，如果要获取该类的对象，用如下语句：

```
BluetoothAdapterbluetoothAdapter = BluetoothAdapter. getDefaultAdapter( ) ;
```

该类比较常见的 API 有：

IsEnabled( )，该方法判断蓝牙是否打开，如果蓝牙已经打开，该方法返回 true，否则返回 false。

3. 通信连接的建立

要想建立蓝牙通信，根据上面的流程，要先建立服务器，然后客户端请求连接。服务器端建立套接字，等待客户端连接，调用 BluetoothAdapter 的 listenUsingRfcommWithServiceRecord( )方法，产生一个 BluetoothServerSocket 对象，然后调用 BluetoothServerSocket 对象的 accept( )方法，注意 accept( )方法会产生阻塞，直到一个客户端连接建立，所以服务器端的 Socket 的建立需要在一个子线程中去做。

客户端连接服务器端，需要先持有服务器端的 Bluetooth Device 对象，调用 Bluetooth Device 的 createRfcommSocketToServiceRecord( )方法，这个方法会产生一个客户端的 Bluetooth Socket 对象，然后调用该对象的 connect( )方法，该过程最好也是单独用一个线程完成，代码如下。

```
private class ClientThread extends Thread
{
    @Override
    public void run( ) {
        super. run( ) ;
            UUIDuuid = UUID. fromString( SPP_UUID) ;
            try {
              mSocket= bondedDevice. createRfcommSocketToServiceRecord( uuid) ;
                mSocket. connect( ) ;
```

```java
                                    Log. d( TAG ,"connect server success" );
                                    newReadThread( ). start( );
                                } catch ( IOException e) {
                                    e. printStackTrace( );
                                }
                            }
                        }
    // 读取数据
        private class ReadThread extends Thread {
            public void run( ) {
                byte[ ] buffer = new byte[ 1024];
                    int bytes;
                    InputStream is = null;
                    try {
                        is =mSocket. getInputStream( );
                        while ( true) {
                        if ( ( bytes = is. read( buffer) ) > 0) {
                        byte[ ]buf_data = new byte[ bytes];
                        for ( int i = 0; i< bytes; i++) {
                                        buf_data[ i] = buffer[ i];
                                    }
                                }
                    } catch ( IOException e1) {
                            e1. printStackTrace( );
                        } finally {
                            try {
                                    is. close( );
                            } catch ( IOException e1) {
                                    e1. printStackTrace( );
                            }
                        }
                    }
                }
            }
    private class WriteThread extends Thread
        {
            private String msg;
                publicWriteThread( String msg)
            {
                    this. msg = msg;
            }
                @ Override
                public void run( ) {
                        super. run( );
                    if ( mSocket = = null) {
Toast. makeText( BluetoothActivity. this, "没有连接", Toast. LENGTH_SHORT). show( );
                        return;
                    }
                    try {
                        OutputStream os = mSocket. getOutputStream( );
```

```
                    os. write( msg. getBytes( ) );
                        Log. d( TAG," send over" );
                } catch ( IOException e) {
                        e. printStackTrace( );
                    }
                }
            }
        }
```

4. 发送数据和接收数据

发送数据和接收数据对于服务端和客户端来讲都是一样的，使用方法也一样，因为使用的都是通过一个类。发送数据需要调用 BluetoothSocket 的 getOutputStream( )方法，接收数据需要调用 getInputStream( )方法。

⚙ 任务实施

1. 硬件电路设计

本任务中采用 CC2530 蓝牙模块来进行设计。CC2530 支持蓝牙协议 BLE4. 0。蓝牙模块将 CC2530 的 I/O 口全部引出。处理器可通过串口与其进行通信。蓝牙模块电路如图 7-18 所示。

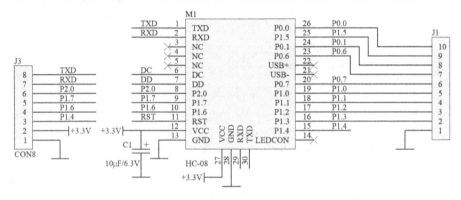

图 7-18　蓝牙模块电路

采用 CC2530 蓝牙芯片与外围电路构成的模块电路如图 7-19 所示。

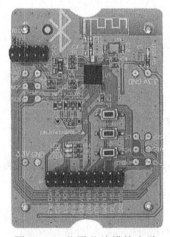

图 7-19　蓝牙芯片模块电路

2. 软件设计

1) 主蓝牙模块程序流程图如图 7-20 所示。

2) 从蓝牙模块程序流程图如图 7-21 所示。

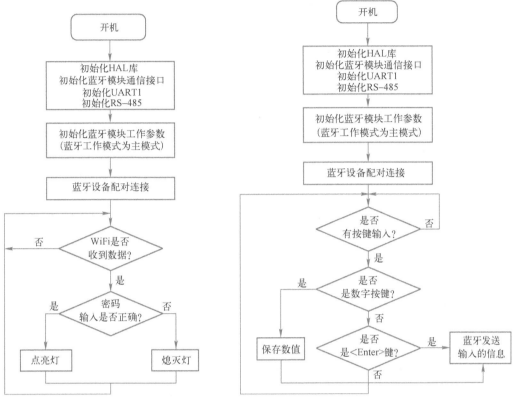

图 7-20 主蓝牙模块程序流程图　　　　　图 7-21 从蓝牙模块程序流程图

3) 主要程序。在主函数中依旧是初始化串口以及蓝牙模块，蓝牙模块使用串口 2 通过 AT 指令进行配置。

```
#include "stm32f1xx_hal. h"
#include "stm32f1xx. h"
#include "delay. h"
#include "usart. h"
#include "timer. h"
#include "BLE. h"
/ **
***************************************************
* 说明：蓝牙模块
***************************************************
** /
int main( void)
{
    HAL_Init( ) ;                    //初始化 HAL 库
UART2_Init( 9600) ;              //初始化串口 2
BLE_Init( 0) ;                   //初始化蓝牙
```

```
TIM2_Init(1000-1,64-1);                //初始化定时器 2(1 ms)
while(1)

USART2_IRQHand();                //串口 2 数据接收处理(数据来自手机)
```

在 BLE. H 中宏定义本次需要使用到的 AT 指令。

```
#define   AT        "AT\r\n"
#define   TXPW      "AT+TXPW0\r\n"              //设置信号强度
#define   ROLE      "AT+ROLE1\r\n"             //设置主从:1 为主设备; 0 为从设备
#define   NAME      "AT+NAMEBaCheng\r\n"       //修改蓝牙名称
#define   ADDR      "AT+ADDR? \r\n"            //查询本机 MAC 地址
#define   CON       "AT+CON987BF362C25D\r\n"   //连接该 MAC 地址的从机
```

在 while(1)循环体中对处理手机端发送过来的数据，本程序中将发送过来的数据全部反馈到手机端。

```
//====================================================
//     函数名称：   USART2_IRQHand
//
//     函数功能：   处理串口 2 数据
//
//     入口参数：   huart 为串口句柄
//
//     返回参数：   无
//
//====================================================
void USART2_IRQHand(void)

 staticuint8_t len = 0;                                              //存放数据长度
    if(Send_OneNET_Count>=100)

    Sedd_Flag = 0;                                                   //停止计数
    Send_OneNET_Count = 0;                                           //清零计数值
    len = strlen((char * )USART2_RX_BUF);                            //获取数据长度
    HAL_UART_Transmit(&UART2_Handler,USART2_RX_BUF,len,1000);        //发送数据到手机端
    memset((void * )USART2_RX_BUF,0,USART2_REC_LEN);                 //清空数组
    USART2_RX_STA = 0;
```

3. 任务结果及数据

1）将蓝牙模块安装在 STM32 底座上，如图 7-22 所示。ST_LINK 连接：PC 与蓝牙模块的 STM32 底座连接下载程序。

2）打开目录：在 "蓝牙模块→蓝牙模块程序→USER" 路径下，找到 "BLE. uvprojx" 工程文件，如图 7-23 所示，双击启动工程。

图 7-22 搭建实验硬件平台

图 7-23　启动工程

3）编译工程，然后将程序下载到蓝牙模块的底座中，如图 7-24 所示。

图 7-24　编译并下载程序

4）Android 手机安装"创思蓝牙助手"（在软件文件夹中有安装包），安装完成打开软件，然后打开蓝牙，开始扫描附近的设备，如图 7-25 所示。

图 7-25　扫描设备

5）扫描附近的蓝牙设备，找到名称为"BaCheng"的蓝牙设备（名称在程序中可根据需要自行设定），单击该设备进行连接，如图 7-26~图 7-28 所示。

图 7-26　连接设备　　　　　　　　　图 7-27　选择蓝牙服务

6）在发送区域输入数据，单击"发送"，在接收区可以看到蓝牙模块返回同样的数据，如图 7-29 所示。

图 7-28　选择蓝牙特征　　　　　　　　图 7-29　选择蓝牙特征

拓展：蓝牙模块 AT 命令

默认的串口配置为：波特率 9600，无校验，数据位 8，停止位 1，无流控。

（1）测试指令（见表 7-2）

表 7-2　AT 指令

指　　令	应　　答	参　　数
AT	OK	无

例：发送 AT，返回 OK。

（2）AT+BAUD 查询、设置串口波特率（见表 7-3）

表7-3　AT+BAUD 指令

指　令	应　答	参　数
查询：AT+BAUD?	OK+Get：[para1]	Para1：0~4
设置：AT+BAUD[para1]	OK+Set：[para1]	0 = 9600；1 = 19200 2 = 38400；3 = 57600 4 = 115200 Default：0（9600）

例：

发送：AT+BAUD2；返回：OK+Set：2。

　　　0---------9600

　　　1---------19200

　　　2---------38400

　　　3---------57600

　　　4---------115200

（3）AT+PARI 设置串口校验（见表 7-4）

表7-4　AT+PARI 指令

指　令	应　答	参　数
查询：AT+PARI?	OK+ Get：[para]	无
设置：AT+PARI[para]	OK+Set：[para]	Para 范围 0,1,2 0：无校验 1：EVEN 2：ODD Default：0

（4）AT+STOP 设置串口停止位（见表 7-5）

表7-5　AT+STOP 指令

指　令	应　答	参　数
查询：AT+STOP?	OK+Get：[para]	无
设置：AT+STOP[para]	OK+Set：[para]	Para：0~1 0：1 停止位 1：2 停止位 Default：0

（5）AT+MODE 设置模块工作模式（见表 7-6）

表7-6　AT+MODE 指令

指　令	应　答	参　数
查询：AT+MODE?	OK+Get：[para]	无
设置：AT+MODE[para]	OK+Set：[para]	Para：0~1 0：开启串口透传模式 1：关闭串口透传模式 Default：0

（6）AT+NAME 查询、设置设备名称（见表 7-7）

表 7-7　AT+NAME 指令

指　令	应　答	参　数
查询：AT+NAME?	OK+Get：［paral］	Paral：设备名称 最长 11 位数字或字母，含连字符和下划线，不建议用其他字符 Default：Microduino
设置：AT+NAME［paral］	OK+Set：［paral］	无

例：发送 AT+NAMEbill_gates；

　　返回 OK+Set：bill_gates；

　　这时蓝牙模块名称改为 bill_gates。

（7）AT+RENEW 恢复默认设置（Renew）（见表 7-8）

表 7-8　AT+RENEW 指令

指　令	应　答	参　数
AT+RENEW	OK+RENEW	无

（8）AT+RESET 模块复位，重启（Reset）（见表 7-9）

表 7-9　AT+RESET 指令

指　令	应　答	参　数
AT+RESET	OK+RESET	无

（9）AT+ROLE 查询、设置主从模式（见表 7-10）

表 7-10　AT+ROLE 指令

指　令	应　答	参　数
查询：AT+ROLE?	OK+Get：［paral］	Paral：0~1 1：主设备 0：从设备 Default：0
设置：AT+ROLE［paral］	OK+Set：［paral］	无

（10）AT+PASS 查询、设置配对密码（见表 7-11）

表 7-11　AT+PASS 指令

指　令	应　答	参　数
查询：AT+PASS?	OK+PASS：［paral］	Paral：000000~999999
设置：AT+PASS［paral］	OK+Set：［paral］	Default：000000

（11）AT+TYPE 设置模块鉴权工作类型（见表 7-12）

表 7-12　AT+TYPE 指令

指　令	应　答	参　数
查询：AT+TYPE?	OK+Get：［para］	无
设置：AT+TYPE［para］	OK+Set：［para］	Para：0~1 0：连接不需要密码 1：连接需要密码 Default：0

（12）AT+ADDR 查询本机 MAC 地址（见表 7-13）

表 7-13　AT+ADDR 指令

指　令	应　答	参　数
或者：AT+ADDR?	OK+LADD：MAC 地址	无

（13）AT+CONNL 连接最后一次连接成功的从设备（见表 7-14）

表 7-14　AT+CONNL 指令

指　令	应　答	参　数
AT+CONNL	OK+CONN［Para］	Para：L,N,E,F L：连接中；N：空地址 E：连接错误；F：连接失败

（14）AT+CON 连接指定蓝牙地址的从设备（见表 7-15）

表 7-15　AT+CON 指令

指　令	应　答	参　数
AT+CON［paral］	OK+CONN［Para2］	Para1：MAC 地址 如：0017EA0923AE Para2：A，E，F A：连接中 E：连接错误 F：连接失败

（15）AT+CLEAR 清除主设备配对信息（见表 7-16）

表 7-16　AT+CLEAR 指令

指　令	应　答	参　数
AT+CLEAR	OK+CLEAR	无

清除成功连接过的设备地址码信息。

说明：此指令只有在主设备时才有效；从设备时不接受此指令。

（16）AT+RADD 查询成功连接过的从机地址（见表 7-17）

表 7-17   AT+RADD 指令

指　　令	应　　答	参　　数
查询：AT+RADD?	OK+RADD：MAC 地址	Para：蓝牙设备 MAC 地址最多返回 10 个设备地址

（17）AT+VERS 查询软件版本（见表 7-18）

表 7-18   AT+VERS 指令

指　　令	应　　答	参　　数
查询：AT+VERS?	版本信息	无

（18）AT+TCON 设置主模式下尝试连接时间（见表 7-19）

表 7-19   AT+TCON 指令

指　　令	应　　答	参　　数
查询：AT+TCON?	OK+TCON：[para]	无
设置：AT+TCON[para]	OK+Set：[para]	Para：000000~009999 000000 代表持续连接，其余代表尝试的毫秒数 Default：001000

注：该指令只在主模式下有效，当模块记住了上一次成功连接的地址后，再次开机自动尝试连接该地址分钟数由此参数控制，超过该数值，会自动进入搜索状态，000000 为一直尝试连接，该参数值为毫秒，如无必要请不要设置该值太小，会影响模块正常工作。

（19）AT+RSSI 读取 RSSI 信号值（见表 7-20）

表 7-20   AT+RSSI 指令

指　　令	应　　答	参　　数
查询：AT+RSSI?	OK+RSSI：[para]	Para：信号强度，单位为 dB，Para 是一个负数，绝对值越小说明信号强度越大

（20）AT+TXPW 改变模块发射信号强度（见表 7-21）

表 7-21   AT+TXPW 指令

指　　令	应　　答	参　　数
查询：AT+TXPW?	OK+TXPW：[para]	无
设置：AT+TXPW[para]	OK+Set：[para]	Para：0~3 0：4 dbm；1：0 dbm 2：-6 dbm；3：-23 dbm Default：0

（21）AT+TIBE 改变模块作为 ibeacon 基站广播时间间隔（见表 7-22）

表 7-22　AT+TIBE 指令

指　　令	应　　答	参　　数
查询：AT+TIBE?	OK+TIBE:[para]	无
设置：AT+TIBE[para]	OK+Set:[para]	Para：000000～009999 000000 代表持续广播，其余代表尝试的毫秒数 Default：000500

（22）AT+IMME 设置工作类型（见表 7-23）

表 7-23　AT+IMME 指令

指　　令	应　　答	参　　数
查询：AT+IMME?	OK+Get:[para]	无
设置：AT+IMME[para]	OK+Set:[para]	Para：0～1 0：立即工作 1：等待 AT+CON 或 AT+CONNL 命令 Default：0

小知识：你知道傅里叶吗？

让·巴普蒂斯·约瑟夫·傅里叶（Baron Jean Baptiste Joseph Fourier，1768—1830），法国欧塞尔人，著名数学家、物理学家。

傅里叶早在 1807 年就写成关于热传导的基本论文《热的传播》。傅里叶在论文中推导出著名的热传导方程，并在求解该方程时发现解函数可以由三角函数构成的级数形式表示，从而提出任一函数都可以展成三角函数的无穷级数。傅里叶级数（即三角级数）、傅里叶分析等理论均由此开创。

任务 7.3　模拟智慧短距离通信 RFID 模块设计

本任务需完成 HF-RFID 模块和 LF-RFID 模块设计。系统能够使用 HF-RFID 模块读取 IC 卡片的信息，并将读取到的信息打印到串口中，并通过 USB 转 TTL 显示到上位机上。同时要求系统能够使用 LF-RFID 模块读取卡片的信息，并将读取到的信息在 TFT 显示屏显示，使用 RS-485 总线进行数据通信。

任务描述

1. 任务目的及要求

- 了解 HF-RFID 模块，LF-RFID 模块的工作原理。
- 了解单片机控制 HF-RFID 模块，LF-RFID 模块的应用。
- 熟练使用单片机开发平台及设备进行相关实验。
- 熟练使用仿真软件进行电路仿真实现。

2. 任务设备

- 硬件：PC、HF-RFID 模块、LF-RFID 模块、TFT 显示屏模块、STM32 底座、ST_LINK 下载器、ST_LINK 下载器连接线。
- 软件：Keil C51 软件、Proteus ISIS 软件。

相关知识

7.3.1 高频 RFID 技术应用

射频识别（Radio Frequency Identification，RFID）是一种通信技术，可通过无线电信号识别特定目标并读写相关数据，而无须识别系统与特定目标之间建立机械或光学接触。应用分布在身份证件和门禁控制、供应链和库存跟踪、汽车收费、防盗、生产控制、资产管理。

RFID 的使用频段分布在低频（125~135 kHz）、高频（13.56 MHz）和超高频（860~960 MHz）之间。

1. 高频 RFID 系统

典型的高频（13.56 MHz）RFID 系统包括阅读器（Reader）和电子标签（Tag，也称应答器 Responder）。电子标签通常选用非接触式 IC 卡。IC 卡又称智能卡，具有可读写、容量大、加密及数据记录可靠等功能。IC 卡目前已经大量使用在校园一卡通系统、消费系统、考勤系统、公交消费系统等。目前市场上使用最多的是 PHILIPS 的 MIFARE 系列 IC 卡。阅读器包含有高频模块（发送器和接收器）、控制单元以及与卡连接的耦合元件。由高频模块和耦合元件发送电磁场，以提供非接触式 IC 卡所需要的工作能量以及发送数据给 IC 卡，同时接收来自 IC 卡的数据。IC 卡由主控芯片 ASIC（专用集成电路）和天线组成。电子标签的天线只由线圈组成，很适合封装到 IC 卡中，常见 IC 卡内部结构如图 7-30 所示。

较常见的高频 RFID 应用系统如图 7-31 所示，IC 卡通过电感耦合的方式从阅读器处获得能量。

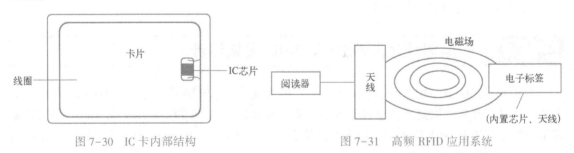

图 7-30　IC 卡内部结构　　　　　图 7-31　高频 RFID 应用系统

下面以典型的 IC 卡 MIFARE 1 为例说明电子标签获得能量的整个过程。阅读器向 IC 卡发送一组固定频率的电磁波，电子标签内有一个 LC 串联谐振电路（见图 7-32），其谐振频率与读写器发出的频率相同，这样当标签进入阅读器范围时便产生电磁共振，从而使电容内有了电荷，在电容的另一端接有一个单向通的电子泵，将电容内的电荷送到另一个电容内储存，当储存积累的电荷达到 2 V 时，此电源可作为其他电路提供工作电压，将标签内数据发射出去或接收阅读器的数据。

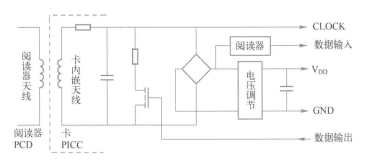

图 7-32　IC 功能示意图

2. ISO 14443 协议标准

ISO 14443 协议是超短距离智慧卡标准,该标准定义出读取 7~15 cm 的短距离非接触智能卡的功能及运作标准。ISO 14443 有 TYPE A 和 TYPE B 两种标准。TYPE A 产品具有更高的市场占有率,如 Philips 公司的 MIFARE 系列占有了当前约 80% 的市场,且在较为恶劣的工作环境下有很高的优势。而 TYPE B 在安全性、高速率和适应性方面有很好的前景,特别适合于 CPU 卡。这里重点介绍的 MIFARE1 符合 ISO 14443 TYPE A 标准。

(1) ISO 14443 TYPE A 标准中规定的基本空中接口基本标准

PCD 到 PICC (数据传输) 调制为:ASK,调制指数 100%。

PCD 到 PICC (数据传输) 位编码为:改进的 Miller 编码。

PICC 到 PCD (数据传输) 调制为:频率为 847 kHz 的副载波负载调制。

PICC 到 PCD 位编码为:曼彻斯特编码,数据传输速率为 106 kbit/s。射频工作区的载波频率为 13.56 MHz。

最小未调制工作场的值是 1.5 A/mrms (以 Hmin 表示),最大未调制工作场的值是 7.5 A/mrms (以 Hmax 表示),邻近卡应持续工作在 Hmin 和 Hmax 之间,PICC 的能量通过发送频率为 13.56 MHz 的阅读器的交变磁场来提供。由阅读器产生的磁场必须在 1.5~7.5 A/m。

(2) ISO 14443 TYPE A 标准中规定的 PICC 标签状态集　阅读器对进入其工作范围的多张 IC 卡的有效命令有:

● REQA:TYPE A 请求命令。

● WAKE UP:唤醒命令。

● ANTICOLLISION:防冲突命令。

● SELECT:选择命令。

● HALT:停止命令。

(3) 非接触式高频 IC 卡　目前市面上有多种类型的非接触式 IC 卡,各类 IC 卡特点及工作特性见表 7-24。PHILIPS 的 MIFARE 1 卡 (简称 M1 卡) 属于 PICC 卡,该类卡的阅读器可以称为 PCD。

表 7-24　IC 卡分类

IC 卡	阅 读 器	国际标准	读写距离	工作频率
CICC	CCD	ISO/IEC 10536	密耦合 (0~1 cm)	0~30 MHz
PICC	PCD	ISO/IEC 14443	近耦合 (7~10 cm)	135 MHz, 6.75 MHz, 13.56 MHz, 27.125 MHz
VICC	VCD	ISO/IEC 15693	疏耦合 (<1 m)	

高频 RFID 系统选用 PICC 类 IC 卡作为其电子标签，这里以 PHILIPS 公司典型的 PICC 卡 MIFARE1 为例，详细讲解 IC 卡内部结构。PHILIPS 是世界上最早研制非接触式 IC 卡的公司，其 MIFARE 技术已经被制定为 ISO 14443 TYPE A 国际标准。实验平台选用 MIFARE1（S50）卡作为电子标签，其内部原理如图 7-33 所示。

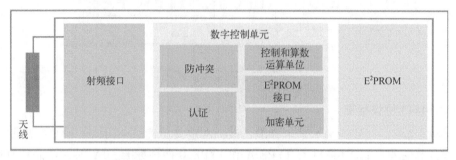

图 7-33   M1 卡内部原理

射频接口部分主要包括有波形转换模块。它可将阅读器发出的 13.56 MHz 的无线电调制频率接收，一方面送调制/解调模块，另一方面进行波形转换，将正弦波转换为方波，然后对其整流滤波，由电压调节模块对电压进行进一步的处理，包括稳压等，最终输出供给卡片上的各电路。数字控制单元主要针对接收到的数据进行相关处理，包括选卡、防冲突等。MIFARE1 卡片采取 E^2PROM 作为存储介质，其内部可以分为 16 个扇区，每个扇区由 4 块组成（将 16 个扇区的 64 个块按绝对地址编号为 0~63），存储结构见表 7-25。

表 7-25   M1 卡存储结构

	0	IC 卡厂家信息	数据块	块 0
扇区 0	1		数据块	块 1
	2		数据块	块 2
	3	密码 A 存取控制 密码 B	控制块	块 3
⋮	⋮		⋮	⋮
	0		数据块	块 60
扇区 15	1		数据块	块 61
	2		数据块	块 62
	3	密码 A 存取控制 密码 B	控制块	块 63

第 0 扇区的块 0（即绝对地址 0 块），它用于存放厂商代码，已经固化不可更改。其中：第 0~3 个字节为卡片的序列号；第 4 个字节为序列号的校验码；第 5 个字节为卡片内容 "size" 字节，第 6~7 个字节为卡片的类型字节。

每个扇区的块 0、块 1、块 2 为数据块，可用于存储数据。数据块可作两种应用：用作一般的数据保存，可以进行读、写操作。用作数据值，可以进行初始化加值、减值、读值操作。

每个扇区的块 3 为控制块，包括了密码 A、存取控制、密码 B。具体结构见表 7-26。

表 7-26   控制块结构

A0 A1 A2 A3 A4 A5	FF 07 80 69	B0 B1 B2 B3 B4 B5

其中，A0~A5 代表密码 A 的 6 字节；FF 07 80 69 为 4 字节存取控制字的默认值，FF 为低字节；B0~B5 代表密码 B 的 6 字节。

每个扇区的密码和存取控制都是独立的，可以根据实际需要设定各自的密码及存取控制。存取控制为 4 字节，共 32 位，扇区中的每个块（包括数据块）的存取条件是由密码和存取控制共同决定的，在存取控制中每个块都有相应的三个控制位，定义如下：

块 0：C10 C20 C30

块 1：C11 C21 C31

块 2：C12 C22 C32

块 3：C13 C23 C33

7.3.2　低频 RFID 技术应用

125 kHz RFID 系统采用电感耦合方式工作，由于应答器成本低、非金属材料和水对该频率的射频具有较低的吸收率，所以 125 kHz RFID 系统在动物识别、工业和民用水表等领域应用广泛。

1. 低频 RFID 系统与 ID 卡

低频 RFID 系统阅读器的工作频率范围一般从 120~134 kHz。该频段的波长大约为 2500 m，除了金属材料影响外，一般低频能够穿过任意材料的物品而不降低它的读取距离。低频 RFID 系统使用 ID 卡，全称为身份识别卡（Identification Card），作为其电子标签。ID 卡是一种不可写入的感应卡，其内部唯一存储的数据是一个固定的 ID 卡编号，其记录内容（卡号）是由芯片生产厂商封卡出厂前一次性写入，封卡后不能更改，开发商只可读出卡号加以利用。ID 卡与我们通常使用磁卡一样，仅仅使用了"卡的号码"而已，卡内除了卡号外，无任何保密功能，其"卡号"是公开的。

目前市场上主要有 EM、HID、TI、MOTOROLA 等各类 ID 卡。本实验平台使用 EM 系列 ID 卡，它符合 ISO 18000-2 标准，工作频率为 125 kHz，后续的讲解也围绕这种标签展开。ID 标签中保存的唯一数据——标签标识符（UID），以 64 位唯一识别符来识别。UID 由标签制造商永久设置，符合 ISO/IEC DTR15693。UID 使每一个标签都有唯一、独立的编号。UID 包含：固定的 8 位分配级"EO"，根据 ISO/IEC 7816-6/AM1 定义的 8 位 IC 制造商代码，由 IC 制造商指定的唯一 48 位制造商序列号 MSN，见表 7-27。

表 7-27　UID 结构

MSB					LSB
64	57	56	49	48	1
EO		IC 厂商代码，1 个字节		IC 芯片制造商序列号	

2. ISO18000-2 标准

实验平台的低频 ID 模块符合 ISO18000-2 标准。询问器载波频率为 125 kHz。ISO18000-2 标准中规定了基本的空中接口的基本标准：询问器到标签之间的通信采用脉冲间隔编码；标签与询问器之间通过电感性耦合进行通信，当询问器以标准指令的形式访问标签时，载波需加载一个 4 kbit/s 曼彻斯特编码数据信号；调制采用 ASK 调制，调制指数 100%；在实际通信系统中，很多系统都不能直接传送基带信号，必须用基带信号对载波波形的某些参量进行控制，是载波的这些参量随基带信号的变化而变化。由于正弦信号形式简单，便于产生和接收，大多数数字通信系统中都采用正弦信号作为载波，即正弦波调制。数字调制技术是用载波信号的某些离散状态来表示所传送的信息，在接收端也只要对载波信号的离散调制参量进行检测。数字调制方式，一般有移幅键控（ASK）、移频键控（FSK）和移相键控（PSK）三种基本调制方式。

3. 低频 RFID 系统阅读器

本实验平台使用 EM 系列 ID 卡，符合 ISO 18000-2 标准，工作频率为 125 kHz，经阅读器译码后输出其十位十进制卡号。ID 卡的天线与其阅读器的天线之间构成空间耦合"变压器"，阅读器天线作为"变压器"一次线圈向空间发射 125 kHz 的交变电磁场，进入该电磁场的 ID 卡通过其天线（"变压器"的二次线圈）获取能量，为其内部各功能部件提供工作电压。由于 ID 卡为只读型 RFID 卡，阅读器无须向 ID 卡发送任何数据或指令，一旦 ID 卡进入阅读器有效的工作区域内，其内部功能部件就开始工作，时序发生器部件控制存储器阵列和数据编码单元将其内部的 64 位信息调制后按顺序发送给阅读器，其中调制方式为 ASK（移幅键控）调制。

阅读器中的 4 MHz 振荡源经过 32 分频后得到 125 kHz 的基准频率信号，该频率一方面为读卡器发射 125 kHz 的交变电磁场提供工作时钟，另一方面为阅读器中微控制器解码提供基准时钟。当阅读器的工作区域内没有 ID 卡时，阅读器的检波电路没有输出，一旦有 ID 卡进入交变电磁场并将其曼彻斯特编码的数据信息调制后发送出来，阅读器的滤波电路、解调电路、检波电路和整形单元将调制在 125 kHz 频率信号中的采用曼彻斯特编码的数据信息解调还原，微控制器接收到曼彻斯特编码数据信息后利用软件解码，从而读取 ID 卡的 64 位数据信息。曼彻斯特编码采用下降沿表示'1'，采用上升沿表示'0'。阅读器的微控制器软件的主要功能就是对从 ID 卡接收到的曼彻斯特编码进行解码，得到 ID 卡内部的 64 位数据信息，然后进行 CRC 校验，如果校验成功，那么就完成了一次读卡过程。

4. 低频 RFID 系统工作流程

1）阅读器将载波信号经天线向外发送。

2）标签中的电感线圈和电容组成的谐振回路接收阅读器发射的载波信号，标签中芯片的射频接口模块由此信号产生出电源电压、复位信号及系统时钟，使芯片"激活"。

3）标签中的芯片将标签内存储的数据经曼彻斯特编码后，控制调制器上的开关电流调制到载波上，通过标签上天线回送给阅读器。

4）阅读器对接收到的标签回送信号进行 ASK 解调、解码后就得到了标签的 UID 号，然后应用系统利用该 UID 号完成相关的操作。简述上面的过程，我们可以把低频 RFID 阅读器的功能简单描述为：读取相关 ID 卡卡号，并把该卡号发送到应用系统上层，由上层系统完成相关数据信息的处理。由于 ID 卡卡内无内容，故其卡片持有者的权限、系统功能操作要完全依赖于上层计算机网络平台数据库的支持。

 任务实施

1. 硬件电路设计

（1）HF-RFID 部分　本任务中 RFID 模块采用 NXP RFID 芯片 MFRC522。MFRC522 是高度集成的非接触式（13.56 MHz）读写卡芯片，此发送模块利用调制和调节的原理，并将它们完全集成到各种非接触式通信方法和协议中。它支持 ISO14443A/MIFARE。MFRC522 支持

SPI、I²C 和 UART 接口。在本次实验程序采用 SPI 接口。RFID 模块电路如图 7-34 所示。

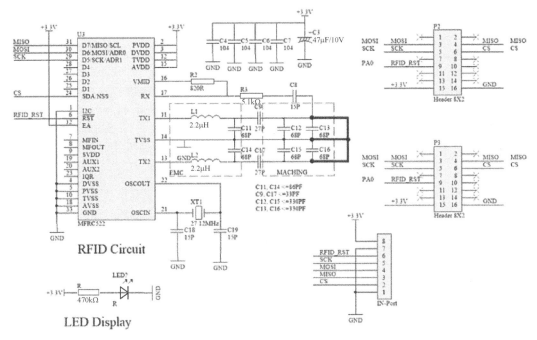

图 7-34 RFID 模块电路

RFID 模块采用 MFRC522 非接触式读写卡芯片。MFRC522 利用了先进的调制和解调概念，完全集成了在 13.56 MHz 下所有类型的被动非接触式通信方式和协议。在该模块上可以进行 RFID 读卡与 RFID 写卡操作实验，如图 7-35 所示。

（2）LF-RFID 部分 LF-RFID 系统采用电感耦合方式工作，如图 7-36 所示，模块上方红色线圈为读卡区。

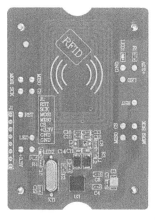

图 7-35 HF-RFID 模块

图 7-36 LF-RFID 模块

2. 软件设计

（1）高频部分软件程序 打开 main.c 可以看到，在主函数中主要初始化各个功能，并在 while(1) 循环体中一直检测卡，等待卡片进入检测区域。

```
#include "stm32f1xx. h"
#include "string. h"
#include "delay. h"
#include "RC522. h"
#include "usart. h"
/ **
*************************************************
*
* 说明：HF-RFID
*
*************************************************
** /
int main( void)
{
HAL_Init( );                        //初始化 HAL 库
RC522_Init( );                      //初始化 RC522 模块
UART2_Init( 115200) ;               //初始化串口 2
while( 1 )
  {
    IC_Card_Search( );              //检测卡——检测并将数据发送
  }
}
```

IC_Card_Search( )函数用于读取卡号以及块数据。

```
//================================================
//      函数名称：     IC_Card_Search
//      函数功能：     读 IC 卡
//      入口参数：     无
//      返回参数：     无
//================================================
inticd    = 0;
uint8_t IC_Card_Exist = 0;
//unsigned charucArray_ID[ 10] ;          //先后存放 IC 卡的类型和 UID( IC 卡序列号)
unsigned char Block_Date[ 20] ;           //HF_RFID-Data
unsigned char Data_Send[ 30] ;            //HF_RFID-ID+Data
unsigned charucStatusReturn;              //返回状态
unsigned char pk[ 6] = {0xff,0xff,0xff,0xff,0xff,0xff} ;
void IC_Card_Search( void)
{
 uint16_t i = 0;
 if( PcdRequest ( PICC_REQALL, ucArray_ID )!= MI_OK )
  {
     ucStatusReturn = PcdRequest ( PICC_REQALL, ucArray_ID );//寻卡
  }
 if( ( ucStatusReturn == MI_OK )&&( IC_Card_Exist == 0) )
  {
          if ( PcdAnticoll( ucArray_ID) == MI_OK)    //防冲撞(当有多张卡进入读写器操作范围时,
                                                     //防冲突机制会从其中选择一张进行操作)
          {
```

```
                              if (PcdSelect(ucArray_ID) = = MI_OK)                //选择 ucArray_ID 的卡
                              }
                      IC_Card_Exist = 1;
                      if (PcdAuthState(0x61,0x5,pk,ucArray_ID) = = MI_OK) //申请对卡的授权
                          {
                                  if (PcdRead(0x5,date1) = = MI_OK)
                                  {
                                          for(i = 0;i < 8;i ++)
                                          {
                                              if(i%2 = =0)
                                              {
                                                  DataRep((ucArray_ID[(i/2)]>>4),i,1,1);
                                              }
                                              else
                                              {
DataRep((ucArray_ID[(i/2)]&0x0f),i,0,1);
                                              }
                                          }

                                          for(i = 0;i < 32;i ++)
                                          {
                                              if(i%2 = =0)
                                              {
                                                  DataRep((date1[(i/2)]>>4),i,1,0);
                                              }
                                              else
                                              {
                                                  DataRep((date1[(i/2)]&0x0f),i,0,0);
                                              }
                                          }
                                          printf("ID:");
HAL_UART_Transmit(&UART2_Handler,SendData,8,1000);          //RS-485 发送数据
                                          printf("\r\n");

                                          printf("Block5_Date:");
HAL_UART_Transmit(&UART2_Handler,SendBuf,16,1000);          //RS-485 发送数据
                                          printf("\r\n");
//RS-485_Send(Addr_RFID,Addr_TFT,RFID_All,20,Data_Send);    //发送数据到显示器显示
                                  }
                              }
                          }
                      }
                  if(ucStatusReturn != MI_OK)                              //无卡
                  {
                          IC_Card_Exist = 0;
                  }
              }
          }
```

（2）低频 RFID 部分程序　LF-RFID 工程中在初始化使用到的各个引脚后在 while（1）循环体中读卡，读到卡后通过 RS-485 总线将卡 ID 发送给显示屏模块，显示屏模块收到数据后显示到屏幕上。

```
#include "stm32f1xx. h"
#include "delay. h"
#include "led. h"
#include "key. h"
#include "timer. h"
#include "EM4095. h"
#include "usart. h"
#include "RS-485. h"
/ **
******************************************************
*
*      说明：     LF-RFID 模块
******************************************************
** /
uint8_t CardID[5];

int main( void)
{
  HAL_Init( );                    //初始化 HAL 库

  RS-485_Init( );                 //初始化 RS-485
  EM4095_Init( );                 //初始化 EM4095
  UART1_Init( 115200);            //初始化串口 1
  TIM2_Init( 2000-1,64-1);        //初始化定时器 2（2 ms 中断）
  while( 1)
  {
  if( EM4095_SearchHdr( CardID) = = GET_ID)
   {
     RS-485_Send( Addr_LF_RFID,Addr_LCD,LF_RFID_ID,4,CardID);   //发送 ID 数据
   }
    }
  }
```

3. 任务结果及数据

（1）HF-RFID 实验实施

1）将 HF-RFID 模块安装在 STM32 底座上，并将两个底座拼接，如图 7-37 所示。ST_LINK 连接：PC 与 HF-RFID 模块所在底座连接然后下载程序。

2）打开目录：在"HF-RFID 模块→HF-RFID 模块→USER"路径下，找到"RFID. uvprojx"工程文件，如图 7-38 所示，双击启动工程。

3）编译工程，然后将程序下载到安装 HF-RFID 模块的底座中，如图 7-39 所示。

4）程序下载完成后，在 RFID 区读取 IC 卡，可以看到上位机上显示的卡 ID 和卡内块 5 的数据，如图 7-40 所示。

图 7-37 搭建实验硬件平台

图 7-38 启动工程

图 7-39 编译并下载程序

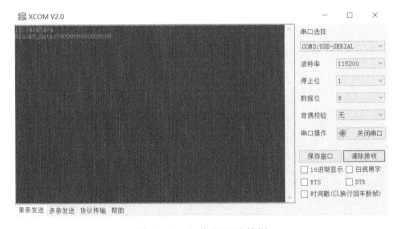

图 7-40 上位机显示数据

（2）LF-RFID 实验实施

1）将 LF-RFID 模块、TFT 显示屏模块分别安装在 STM32 底座上，并将两个底座拼接，如图 7-41 所示。ST_LINK 连接：PC 与 TFT 显示屏模块的 STM32 底座连接下载程序，之后连接 LF-RFID 模块所在底座然后下载程序。

2）打开目录：在"LF-RFID 模块→LF_RFID 模块程序→USER"路径下，找到"LF_RFID.uvprojx"工程文件，如图 7-42 所示，双击启动工程。

图 7-41　搭建实验硬件平台

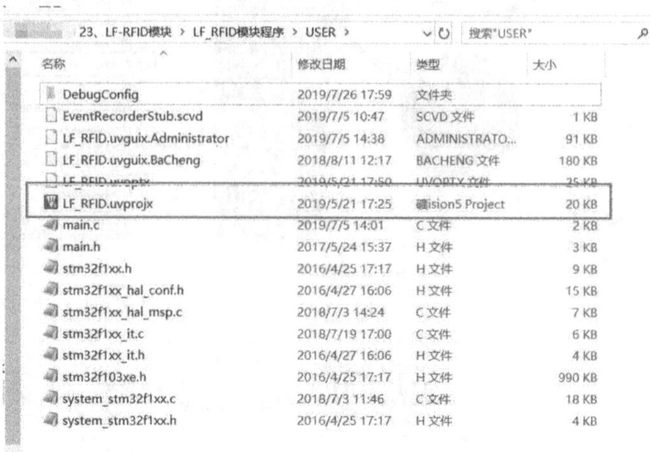

图 7-42　启动工程

3）编译工程，然后将程序下载到安装 LF-RFID 模块的底座中，如图 7-43 所示。

图 7-43　编译并下载程序

4）打开目录：在"LF-RFID 模块→TFT 显示屏模块程序→USER"路径下，找到"TFT.uvprojx"工程文件，如图 7-44 所示，双击启动工程。

5）编译工程，然后将程序下载到安装 TFT 显示屏模块的底座中，如图 7-45 所示。

6）程序下载完成后，将两个底座拼接在一起，然后重新上电，在 LF-RFID 区读卡，可以看到 TFT 显示屏上显示的卡 ID。实验效果如图 7-46 所示。

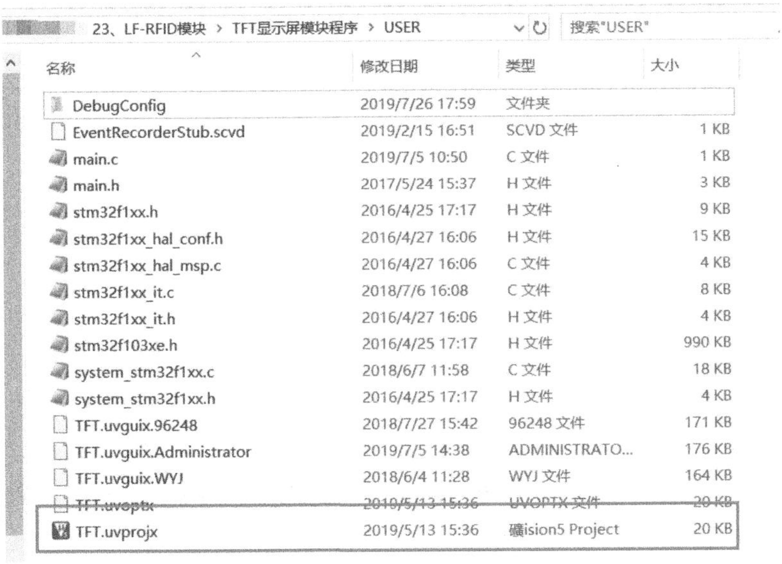

图 7-44　启动工程

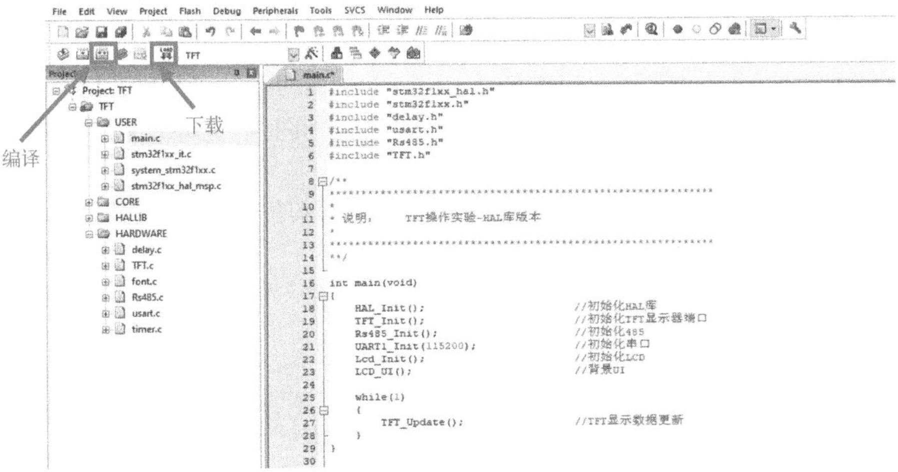

图 7-45　编译并下载程序

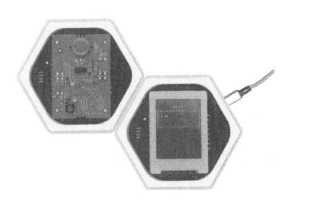

图 7-46　实验效果

小知识：射频技术为何物？

射频（Radio Frequency，RF），表示可以辐射到空间的电磁频率，频率范围从 300 kHz～300 GHz 之间。射频就是射频电流，是一种高频交流变化电磁波的简称。每秒变化小于 1000 次的交流电称为低频电流，大于 10000 次的称为高频电流，而射频就是这样一种高频电流。射频（300 kHz～300 GHz）是高频（大于 10 kHz）的较高频段，微波频段（300 MHz～300 GHz）又是射频的较高频段。

习题与练习

一、填空题

1. STM32 的通用定时器 TIM，是一个通过_____驱动的_____自动装载计数器构成。

2. STM32 通用定时器 TIM 的 16 位计数器可以采用三种方式工作，分别为 _____、_____和_____方式。

3. ST 公司还提供了完善的 TIM 接口库函数，其位于_____，对应的头文件为_____。

4. 备份寄存器位于_____，当主电源 VDD_____，它们仍然由_____维持供电。当系统在待机模式下被唤醒，或系统复位或电源复位时，它们_____被复位。

5. STM32 的备份寄存器还可以用来实现_____校准功能。为方便测量，32.768 kHz 的 RTC 时钟可以输出到_____引脚上。通过设置 RTC 校验寄存器（BKP_RTCCR）的_____位来开启这一功能。

6. ST 公司还提供了完善的备份寄存器接口库函数，其位于_____，对应的头文件为_____。

7. 当 STM32 的_____引脚上的信号发生跳变时，会产生一个侵入检测事件，这将使所有数据备份寄存器_____。

二、选择题

1. 要想使能自动重装载的预装载寄存器需通过设置 TIMx_CR1 寄存器的（　　）位。

A. UIF   B. ARPE   C. UG   D. URS

2. DMA 控制器可编程的数据传输数目最大为（　　）。

A. 65536   B. 65535   C. 1024   D. 4096

3. STM32 中，1 个 DMA 请求占用至少（　　）个周期的 CPU 访问系统总线时间。

A. 1   B. 2   C. 3   D. 4

4. 下面不属于 STM32 的 bxCAN 的主要工作模式为（　　）。

A. 初始化模式   B. 正常模式   C. 环回模式   D. 睡眠模式

5. 在 STM32 中，（　　）寄存器的 ALIGN 位选择转换后数据储存的对齐方式。

A. ADC_CR2   B. ADC_JDRx   C. ADC_CR1   D. ADC_JSQR

6. ARM Cortex-M3 不可以通过（　　）唤醒 CPU。

A. I/O 端口   B. RTC 闹钟   C. USB 唤醒事件   D. PLL

7. STM32 规则组由多达（　　）个转换组成。

A. 16   B. 18   C. 4   D. 20

附录 OneNET 云平台应用

OneNET 平台是中国移动物联网有限公司面向公共服务自主研发的开放云平台，为各种跨平台物联网应用、行业解决方案提供简便的海量连接、云端存储、消息分发和大数据分析等优质服务，从而降低物联网企业和个人（创客）的研发、运营和运维成本，使物联网企业和个人（创客）更加专注于应用，共建以 OneNET 为中心的物联网生态环境。

OneNET 平台提供设备全生命周期管理相关工具，帮助个人和企业快速实现大规模设备的云端管理；开放第三方 API 接口，推进个性化应用系统构建；提供定制化"和物" App，加速个性化智能应用生成。

阶石物联网实验平台提供接入物联网 OneNET 平台及阶石物联云平台的能力，平台通过网络模块与云平台实现互联，云平台具有数据接收、数据存储、数据分析显示、数据可视化组件、控制下发和账户管理等功能。通过阶石物联网实验平台和 OneNET 平台的配套，可以实现如下功能：

- 平台可以记录用户实验数据，具有数据可追溯的功能。
- 通过制定的协议实现数据分析和展示。
- 通过网页链接来检查实验过程和结果。
- 通过建立班级实验群的形式管理学生实验成绩。

OneNET 云平台的具体应用请扫二维码进行学习。

附 录
OneNET 云平
台应用

参 考 文 献

[1] 杨华，王雪丽．单片机原理与应用项目化教程［M］．北京：机械工业出版社，2019．

[2] 高玉泉．单片机应用技术：C 语言 任务驱动式［M］．北京：机械工业出版社，2020．

[3] 周润景，蔺雨露．单片机技术及应用［M］．2 版．北京：电子工业出版社，2020．

[4] 宋雪松，李冬明，崔长胜．手把手教你学 51 单片机：C 语言版［M］．北京：清华大学出版社，2014．

[5] 王国永．MCS-51 单片机原理及应用［M］．北京：机械工业出版社，2014．

[6] 彭志刚．单片机原理与接口技术：C 语言版［M］．北京：机械工业出版社，2016．

[7] 张志良．单片机应用项目式教程：基于 Keil 和 Proteus［M］．北京：机械工业出版社，2014．

[8] 王恩亮，陈洁．单片机技术与项目实践［M］北京：机械工业出版社，2018．

[9] 刘火良，杨森．STM32 库开发实战指南：基于 STM32F103［M］．2 版．北京：机械工业出版社，2017．

[10] 王维波，鄢志丹，王钊．STM32Cube 高效开发教程：基础篇［M］．北京：人民邮电出版社，2021．

[11] 黄克亚．ARM Cortex-M3 嵌入式原理及应用：基于 STM32F103 微控制器［M］．北京：清华大学出版社，2020．

[12] 廖建尚，郑建红，杜恒．基于 STM32 嵌入式接口与传感器应用开发［M］．北京：电子工业出版社，2018．

[13] 钟佩思，徐东方，刘梅．基于 STM32 的嵌入式系统设计与实践［M］．北京：电子工业出版社，2021．

[14] 屈微，王志良．STM32 单片机应用基础与项目实践：微课版［M］．北京：清华大学出版社，2019．

[15] 杜洋．STM32 入门 100 步［M］．北京：人民邮电出版社，2021．

[16] 武奇生，白璐，惠萌，等．基于 ARM 的单片机应用及实践：STM32 案例式教学［M］．北京：机械工业出版社，2014．

[17] 蒙博宇．STM32 自学笔记［M］．3 版．北京：北京航空航天大学出版社，2019．

[18] 廖义奎．Cortex-M3 之 STM32 嵌入式系统设计［M］．北京：中国电力出版社，2012．